海洋地球化学

陶 平 邵秘华 鲍永恩 等 编著

科学出版社
北 京

内 容 简 介

本书较为系统地论述了元素在海洋中的含量、通量、分布、迁移，元素在海洋中的存在形式，元素在海洋沉积物中的丰度，元素地球化学过程等方面的内容，主要特色包括：首先在元素组成、分布、分类及物理化学性质的经典理论基础上，融入学科发展的新内容；然后将海洋有机化合物、有机质成岩作用及油气生成、生物标志化合物与古环境的相关内容联系起来，充分体现学科交叉的特点；最后在相关章节给出所涉及的陆源物质沉积作用地球化学，生源物质沉积作用地球化学，自生物质沉积作用地球化学，海底火山、热液活动及成矿作用地球化学，自生矿物环境的一些概念、原理及解释等，以利于读者对海洋地球化学知识的理解和知识面的拓展。

本书可作为海洋科学本科生的基础教材，同时可供海洋科学、环境科学、地球科学等领域的科教工作者及相关专业研究生阅读参考。

图书在版编目(CIP)数据

海洋地球化学 / 陶平等编著. —北京：科学出版社，2020.3

ISBN 978-7-03-059933-9

Ⅰ. ①海… Ⅱ. ①陶… Ⅲ. ①海洋地球化学 Ⅳ. ①P736.4

中国版本图书馆 CIP 数据核字（2018）第 282792 号

责任编辑：孟莹莹 张培静 / 责任校对：杨 赛
责任印制：赵 博 / 封面设计：无极书装

科学出版社 出版
北京东黄城根北街 16 号
邮政编码：100717
http://www.sciencep.com
北京中石油彩色印刷有限责任公司印刷
科学出版社发行 各地新华书店经销
*
2020 年 3 月第 一 版 开本：720×1000 1/16
2024 年 6 月第五次印刷 印张：16
字数：318 000

定价：60.00 元

（如有印装质量问题，我社负责调换）

前　言

海洋地球化学是地球化学的新兴分支学科，是地质学、海洋学和化学相结合而形成的一门边缘学科。随着科学技术突飞猛进的发展，各国开展了空前规模的海洋调查和科学研究，如“深海钻探计划”“国际海洋调查十年规划”“海洋断面地球化学研究计划”等。地球化学家积极参与这些调查研究，因此诞生了海洋地球化学这门新兴的边缘学科。

地球化学是研究地球各部分（地壳、地幔、水圈、大气圈和生物圈等）与太阳系的化学成分和化学元素及其同位素在其中分布、分配、集中、分散、共同组合与迁移规律、运动形式及演化历史的学科。近代地球化学着重研究化学元素在地壳中的迁移、转化、分散、富集等问题。

海洋地球化学不同于上述地球化学，它是研究在海洋体系这一特定条件下各种地球化学作用过程和在这些过程中化学元素含量、分布、形态、迁移和通量的学科。海洋地球化学研究内容主要有四个方面：①研究元素或化学组分在海洋中的分布、迁移和通量。元素在海洋各处的含量分布不同，除了受海水化学性质的影响外，还受海水-大气界面、河水-海水界面、海水-海底沉积层界面的物质交换的影响。因此，研究元素的分布就必须研究它们的迁移过程和通量，以及它们在某海区和海洋中的收支平衡。②研究元素在海水中的存在形式。一种元素在海水介质中往往不是以一种化学形式出现，在不同的氧化还原条件下以不同的价态存在，或形成无机配合物、有机配合物等。③研究元素在海洋沉积物中的丰度、来源、迁移形式、沉积机理和沉积后的变化。元素的丰度特征是地球化学的基本特征之一，不同沉积环境下所生成的沉积物化学组成的丰度不同，在物理、化学环境变化的条件下，会导致元素的重新迁移和再分配，有些元素还可以高度富集成海底矿产，如锰结核、多金属碳结核、多金属硫化物矿等。④研究海洋地球化学过程。海洋地球化学作用除与化学、结晶学规律有关外，还同时受海洋动力循环及生物化学循环的共同制约。在海洋沉积物中化学元素存在不同的地球化学相，反映它们不同的结合形式。在海洋地球化学的研究中，学者越来越重视对微量元素、核素、有机物、生物、海底成矿、成岩作用等地球化学的研究。

本书是在大连海事大学环境学院海洋科学专业自编讲义基础上，主要针对海洋科学专业本科学生的教学和从事海洋科学相关研究的需要修编完成。因此，本书编写不必萧规曹随、鸿篇巨制，而只需称引前人大端并采择最新科研成果，又将我们近年来海洋调查科研成果选编入内，如海水与海底沉积物界面交换通量研究，某些元素地球化学相关研究，元素及“多元控制律”规律定量模式研究，长江口元素地球化学特征和生物地球化学研究，中国近海及邻近海域化学元素地球化学特征研究，海洋水动力及沉积物对元素的控制作用等。有些研究虽说是浅尝辄止，但也能启迪后人开展研究工作。

本书内容共 10 章：第 1 章为绪论，包括海洋地球化学发展概况及我国海洋地球化学研究简介；第 2 章为海洋的化学组成、分布、分类及性质；第 3 章为海洋中的有机质，包括海洋中的有机化合物、有机质成岩作用及油气生成、生物标志化合物与古环境；第 4 章为同位素海洋地球化学，包括同位素来源、衰变原理、分馏原理、应用及测年等；第 5 章为海洋沉积作用概论，包括物质入海搬运、元素表生迁移、沉积作用的地球化学分异、沉积环境的判别标志等；第 6 章为陆源物质沉积作用地球化学，包括近岸浅海区及深海区沉积作用地球化学；第 7 章为生源物质沉积作用地球化学，主要包括生源的主要生物群落及分布、生源碳酸盐沉积作用及生源 SiO_2 沉积作用地球化学、磷酸盐沉积作用地球化学等；第 8 章为自生物质沉积作用地球化学，包括铁锰结核自生沉积作用及自生矿物的环境指示意义；第 9 章为海底火山、热液活动及成矿作用地球化学，包括地壳与岩石圈、海底火山作用、热液活动成矿作用、海底热泉、海底元素通量等；第 10 章为深海沉积简介。

编写分工：第 1 章——邵秘华；第 2、3、4 章——陶平、汤立君；第 5 章——邵秘华、程嘉熠；第 6、7 章——邵秘华、鲍永恩；第 8、9、10 章——陶平、邵秘华。书中图由程嘉熠、张燕、李玉霞绘制。本书由邵秘华、周立新审稿，陶平统稿。

借此出版之机，向对本书编写予以支持的老师、朋友表示最诚挚的谢忱。受作者的水平和能力所限，书中难免出现遗漏和不足之处，恳请广大读者批评指正。

编　者
于大连海事大学
2019 年 7 月

目　录

第1章 绪论

1.1 海洋地球化学概述

1.1.1 地球化学的定义和研究任务

“地球化学”一词是1838年由瑞士化学家许拜恩提出的。1908年美国地质调查所总化学师克拉克发表巨著《地球化学资料》，被认为是地球化学第一项系统研究成果、地球化学形成的标志。地球化学主要是地质学和化学交叉的产物。

地球化学，概括地说，是研究地球中物质的化学运动的科学。它的具体定义，不同时期的学者发表过不同认识水平的看法：俄罗斯地球化学家维尔纳茨基1922年提出：“地球化学科学地研究化学元素，即研究地壳的原子，在可能的范围内也研究整个地球的原子。它研究原子的历史，原子在空间及时间上分配与运动的情形，以及它们在地球上的相互成因关系。”另一位俄罗斯地球化学家费尔斯曼1922年写道：“地球化学研究地壳中化学元素——原子的历史，及其在自然界的各种不同的热力学和物理化学条件下的行为。”挪威地球化学家戈尔德斯密特1933年给出的定义是：“地球化学是根据原子和离子的性质，研究化学元素在矿物、矿石、岩石、土壤、水及大气圈中的分布和含量以及这些元素在自然界中的迁移的学科。”随着高温高压实验、微区微量测试和同位素分析等技术的开发运用及登月计划的实施，地球化学研究范围从可以直接观察的地壳扩大到地球深部和地球以外的星体。德国地球化学家魏德波尔1969年发表了《地球化学手册》，书中指出地球化学应研究整个地球中化学元素及其同位素分布的规律性。美国全国地球化学委员会地球化学发展方向小组委员会1973年提出“地球化学是关于地球与太阳系的化学成分及化学演化的一门科学，它包括了与它有关的一切科学的化学方面”。美国地球化学家马逊1982年指出“地球化学是研究地球整体及其各组成部分的化学的科学，阐述在地球范围内元素在空间和时间上的分配和迁移问题”。我国地球化学家涂光炽在1984年提出较简明的定义：“地球化学是研究地球（包括部分天体）

的化学组成、化学作用和化学演化的科学。”由于人类现阶段的研究条件和研究水平有限，现阶段地球化学的研究对象主要还是人类赖以生存的地球，尤其是人类可以直接观察的地壳。

地球化学的研究任务是要解决地球的演化、生命的起源、全球气候的变迁、岩石和矿床的成因等基础科学问题，还要运用其研究成果为社会可持续发展服务。在矿产资源普查、矿石综合利用、绿色农业生产和环境保护治理等应用领域，地球化学方法和技术具有重要意义。

1.1.2 海洋地球化学的定义和研究任务

海洋地球化学集中研究海洋环境的各种地球化学作用过程和这些过程中化学元素的行为规律和自然历史。

1967 年宾纳格拉高夫发表《海洋地球化学导论》，这本书被公认为是本分支学科的早期代表性著作。

海洋地球化学是在海洋科学飞速发展的基础上形成的。第二次世界大战以后，特别是近 50 年以来，许多国家先后独自或合作采用技术先进的科学考察船、仪器设备和潜水器等开展了空前规模的海洋调查和研究，例如，作为“国际海洋调查十年规划”组成部分的“海洋断面地球化学研究计划（1970～1980 年）”，法国、美国在大西洋中央裂谷的联合海底调查（1973～1975 年）等，在海洋物理、海洋化学、海洋生物、海洋地质等方面都取得了丰富的资料和突破性的成果。我国也对中国的滩涂、近海以至远洋开展了调查研究（1980～1995 年）。这些海洋调查和科学研究关系着海洋及海洋矿产资源的开发利用保护，是解决全球性地学问题不可缺少的重要环节，也是许多新兴学科的生长点和前沿领域。而二次大战前海洋调查的目的往往是为渔业、航海或军事服务。在积极参与这些海洋调查的活动中，地球化学家扩大了海洋地球化学资料的积累，加速了海洋地球化学学科的形成和发展。

1.2 海洋地球化学的研究对象及其特点

1.2.1 海洋地球化学的研究对象

海洋地球化学以海洋体系为研究对象，研究海洋体系中各种地球化学作用及其过程中化学元素的含量、分布、形态、迁移和转化规律。

海洋体系具有完全不同于大陆江、河、湖泊的许多特性。海洋面积大，具有特有的热盐环流系统、潮汐运动、极宽的运动谱区和诸多运动形式。海水深度大，具有各种特性的水团结构，各种海洋生物得以生衍繁茂。各大洋相互沟通一体化，彼此能量充分交流，物质充分交换，使得地球化学作用具有全球性。海洋是多电解质水溶液，溶有多种气体，存在多种胶体和悬浮物质，对海洋生物、海洋化学、海洋热状况和海水运动有着重要影响。海洋是一个与各地质圈不断进行着物质交换、能量传递的开放体系。海面是海洋与外界沟通的主要窗口，海洋通过这个窗口接受太阳辐射能，进行海洋—大气间的物质能量交换，直接影响海洋的水动力循环、生物循环和化学循环过程。河口和海岸带是海洋与大陆联系的桥梁，大陆物质由此进入海洋，而海岸带和大陆架则是海洋能量的主要耗散带。海底是海洋与洋壳间物质和能量交换的重要界面，对于海洋物理化学性质和物质平衡具有重要意义。

1.2.2 海洋地球化学的特点

（1）海洋地球化学涉及的各种物质的作用与化学和晶体化学规律有关，同时受着海洋水动力循环、生物循环和生物化学循环的共同制约。透光带生物对营养成分的摄取，造成表层水营养元素的贫化；生物碎屑在海水中分解、重溶，造成深层水营养元素浓度的增大；海洋水动力循环不断把深层水带到表层，满足生物对营养成分的需要等。这些海洋中的生物、化学和物理过程中营养元素的迁移转化主要是一定水动力条件下的生物作用。海洋中绝大多数元素，特别是微量元素自海水的移出，依靠这种生物作用和胶体-颗粒物质“清扫”作用。“清扫”泛指胶体-颗粒物质在其凝聚和沉降过程中通过对元素的物理吸附、化学吸附、离子交换等作用，将这些元素从海水中清除，并进入沉积物的过程。在海底沉积物分析中，常将这些元素分为酸溶相、有机相、水溶相和交换相，分别描述这些元素自海水移出的不同结合形式：酸溶相代表与 Fe、Mn、Al 的氢氧化物相结合的组分，有机相代表与有机质螯（配）合的组分，水溶相代表可用水浸取的组分，交换相代表被黏土矿物和有机离子交换剂等所交换出的组分。

（2）海洋为多系统的复杂体系。海洋各系统之间、系统内部各环节之间以及海洋体系与环境之间相互依赖、相互制约，形成一个协调稳定的整体。任一环节被扰动都会牵连整个海洋体系；在一定限度内，海洋体系具有自发消除外来影响以恢复原有平衡的自动调节机能；超过一定限度，海洋会在新的条件下，建立新的平衡。勃洛克曾将海洋比拟为巨大的化工厂，其运转过程包括进料（大陆、大气和海底向海洋的输入通量）、搅拌（水动力循环）、催化（无机物和有机物的催化剂）、反应（地球化学作用）和产品输出（海洋向海底、大气等方向的输出通量）。上述过程中的任一环节发生变化，都会导致其他环节和整个过程发生相应改变。如同化工工程师，海洋地球化学家把整个海洋体系的物质输入输出通量、各个环节的物质交换和反应速率以及它们的制约因素等作为研究的中心任务之一。

（3）海洋体系的稳定态特征是其兼具简单性的集中体现。稳定态是海洋体系历史发展的结果，为海洋地球化学的研究提供了基础或参考。海洋体系的简单性也表现出一些性质，就海洋局部来说具有均匀性和稳定性（从海洋整体讲具有不均匀性和时变性）。例如，大洋表层暖水的温度和压力可视为常数；大洋深层冷水的温度可看作常数，压力为变量；大洋底层水的压力可当作常量，温度在长时间尺度意义（地质历史时期）上为变量。这样，海洋局部的地球化学作用研究就可以着重考虑其他变量因素的影响。由于不同地质历史时期海洋底层水温度的不同，会在各个时期形成的生物介壳的氧同位素组成上反映出来，因此，20 世纪 40 年代尤瑞提出氧同位素测温法。目前，氧同位素测温法已成为研究古海洋温度和古气候的重要手段之一，也是海洋地球化学重要研究课题之一。

（4）海底对于海洋地球化学作用产物具有良好的现场保存性。由于大洋水层的保护，各种地球化学作用产物能在海底得到良好保存，有利于现场研究。研究者一般采用箱式采样器、卡斯坦取样管、沉积物收集器等，可采到不受扰动扭曲的原状样品，强调现场分析或将样品就地冷冻，以防变化。

海洋地球化学的研究成果，有助于“将今比古”，为研究更古老的其他地球化学问题提供借鉴。

1.3 海洋地球化学发展简介

长期以来，受科学技术条件限制，人们对海洋，特别是海底地质情况所知甚少。对于占地球表面 71%的海洋的地质情况了解是建立全球地质科学观点的关键因素之一。直到 1872～1876 年，才有航程达 12.6×10^4km 的“挑战者”号对世界大洋的首次环球科学考察，实现全球海底取样 12000 个，由莫瑞负责分析、整理、编成第一幅世界大洋沉积物分布图，出版专著《深海沉积》。依据这次调查资料，莫瑞将研究成果陆续出版了 50 册著作，内容包括海洋科学各个领域。这是人类对海洋地质认识上的一次飞跃。

1968 年，近海国家组成的“国际岛”开始实施“深海钻探计划”，到 1979 年时已在世界大洋钻孔近 500 个，钻孔最深 1737.3m，平均孔深 300m，获取岩芯总长 50km，出版研究报告 50 卷，总字数 5000 万。这项计划获得很多重要成果：查明了海底年龄不长于 2 亿年，海底扩张速率为 1～13cm/a；探明了大西洋开裂史和地中海发展史；发现了多处海底热液活动、海底热泉、海底重金属泥和地幔热点等；发现了大西洋和太平洋海底的黑色页岩层和燧石层等。这对于了解地质历史和海洋地球化学史具有重大意义。可见，在经济与技术条件具备时，开展海洋调查和海洋研究是解决地质学问题的重要突破口。

目前，许多新的调查方法、手段陆续投入使用。如前述的海底电视、潜水器、沉积物收集器，还有海底照相、海底通量室、悬浮物过滤装置等，可用于直接跟踪观察测定，用于研究微量元素沉积速率、海底氧化还原反应、水柱中发生的吸附解吸过程、海底物质通量的直接测定等。利用船体指示仪、计算机和四个推进器相配合，对船体进行动力定位，不仅能保证船身始终准确地在井口上方的位置上，而且它的重返井口装置可准确找到原来的井口继续工作。

作为海陆过渡区域的大陆边缘带是解决全球地质学问题的关键地区。大陆边缘带不仅沉积了很厚的沉积物，埋藏有大量的油气资源，而且经历了复杂的构造运动和岩浆活动，是海陆相互渗透、转化的枢纽地带。“深海钻探计划”已将钻探重点由远洋转向大陆边缘，由改装的“探险者”号调查船取代过去的“挑战者”号，可穿透更深的沉积层和大洋结晶基底，油气生成规律、海陆演变过程等更多的地学问题进一步得到解决。对大陆边缘带的深入调查和研究是打开海陆演变等全球性地学问题奥秘的一把钥匙。

1.4 中国的海洋地球化学研究简介

这里仅就海洋地球化学的某些研究结果作简单回顾。

1.4.1 河口及近岸海域元素的分布、形态研究

在这方面研究中研究者建立了研究方法，发现了某些规律，提出了有关概念和理论，其中有些研究内容进入了学科前沿。例如，对于Cr，在长江口的水中主要为颗粒态，溶解态的Cr（VI）还原为Cr（III），并吸附在颗粒物上，最后转移到水底。

邵秘华等（1996，1995a，1993，1991a，1991b，1991c）研究了重金属在水体中溶解态和颗粒态的含量分布，水平方向上由颗粒态向溶解态转化，而垂向交换过程都被铁锰（水合）氧化物及有机质吸附，向金属铁锰氧化物态转化。长江口氮化合物和Fe都不是浮游植物生长的限制因素，SiO_3^{2-}-Si形态没有明显的化学及生物转移。海洋腐殖质、碳水化合物和氨基酸在海水中的含量都由河口向外海递减。九龙江口的水中总碘、IO_3^-及I^-与盐度有正的线性关系；河口地区，从沉积物到上覆水的溶解态碘（IO_3^-和I^-）表观通量为2.4（15℃）μmol/(m^2·d)及27（30℃）μmol/(m^2·d)。

珠江口沉积物中的Fe、Al、Mn有五种存在形态：可交换态、碳酸盐态、氧化态、有机态和残渣（结晶）态。研究者用顺序萃取法实现了形态的分离，表明残渣态为主要形态，可交换态只占小部分。

在1985～1987年3个航次的南沙群岛海域调查中，发现在20～75m水深间

存在溶解氧最大值。这一深度靠近温跃层及叶绿素最大值深度，在光束衰减系数最大值层之上，CO_2分压最小而pH最大，表明生物光合作用产生的O_2积聚在温跃层中。

此外，对中太平洋北部锰结核、多个海湾的重金属、区域沿岸水中营养盐、沿岸上升流区叶绿素a等的研究也取得一系列成果。我国的海洋地球化学学科已积累了丰富的基本资料，探明了一些地球化学元素的分布规律。

1.4.2 海洋环境地球化学研究

自1972年起，我国开展了较大规模的海洋环境调查，主要任务之一是查明污染物在海洋环境各介质（海水、悬浮物、沉积物和海洋生物体）中的含量分布及时空变化。先后对渤海、黄海、东海、南海、全国海岸带、一些海湾河口等进行综合或专题调查，取得了大量研究成果，发表的论著从污染物在河口和近岸海域的时空分布逐步深入到污染物的存在形式和迁移转化过程的研究、沉积物环境背景值和污染历史的研究，以及沉积物中元素存在形式和释放的研究。

1. 污染物的分布和迁移转化研究

1）重金属

重金属污染，一般只限于河口海湾小范围内，但海水中某些重金属离子对幼虾、鱼来说毒性却很大。在我国，特别是对一些重点河口海湾，重金属是研究最多的污染物，代表性学术专著有陈静生和周家义主编的《中国水环境重金属研究》（陈静生等，1992）。研究表明，因工业废水排入胶州湾内，其东部沿岸海水中溶解态Cr（III）为主要存在形式。海水中的Hg大部分以有机结合态存在，甲基汞离子（CH_3Hg^+）是主要形式，水中无机汞质量浓度占总汞的11%～17%。

渤海湾水体中Zn、Cd、Pb和Cu有4种形态（离子态、无机结合态、有机结合态和颗粒态），4种微量金属总量的高值大多出现在北塘河口，Zn、Cd和Pb的总量与盐度间无线性关系。经北塘入海的各金属年通量约为Zn36.6t/a、Cd0.9t/a、Pb4.0t/a、Cu6.0t/a。该区域的悬浮物最易吸附Cu，而对Pb的吸附最难。顾宏堪等（1993）分析了大量天然水之后，认为在未污染的中国近海海水及河口水中，微量金属离子的浓度及基本形式是相似的，称之为“均匀分布规律”，即天然水中微量金属离子有一个恒定的本底值，因此可以用来检验水环境中这些金属的污染状况。

邵秘华等（1995a，1993，1992，1991d）研究了重金属Cu、Pb、Cd在长江口及其邻近海域悬浮颗粒中各化学形态间的含量，及其在长江内河段—河海混合界面—海区间的各形态间的迁移转化特征，证明了长江口海域中重金属以非残渣相为主要存在形式，其中铁锰氧化物为重要的清除载体；以铁锰氧化物和碳酸盐形式存在的重金属含量受水环境盐度和 pH 控制。吴景阳等（1985）分析了数种金属在渤海湾沉积物中的分布模式，指出重金属的自然沉积分布受沉积环境和沉积物粒度组成的控制，可以 Ni 的分布模式为代表，在此背景上，某些金属在大沽口和北塘口附近水深小于 3m 或小于 5m 河口潮间带叠加了人为的排污影响带，可以 Pb 的分布为代表模式，据此划分出渤海湾未受河流排污影响的重金属背景区。

2）有机污染物

进入海洋的有机污染物种类繁多，数量与日俱增。当前我国的海洋污染以有机污染为主。这方面研究工作可分为两类：一类是从有机物的总量、总指标或从有机物主要组成元素的含量分布等宏观参数来探讨海域水质的有机污染状况和环境质量。例如，表述水体耗氧有机物污染的指标化学需氧量（chemical oxygen demand，COD）、生化需氧量（biological oxygen demand，BOD）、溶解氧（dissolved oxygen，DO）以及不同氧化还原程度的含氮化合物等；沉积物的有机污染常以有机碳、烧失量、腐殖质、硫化物、N 和 P 等的含量来表示。另一类是直接测定水体中有害有机污染物本身，如农药、多氯联苯、多环芳烃、石油等。

（1）耗氧有机物，COD 是海洋环境调查基本项目，也是评价和预测海域有机污染的主要指标。中国科学院海洋研究所对海河口水体中 N[包括总 N、无机 N、有机 N 及无机 N 中的三态 N（NH_3、NO_2^- 和 NO_3^-）]在河口内至海域的迁移转化过程进行了研究，指出南部排污河水中的有机 N 在河段内未得到分解氧化，直到河口近岸海域中，才逐次转化成无机的三态 N，海域中 N 的各形态的转换使海水氧亏增大。陶平等（2019）采用“环境容量计算反演法”，以实况不同类型的功能区水环境管理为控制目标，对渤海辽东湾海域 COD、N 和 P 进行环境容量计算及总量控制研究。

（2）难降解有机物，包括有机氯化合物、多环芳烃、阴离子表面活性剂和氟氯烃等。它们在海洋环境中残留时间较长，如有机氯农药滴滴涕（dichloro-diphenyl-trichloroethane，DDT）在东海大陆架区海洋沉积环境中的残留期超出 40a（陆地土壤中只有数年、甚至数月），在生物体内有累积作用，在生物链中有放大作用，对海洋生态系统造成长期的危害。

张添佛等（1984a，1984b，1983，1982a，1982b）测定了渤海湾海水、悬浮物、沉积物和毛蚶体内的有机氯农药（organochlorine pesticides，OCPs）、多氯联苯（polychlorinated biphenyls，PCBs）的含量，表明不同介质中有机氯农药的异构体含量分布不尽相同。海水、沉积物、毛蚶体内的 PCBs 质量分数都高于 DDT，认为可能是环境中 DDT 等多氯烃转化成 PCBs 的结果。

多环芳烃（polycyclic aromatic hydrocarbons，PAHs）中的许多化合物是强致癌物质，因此其在环境中的含量分布研究倍受重视，但我国沿岸海域 PAHs 的研究工作尚不多。戴敏英等（1984，1983，1982）测定了渤海湾海水和沉积物中 PAHs

的含量分布，发现在河口附近的近岸部分含量较高，个别离岸稍远的钻井平台附近海水中的含量也较高，认为渤海湾中的 PAHs 来源可能主要是陆源径流输入和石油开发活动。

合成洗涤剂的广泛使用带来了不同程度的环境问题，其对河口和近岸海域生态环境的影响引起了人们的关注。吴景阳等（1987）研究了海河口区阴离子表面活性剂（anion surfactant，AS）的地球化学及其环境意义，调查表明，河口水体中 AS 在悬浮物上较为富集，它的区域分布模式反映了河口悬浮物、污水和某些污染物迁移的动向，与河口水体一些环境因素有密切关系。在底泥中的 AS 相当稳定，其区域分布与河口沉积物中的有机碳、腐殖酸、硫化物和总 P 的含量分布有极显著的正相关关系，显示出 AS 对河口污水、污染物的运转的示踪和指标作用。AS 在沉积物中的垂向分布可能反映出该河口区 AS 的污染历史及泥沙沉积速率。

（3）石油是我国近岸的主要污染物，大多源自沿海油田、油码头、油船、炼油厂和石化厂等。中国科学院海洋研究所采用紫外吸收比值、总 S 含量和正构烷烃色谱图特征等参数对南黄海海上漂油的油源进行了鉴别研究；对我国现代海洋沉积物进行了石油有机地球化学研究，涉及沥青总量，各组分含量，正构烷烃、芳烃和卟啉等化合物的特征，姥鲛烷/植烷的值以及微量元素的特征等；进行了胶东油田开发对滩涂和浅海环境影响评价的研究；从时间尺度上，将油污染区域与生态环境质量的历史资料和现状调查资料联系起来探讨其演变的趋势，将近海环境污染的变化预测与油田所处特定地理位置的自然生态环境演变规律相联系，探讨其相互作用和影响，对油膜扩散和输移做了数值模拟计算，估算了不同范围海域的石油环境容量。中国海洋大学等单位联合开展了黄河三角洲海域的环境影响评价研究项目，系统深入地研究了石油在海域各介质中的分布、迁移转化，环境的物理、化学和生物因素对石油的自净作用，胜利原油油种指纹图谱特征以及石油开发对渔业、生物生态的效应等一系列石油海洋环境地球化学问题。

（4）海洋有机污染物的分类研究。因为有机污染物种类繁多、毒性和危害作用的差异很大，所以只了解沉积物中有机物总量、总指标或只测定个别和少数有机污染物都很难全面反映出海域有机污染的程度和评价沉积物环境质量，因此对海洋沉积物中的有机污染物提取分类的技术进行研究有重要意义。郑金树等（1989）尝试的方案是用有机溶剂提取有机污染物后，用柱层析的方法将污染物分成 5 类：石油烃类、酞酸酯类、甾族化合物类、有机氯农药类和多氯联苯类。它们分别代表了不同行业不同毒性的污染物，用以评价海域环境污染状况。

2. 沉积物环境背景值和污染历史研究

1）若干原则和方法的研究

沉积物环境背景值是指在未受污染（或相对未受直接污染）影响的沉积物中

化学元素和化合物的正常含量。环境科学十分重视环境背景值的研究。

南黄海北部沉积物中重金属的分布和背景值的研究中研究者提出下述结论和看法：

（1）该海区沉积物岩芯样的分析结果表明，自上层几厘米直至深层 2.7m 处，沉积物中的重金属含量没有明显的变化，因而柱状样品中的平均含量可作为该区海洋沉积物的自然背景含量。

（2）由元素相关性分析得出，判断某一地点沉积物中某金属含量有无异常或受污染程度如何，除了利用深处沉积物进行对比外，还可以综合利用其与 Fe、有机碳等成分的相关性，或与其他金属之间的相关性或比例关系来判断。

（3）重金属含量受粒度控制，沉积物粒度愈细，重金属含量愈高，因此在对比不同海区的资料时，要考虑沉积物的类型，确定元素背景值应包含沉积物类型或粒度的概念，提出该海区细粒沉积物（包括粉砂质黏土和黏土质粉砂以细的沉积物）中 Fe、Mn、Zn、Cr、Cu、Ni、Pb 和 Cd 等金属的背景值。

（4）由于深海沉积物富集微量金属，不宜将其作为近海沉积物的背景。

2）利用岩芯样研究污染历史和背景值

国家海洋局海洋环境保护研究所曾利用沉积物柱状样对锦州湾内的污染问题做过较全面系统的研究，分析了 Zn、Cd、Cu、Pb、Hg 等重金属含量随沉积物深度的变化规律，找出了沉积物受污染的层位以及“拐点”以下相对未受开发影响的沉积层中元素的背景含量，应用 ^{210}Pb 技术和气候泥分析方法研究了海湾的现代沉积速率和 40 多年来金属污染历史。陶平等（2020）采用 ^{210}Pb 技术对大连长兴岛海湾芯样中海洋环境地球化学演化及重金属污染发展趋势进行研究。

张湘君等（1979）根据渤海湾数个柱状样中 Hg 的含量变化，确定了该湾沉积物中总 Hg 的背景值小于 0.05mg/kg。当沉积物中 Hg 的质量浓度大于 0.05mg/kg 时，说明该湾已不同程度地受到 Hg 的污染。超出 0.05mg/kg 的这部分 Hg，根据在表层沉积物中形成的高 Hg 扩散层分析，可以断定主要来源是蓟运河上的天津某化工厂，该厂自 1957 年开始向蓟运河排放大量 Hg。1980 年在北塘口至海河口外附近取得的岩芯样于 1.4m 以下的沉积层为背景含量，此层以上为受到污染的沉积层，因此 1.4m 为 23a 中沉积物淤积的厚度，所以沉积速率为 6.1cm/a。

3）沉积物金属测定值的粒度校正

由于未包含粒度概念的沉积物金属测定值可比性差，仅用一定区域未受污染的沉积物中金属元素的平均含量来代表背景值，其代表性和实用价值也就不大。我国在一般环境污染调查中很少全面分析沉积物的粒度成分，测定值经过粒度校正的工作尚不多。

4）参比元素相关分析法

参比元素相关分析法，即利用自然沉积过程中不同元素含量间的相关性，选择没有人为污染的元素作为参比元素来检验另一些元素含量有无异常或元素是否污染。这也是消除粒度和其他地球化学因素引起的元素自然含量差异的一种方法。常选用的参比元素有 Al、Fe、Rb、Li、Cs、Sc 等。也可根据有关海区的具体情况选择另外的参比元素，例如吴景阳（1983）在渤海湾的研究中选用 Ni。Ni 不仅在沉积物中与 Zn、Cr、Pb、Cu、Hg 等有显著的正相关关系，其自然沉积含量也与这些重金属中的多数为同一数量级，而且许多仪器在分析其他重金属的同时，也便于分析 Ni 的含量，这就为在沉积物中没有 Ni 污染累积的海区，以 Ni 为自然参比元素来检验其他元素和成分的异常及污染状况提供了可行及便利条件。

3. *沉积物元素的存在形态与释放*

元素和化学物质的存在形态是地球化学和环境科学的研究者十分关心的问题。在很多情况下，只了解沉积物某元素的总量，不清楚该元素在界面间的交换性质是不够的。元素的不同形态具有不同的环境行为和生物效应，因而研究元素的存在形态及界面交换性质具有重要的理论意义和实用价值。下面仅就某些河口海区沉积物中重金属、磷的存在形态与释放方面的研究情况作些介绍。

（1）重金属形态。从环境科学角度，我国元素存在形态的研究工作多集中在重金属方面，而“形态”一般是指在沉积物中“结合态”或“地球化学相”。结合态的分离提取多采用 Tessier 等（1979）提供的连续化学浸取法或“五态”提取法，即将其中重金属形态分为五种结合态：阳离子可交换态、碳酸盐态、铁锰氧化物态、有机物-硫化物态和碎屑态。重金属在沉积物中不能被微生物分解，易在沉积物中积累，可转化为毒性更大的烷基化合物。故此，一般讨论重金属的生物毒性时，决定因素是沉积物游离态金属离子的浓度，而不是重金属的总浓度（邵秘华等，2009）。

锦州湾是重金属污染较重的海区，研究者对其沉积物中重金属的结合态分布及重金属在海水-沉积物系统中的转移特性进行了较深入的研究。该区沉积物柱状样中金属结合态分布情况有：①污染较轻层次中的重金属主要存在于残渣相中，污染严重层次中的重金属主要存在于非残渣相中。②在污染较轻层次中，沉积物中的有机质、硫酸盐、铁锰氧化物等的含量与金属结合态分布有密切关系。③金属离子性质不同，其结合态分布也有差异，如 Cd 的可交换相比其他金属占有高得多的比例，Cu 的有机相显著高于其他金属，Pb 和 Zn 更多地以碳酸盐相和铁锰氧化物相存在。④金属各结合态主要富集于粒径不超过 20μm 的细颗粒中，随着颗粒变细，各金属结合态含量增高，而相对比例变化不明显。

“五态”提取法将金属结合态分得较细，提供的地球化学信息也较多，但此法工作量大、操作繁杂费时、消耗大、不便于进行大量样品分析。有研究者提出简化方法，例如用酸可提取态、有机态和残渣态的三步提取的“三态法”（“五态法”

经历五步提取），还有用稀盐酸一步提取所测结果来代表沉积物中重金属的“有效态”含量。

（2）磷形态。由于近海富营养化和赤潮等环境问题的加剧，某些营养成分（如磷酸盐等）在沉积物中的存在形态及其释放问题日益受到关注。林荣根等（1994，1992）对黄河口沉积物进行了系统的研究，分析了沉积物中无机 P、有机 P 和总 P 的含量分布特征，并分析了无机 P 中的 Al-P、Fe-P、Ca-P 和“闭蓄态 P”的含量分布规律，并且指出黄河口沉积物中细粒磷质石的普遍存在，是 Ca-P 含量高且富集于砂粒中的主要因素。

（3）污染物的释放。积累于沉积物中的污染物能否重新释放到水体中，释放的条件及释放量如何，是环境地球化学研究内容之一，也是环境科学关心的课题。由于现场调查一般获得的只是综合结果，因此多以实验研究配合或以实验室研究为主，也有部分工作是通过间隙水的研究来进行。影响污染物释放的条件，包括水体的 pH、Eh（水体的氧化还原电位）、温度、盐度等，此外，某些人为增加的配合剂或活性物质对沉积物释放污染物也有影响，例如在研究黄河口沉积物对磷酸盐的吸附和释放作用的实验中发现，介质中阴离子表面活性剂的存在会减少沉积物对 P 的吸附量。

1.4.3 海洋沉积地球化学研究

海洋沉积地球化学研究内容广泛，这里只就如下几个主要方面进行介绍。

1. 沉积物元素地球化学

沉积物的地球化学特征必须通过测定各元素的含量，研究其丰度、分布、相关、存在形态等工作来揭示。

1）元素丰度

元素丰度是指元素在较大自然体（如地壳、地球、太阳系等）中的相对平均含量。而元素在较小自然体（如一块矿石等）中时，只称“含量”。建立一个海区的元素丰度表，是海洋地球化学研究的首要任务。我国已初步提出了东海和黄海沉积物 40 余种元素丰度表；南海已有 30 余种元素丰度；虽然渤海的局部区域有过多种元素的测定，但不足以代表渤海元素的丰度。

通过元素丰度的对比认识到，就大陆架而言，内陆架绝大多数元素[如 Al、K、Na、Mg、Fe、Mn、Ti、P、Cu、Co、Ni、Zn、Pb、Cr、Cd、Rb、Ba、REE（稀土元素）等]的丰度均大于外陆架的丰度，仅 Si、Ca 和 Sr 的丰度内陆架比外陆架低。大陆架与大陆坡比，若干元素（如 Mn、Ca、Sr、Cu、Ni、Zn、Ra 等）的丰度在大陆坡明显升高，大陆架沉积物中作为大陆和大洋指示性元素（如 Mn、Cu、Ni、Zn、Ra、U 等）的丰度，均相对地接近大陆岸石的丰度，而异于深海大洋沉积物的丰度，这称为“元素的亲陆性”。如东海大陆架 REE 的丰度分布模式与洞庭湖沉积物相似，而不同于太平洋沉积物。

不同粒度沉积物（砂、粉砂、泥）中元素丰度情况表明，绝大多数元素的丰度随沉积物粒度变细而升高；少数元素（如 Si、Ca、Sr）的丰度随沉积物粒度变细而降低；个别元素（如 Zr）的丰度随沉积物粒度变细先升后降，在中等粒度的粉砂中出现极大值。这种元素丰度明显受沉积物粒度控制的现象，称为“元素的粒度控制律”。

2）元素分布

凡是有足够样品的海域，前人均已绘制了有关元素的区域分布图。多数元素的区域分布特点与沉积物类型的区域分布轮廓相似。存在以下特点：内陆架细粒沉积物分布区为大多数元素的高含量区，外陆架粗粒沉积物分布区为 Si、Ca、Sr 的高含量区；渤海、黄海、南海北部湾等半封闭海域元素的区域分布多呈斑块状，东海、南海珠江口外大陆架等开阔海域元素的区域分布多呈条带状；某些元素常在河口富集，元素的含量等值线自河口向外海呈舌状趋于降低。

元素在区域分布上的异同会自然形成各种组合的特点，这样就有可能进行元素的地球化学分区。例如，黄海初步划分为五个区：高 Ca、Sr 低 Rb 区，高 K、Rb 低 Ca 区，高 Fe、Mn 低 Sr 区，高 Mn 区，次高 Ca、Fe 区。

3）元素相关

常采用一元回归分析，有时也采用多元逐步回归分析方法来研究元素之间的相关关系。对于东海外大陆架沉积物，现已查明：主元素之间（如 Al 与 Fe，Fe 与 Ti 等）、主元素与微量元素之间、微量元素之间存在正相关；Cu、Co、Ni、Zn、Cr、V、B、F 等都与黏土的特征元素 Al、Rb 等呈正相关；Fe 与 Cu、Co、Ni、Zn 等有较好的正相关，而 Mn 与之相关不明显，这一点有别于深海大洋沉积物；Al、Rb、K 三者相关，但 Al 与 Rb 的相关系数高于 K 与 Rb 的相关系数，因为 Rb 离子半径比 K 的大，更易于被黏土吸附；有机碳与大多数亲黏土的元素存在明显的正相关；Si、Ca、Sr 与其他元素多呈负相关。这些认识反映了元素在沉积过程中的地球化学特征，也为判定沉积物源、沉积环境、元素背景和异常等提供了重要信息和方法。

4）元素存在形态

为概括地了解元素在海洋沉积物中的形态，采用 5%的盐酸加热浸取将沉积物分为两部分：可溶的自生（活性）部分和不溶的碎屑（非活性）部分。渤海 Al、Fe、Mn 的形态研究结果表明，各元素的平均自生指数依次为 Mn＞Fe＞Al，即 Mn 的活性最强，其次为 Fe、Al。在东海、南海的调查中，利用 1mol/L 盐酸羟胺的 25%乙酸溶液浸取元素的非碎屑（自生）部分，使之与元素的陆源碎屑组分分开，测得了大量主元素和微量元素的陆源碎屑指数，按指数大小排序为 Si＞Fe＞

Ti＞Zn，Fe、Cr＞Ni、Cu、Co＞Mn、P。对黄河口、渤海湾和南海的沉积物研究，使用了连续逐级浸取法。

对稀土元素进行硫酸铵和水的浸取实验发现浸取液中稀土元素的含量很小，推知沉积物中稀土元素也不是呈简单的阳离子形态被黏土矿物表面所吸附。

在陆架沉积中除 Cd、Mn、P 等元素外，其他大部分元素均以碎屑态的含量为主。依据元素形态及其沉积机理，将陆架沉积物中元素分为以下三类。

亲碎屑元素：主要存在于碎屑矿物的晶格中，随同碎屑而沉积，如 Si、Al、Fe、Ti、Cu、Co、Ni、Zn、Cr、B、U、Th、K、Rb、Re。

亲自生元素：主要存在于自生矿物中或吸附于矿物表面，由化学作用而沉积，如 Cd、Mn、P。

亲生物元素：主要存在于生物介壳中，通过生物作用而沉积，如 Ca、Sr。

2. 同位素地球化学

这方面研究可分为两大课题：同位素测年计算沉积速率和同位素“指示剂”。

1）同位素测年计算沉积速率

我国已使用 ^{14}C 法、^{226}Ra 法、^{230}Th 法、^{230}Th/^{234}U 法和 ^{210}Pb 法等测定海洋沉积物年代，其中 ^{210}Pb 法是测定陆架浅海近百年来沉积速率行之有效的方法。

基于沉积速率的测定，我国提出了“沉积强度”的概念，即沉积强度指数 $i=r/R$，r 为某一测站的沉积速率，R 为某一区域沉积速率的平均（背景）值。$i>1$，沉积作用强；$i<1$，沉积作用弱；$i>2$，沉积作用极强；$i<0.5$，沉积作用极弱。依据 i 值大小，首次划分了南黄海的不同沉积强度区，并探讨了其形成机制。

2）同位素“指示剂”

陈毓蔚等（1980）运用铅同位素研究沉积物来源。东海不同类型沉积物的铅同位素组成差异显著，近岸内陆架细粒沉积物中 ^{206}Pb/^{207}Pb 为 1.1928，外陆架粗粒沉积物 ^{206}Pb/^{207}Pb 为 1.1834，冲绳海槽细粒沉积物 ^{206}Pb/^{207}Pb 为 1.1847，这种类型铅同位素组成居于我国东部环太平洋带岩石铅同位素组成的变化范围内。

3. 锰结核地球化学

我国已测定太平洋中部锰结核中 32 种元素的含量，研究了不同形态结核化学成分的不均匀性：光滑-粗糙型（半裸露-半埋藏型）结核一般上部富含 Fe、Co、Pb，下部富含 Mn、Cu、Ni、Zn；光滑型（裸露型）结核上部与下部元素含量差别较小；粗糙型（埋藏型）结核上部与下部元素含量基本接近。对不同海底地形区结核的化学成分测定表明：海山丘陵区结核富 Fe、Co、Pb；平原凹地区结核富 Mn、Cu、Ni。对海底水-沉积物界面元素变迁的研究表明，底层水中元素多有不同程度的富集，结核成矿元素的主要来源不同：Fe、Co 主要来源于底层水，Mn、

Cu、Ni主要来源于间隙水。通过对太平洋和南海的结核、沉积物、上覆水、间隙水、生物（细菌）的对比研究，认为结核的Mn/Fe比值与其中元素含量、矿物组成、结核丰度、品位、生长速率等有关，因此根据Mn/Fe比值将结核划分为三类，并探讨其成因：A型（Mn/Fe≤1.50）为火山沉积型，B型（1.50＜Mn/Fe≤2.50）为氧化成岩型，C型（Mn/Fe＞2.50）为有机成岩型。

除上述研究以外，海洋沉积地球化学在元素地层学、环境地球化学、有机地球化学和地球化学分析方法等学科也各有成果。

1.4.4 海洋生物地球化学研究

海洋生物地球化学是研究海洋生物与海洋非生物环境之间相互作用（关系）的学科。其主要任务和目的有：研究海洋沉积环境中生物体（包括生物化石）的化学成分与沉积环境的关系，寻找特定海洋环境生物中化学组成（包括同位素）特征，探索海洋地质环境的变迁及演化规律；研究海洋沉积环境中化学元素、有机碳及生物（细菌）间的关系，探索化学元素的生物地球化学循环机理及其化学元素在早期成岩过程中沉积、迁移和富集规律；研究海洋环境中自生矿物形成的生物地球化学过程，探索沉积矿物形成的生物地球化学机制，以便更好地寻找和利用各种海洋矿产资源；研究海洋地球化学环境对海洋生物活动的影响，寻找、探索沉积环境的生物地球化学指标，追溯物质来源，从而为防治海洋环境污染提供理论依据。

1. *海洋元素生物地球化学*

20世纪70年代末以来，中国组织开展了东海大陆架调查，中国、美国对长江口及其邻近陆架沉积作用过程研究，中国、法国对黄河口调查，中国、法国对长江口及其邻近陆架海区有害物质的生物地球化学研究，太平洋锰结核资源调查及南大洋考察等项目的沉积物化学研究。结果表明，生物（细菌）直接或间接地参与了河口、陆架、深海及南极大陆架沉积物中C、N、P、Ca、Si、S、Fe、Mn等元素的迁移、扩散和沉积。

C、N、P、Ca、Si是海洋生物的必需元素，沉积环境中生物作用的强弱直接影响上述元素在沉积物中的含量。例如，有孔虫在某些细菌作用下会释放P，因此有孔虫含量高的海域，沉积物中P含量也高。东海陆架和东海近岸浅水区及太平洋深海的沉积物中有孔虫、硅藻的含量高，C、N、Si、Ca元素含量就高。以有孔虫壳体为主的钙质沉积物一般疏松多孔，C、N 含量低；以硅质生物组成的硅质软泥颗粒细，有利于C、N保存（含量高）。沉积物中的N主要以蛋白质、氨基酸的形式存在。

对长江口及邻近东海陆架区沉积物的研究表明，沉积物间隙水中Fe^{2+}、Mn^{2+}

一般比上覆水高1～2个数量级，源自沉积物中铁锰氧化物的水化物还原。这种还原，并非沉积物中S^{2-}所致，而是沉积物中的细菌将沉积物及间隙水中有机物质（以蛋白质、氨基酸、甲壳素、木质胶为主）作为生命活动的能源，利用共存的FeOOH（Fe_2O_3）、MnO_2氧化这些有机物质，从而使还原产物Fe^{2+}、Mn^{2+}进入间隙水中，与上覆水形成一个浓度梯度，向上覆水扩散。

研究还表明，间隙水中Fe^{2+}、Mn^{2+}向上覆水的扩散通量也与底栖生物、细菌的作用有关。沉积物中细菌作用不同，使Fe^{2+}、Mn^{2+}扩散通量及Mn^{2+}/Fe^{2+}由河口向大洋增加，同时使铁锰在早期成岩过程中发生分离，这可能是导致大洋铁锰结核富集区沉积物中锰富集的主要因素之一。

沉积物中S^{2-}/S_2^{2-}的值可以作为古盐度指标，C/S的值可以作为沉积环境的地球化学分类指标。我国研究者对长江口及东海陆架沉积物中SO_4^{2-}、S^{2-}、有机碳、细菌的关系进行了详细探讨，表明S^{2-}主要受细菌控制，沉积物中S^{2-}/S_2^{2-}的值由河口向陆架增加，因此研究者认为，在基本相同的沉积环境中，沉积剖面上S^{2-}/S_2^{2-}的值可用于估算现代海洋沉积速率。对沉积物间隙水中SO_4^{2-}、沉积物中S^{2-}、底栖生物和养虾池中硫存在形式的研究发现，沉积物中硫的循环与生物密切相关，硫存在形式与生态环境有关。

此外，对南极海碘的早期成岩作用和生物地球化学的研究表明：碘的含量分布依赖于生源物质；生源碘的再生产主要发生在成岩早期，再生产与沉积有机氮的释放有关；早期成岩环境的碱性和还原条件有利于碘的释放。

宁征等（1990）对Cu、Pb、Zn、Cr与浮游植物（三角褐指藻、牟氏角毛藻）的生长率、毒性效应和藻体细胞分泌物促进重金属的形态转化进行研究，吴瑜端等（1986）对厦门港重金属污染与海域生产力进行研究，许昆灿等（1986）对海洋环境中浮游植物对Hg的摄取规律等进行研究，这些研究都较有成效。

2. *自生矿物的生物地球化学*

对南黄海、长江口及邻近陆架区表层沉积物中自生黄铁矿的研究表明，自生黄铁矿（FeS_2）的形成和分布主要受控于细菌，其次可能是沉积环境中的活性有机物质。因为海洋中的硫酸盐还原细菌和硫氧化细菌作用的结果，粗糙结晶形式的单硫化铁（FeS，Fe_3S_4）转化为沉积物中微球粒状黄铁矿。硫氧化细菌随着上覆水盐度的减小而减少，所以现代淡水沉积环境中的沉积物中FeS不能向FeS_2转化。从化学角度说，S_2^{2-}一方面来自S^{2-}的氧化，另一方面来自SO_4^{2-}的还原。

在西北太平洋沉积物和铁锰结核的研究工作中，得到18株能在含Mn^{2+}的培养基中将Mn^{2+}沉淀为Mn（IV）的锰氧化细菌，而且在结核中的细菌数量与沉积物中的细菌数量相差不大。同时，细菌也参与了沉积物中Mn（IV）的还原，表现为沉积物中细菌含量高的站位，间隙水中Mn^{2+}含量就高、结核中锰的含量和

Mn/Fe 就高，结核生长速率也大。沉积环境强烈地影响细菌行为，使结核的 Mn 含量、品位、形成机制随着环境条件改变而变化，导致形成的结核类型不同。

3. 氨基酸的生物地球化学

氨基酸是生物体中蛋白质在酸、碱或酶作用下发生水解的产物。现代海洋沉积物中氨基酸来源于原生沉积环境的生物体和异地的径流水、风等地质营力搬运来的生物碎屑。

Hare 等（1968）提出地质体存在着生物体残留的光学活性氨基酸，而且随着地质年龄增大而趋于完全外消旋化，同年利用贝壳化石中氨基酸对映体比值测得了化石年代。我国研究者对东海沉积物间隙水中、浙江近海和长江口的沉积物中的氨基酸进行了研究，阐述了氨基酸的组成特征、来源等相关内容。海洋生物地球化学是一门新兴学科，理论体系和研究方法还有待充实、完善和改进、提高，但其是大有可为的。

思考题

1. 什么是海洋地球化学？海洋地球化学作用的特点是什么？
2. 什么是背景值？论述沉积物中重金属分布背景值研究的原则。
3. 举例说明监测数据如何为研究目的服务。
4. 什么是参比元素相关分析法？如何用该法判断污染？优点是什么？
5. 找出本章出现的知识转化为认识工具的内容。

第2章

海洋的化学组成、分布及分类、性质

本章介绍海洋的化学组成、大洋水中化学元素的分布及分类、海洋的物理化学特征等海洋地球化学的基本内容。

2.1 海洋的化学组成

地球上海洋总体积约为 $1.37\times10^9 km^3$ 或 $1.37\times10^{21} L$，占地球水圈总量的98%以上。在其组成中，水占96.5%，溶解盐类占3.5%，海洋中还含有颗粒物质、溶解气体和有机化合物等。

海水是一种盐溶液，与雨水和河水相比，以富含溶解盐类为特征。

2.1.1 海水中的常量和微量元素

按溶解组分浓度大小，一般将海水中溶解态元素分为常量（主要）元素和微量元素两大类。

（1）常量元素（质量浓度＞10^{-6}），分为：主要元素（质量浓度＞10^{-4}～10^{-2}），包括Cl、Na、Mg、S、Ca和K；次要元素（质量浓度＞10^{-6}～10^{-5}），包括Br、C、Sr、B、Si、F和溶解氧。

（2）微量元素（质量浓度＜10^{-6}），也分为两类：主微量元素（质量浓度＞10^{-8}），包括N、Li、Rb、P、I、Ba和Mo；微量及痕量元素，质量浓度＜10^{-8}的其余元素。

1. 海水中的主要组分

主要元素相应于海水中主要的六种组分：Cl^-、Na^+、Mg^{2+}及$MgSO_4$、SO_4^{2-}、Ca^{2+}及$CaSO_4$、K^+。这六种组分占海水总盐分的99%以上，如表2.1所示。按原子序数排列的各元素在大洋水中的存在形式、浓度、分布类型和存留时间等数据参见表2.2。

表 2.1 海水中主要组分浓度①、存在形式及所占比例

组分	质量浓度/‰	存在形式	占总盐分的比例/%
Cl	19.356	Cl^-	55.30
Na	10.764	Na^+	30.76
Mg	1.293	Mg^{2+}，$MgSO_4$	3.69
SO_4	2.709	SO_4^{2-}	7.74
Ca	0.413	Ca^{2+}，$CaSO_4$	1.18
K	0.399	K^+	1.14
合计	34.934	—	约 99.81

①各组分浓度基于盐度为 35 而得出。

表 2.2 化学元素在大洋水中的存在形式、浓度、分布类型和存留时间

原子序数	元素符号	在含氧水中可能存在的形式	范围和平均值（在 35 盐度下）		分布类型	存留时间 τ/a
			质量摩尔浓度	质量分数		
1	H	H_2O	54mol/kg	108‰	—	—
2	He	—	1.8nmol/kg	7.2ng/kg	—	—
3	Li	Li^+	25μmol/kg	175μg/kg	保守型	5.7×10^8
4	Be	$Be(OH)^-$，$Be(OH)_2^0$	4～30pmol/kg,20pmol/kg	0.036～0.70ng/kg, 0.018ng/kg	营养及清扫型	—
5	B	H_3BO_3	0.416mmol/kg	4.5mg/kg	保守型	9.6×10^6
6	C	HCO_3^-，CO_3^{2-},有机 C	2.0～2.5mmol/kg, 2.3mmol/kg,4μmol/kg	24～30mg/kg, 27.6mg/kg,48μg/kg	营养型	10^5
7	N	NO_3^-, 溶解 N_2	<0.1～45μmol/kg, 30μmol/kg,0.58mmol/kg	<0.0014～0.63mg/kg, 0.42mg/kg,8.12mg/kg	营养型	—
8	O	溶解 O_2,H_2O	0～300μmol/kg, 54μmol/kg	0～4.8mg/kg, 864‰	营养型之镜像	约 10^6
9	F	F^-，MgF^+	86μmol/kg	1.29mg/kg	保守型	5.0×10^5
10	Ne	—	7.5nmol/kg	0.15μg/kg	—	—
11	Na	Na^+	0.486mol/kg	10764mg/kg	保守型	8.3×10^7
12	Mg	Mg^{2+}	53.2mmol/kg	1293mg/kg	保守型	1.3×10^7
13	Al	$Al(OH)_4^-$, $Al(OH)_3^0$	(5～40nmol/kg),(20nmol/kg)	(0.135～1.08μg/kg), (0.54μg/kg)	中深最小值	6.2×10^2
14	Si	H_4SiO_4	<1～180μmol/kg, 100μmol/kg	<0.028～5.06mg/kg, 2.81mg/kg	营养型	2.0×10^4
15	P	HPO_4^{2-}，$NaHPO_4^-$，$MgHPO_4$	<1～3.5μmol/kg, 2.3μmol/kg	<31～108.5μg/kg, 71.3μg/kg	营养型	6.9×10^4
16	S	SO_4^{2-}，$NaSO_4^-$，$MgSO_4$	28.2mmol/kg	904mg/kg	保守型	2×10^7
17	Cl	Cl^-	0.546mol/kg	19356mg/kg	保守型	约 10^8
18	Ar	—	15μmol/kg	0.6mg/kg	—	—

续表

原子序数	元素符号	在含氧水中可能存在的形式	范围和平均值（在35盐度下）		分布类型	存留时间 τ/a
			质量摩尔浓度	质量分数		
19	K	K^+	10.2mmol/kg	399mg/kg	保守型	1.2×10^7
20	Ca	Ca^{2+}	10.3mmol/kg	413mg/kg	表水微贫化	1.1×10^6
21	Sc	$Sc(OH)_3^0$	8～20pmol/kg, 15pmol/kg	0.36～0.9ng/kg, 0.68ng/kg	表水贫化	—
22	Ti	$Ti(OH)_4^0$	(＜20nmol/kg)	(＜0.96μg/kg)	—	3.7×10^3
23	V	HVO_4^{2-}, $H_2VO_4^-$, $NaHVO_4^-$	20～35nmol/kg, 30nmol/kg	1.02～1.79μg/kg, 1.53μg/kg	表水微贫化	4.5×10^4
24	Cr	CrO_4^{2-}, $NaCrO_4^-$	2～5nmol/kg, 4nmol/kg	0.1～0.26μg/kg, 0.21μg/kg	营养型	8.2×10^3
25	Mn	Mn^{2+}, $MnCl^-$	0.2～3nmol/kg, 0.5nmol/kg	11～165ng/kg, 27.5ng/kg	深水贫化	1.3×10^3
26	Fe	$Fe(OH)_3^0$	0.1～2.5nmol/kg, 1nmol/kg	5.58～140ng/kg, 55.8ng/kg	表、深水贫化	5.4×10^1
27	Co	Co^{2+}, $CoCO_3^0$, $CoCl^+$	(0.01～0.1nmol/kg), (0.02nmol/kg)	(0.59～5.9ng/kg), (1.18ng/kg)	表、深水贫化	3.4×10^2
28	Ni	Ni^{2+}, $NiCO_3^-$, $NiCl^-$	2～12nmol/kg, 8nmol/kg	0.12～0.7μg/kg, 0.47μg/kg	营养型	8.2×10^3
29	Cu	$CuCO_3^0$, $CuOH^+$, Cu^{2+}	0.5～6nmol/kg, 4nmol/kg	0.03～0.38μg/kg, 0.25μg/kg	营养及清扫型	9.7×10^3
30	Zn	Zn^{2+}, $ZnOH^+$, $ZnCO_3^0$, $ZnCl^+$	0.05～9nmol/kg, 6nmol/kg	0.003～0.59μg/kg, 0.39μg/kg	营养型	5.1×10^2
31	Ga	$Ga(OH)_4^-$	(0.3nmol/kg)	(21ng/kg)	—	9.0×10^3
32	Ge	H_4GeO_4, $H_3GeO_4^-$	≤7～115pmol/kg, 70pmol/kg	≤0.51～8.35ng/kg, 5.01ng/kg	营养型	—
33	As	$HAsO_4^{2-}$	15～25nmol/kg, 23nmol/kg	1.13～1.88μg/kg, 1.73μg/kg	营养型	3.9×10^4
34	Se	SeO_4^{2-}, SeO_3^{2-}, $HSeO_3^-$	0.5～2.3nmol/kg, 1.7nmol/kg	0.04～0.18μg/kg, 0.13μg/kg	营养型	2.6×10^4
35	Br	Br^-	0.84mmol/kg	67.12mg/kg	保守型	1.3×10^8
36	Kr	—	3.4nmol/kg	0.285μg/kg	—	—
37	Rb	Rb^+	1.4μmol/kg	0.12mg/kg	保守型	3.0×10^6
38	Sr	Sr^{2+}	90μmol/kg	7.88mg/kg	表水微贫化	5.1×10^6
39	Y	YCO_3^+, YOH^{2+}, Y^{3+}	(0.15nmol/kg)	(13.3ng/kg)	—	7.4×10^2
40	Zr	$Zr(OH)_4^0$, $Zr(OH)_5^-$	(0.3nmol/kg)	(27.4ng/kg)	—	—

续表

原子序数	元素符号	在含氧水中可能存在的形式	范围和平均值（在 35 盐度下）		分布类型	存留时间 τ/a
			质量摩尔浓度	质量分数		
41	Nb	$Nb(OH)_6^-$, $Nb(OH)_5^0$	(≤50pmol/kg)	(≤4.65ng/kg)	—	—
42	Mo	MoO_4^{2-}	0.11μmol/kg	10.56μg/kg	保守型	8.2×10^5
43	Tc	TcO_4^-	无稳定同位素	—	—	—
44	Ru	—	—	—	—	—
45	Rh	—	—	—	—	—
46	Pb	—	—	—	—	—
47	Ag	$AgCl_2^-$	(0.5～35pmol/kg), 25pmol/kg	(0.05～3.78ng/kg), (2.70ng/kg)	营养型	3.5×10^2
48	Cd	$CdCl_3^-$	0.001～1.1nmol/kg, 0.7nmol/kg	0.11～123.6ng/kg, 78.68ng/kg	营养型	—
49	In	$In(OH)_3^0$	(1pmol/kg)	0.11ng/kg	—	—
50	Sn	$SnO(OH)_3^-$	(1～12pmol/kg), (约 4pmol/kg)	(0.12～1.42ng/kg), (0.47ng/kg)	表水 高含量	—
51	Sb	$Sb(OH)_6^-$	(1.2nmol/kg)	(0.15μg/kg)	—	5.7×10^3
52	Te	TeO_3^{2-},$HTeO_3^-$	—	—	—	—
53	I	IO_3^-	0.2～0.5μmol/kg, 0.4μmol/kg	25.4～63.5μg/kg, 50.8μg/kg	营养型	3.4×10^5
54	Xe	—	0.5nmol/kg	65.5ng/kg		
55	Cs	Cs^-	2.2nmol/kg	0.29μg/kg	保守型	3.3×10^5
56	Ba	Ba^{2+}	32～150nmol/kg, 100nmol/kg	4.39～20.9μg/kg, 13.7μg/kg	营养型	8.8×10^3
57	La	La^{3+},$LaCO_3^+$,$LaCl^{2+}$	13～37pmol/kg, 30pmol/kg	1.81～5.14ng/kg, 4.17ng/kg	表水 贫化	3.2×10^3
58	Ce	$CeCO_3^+$,Ce^{3+},$CeCl_2^+$	16～26mol/kg, 20pmol/kg	2.24～3.64ng/kg, 2.8ng/kg	表水 贫化	1.4×10^3
59	Pr	$PrCO_3^+$,Pr^{3+},$PrSO_4^+$	(4pmol/kg)	(0.56ng/kg)	表水 贫化	3.1×10^3
60	Nd	$NdCO_3^+$,Nd^{3+},$NdSO_4^+$	12～25pmol/kg, 20pmol/kg	1.73～3.6ng/kg, 2.88ng/kg	表水 贫化	2.8×10^3
62	Sm	$SmCO_3^+$,Sm^{3+},$SmSO_4^+$	2.7～4.8pmol/kg, 4pmol/kg	0.41～0.72ng/kg, 0.6ng/kg	表水 贫化	2.9×10^3
63	Eu	$EuCO_3^+$,Eu^{3+},$EuOH^{2+}$	0.6～1.0pmol/kg, 0.9pmol/kg	0.09～0.15ng/kg, 0.14ng/kg	表水 贫化	5.3×10^3
64	Gd	$GdCO_3^+$,Gd^{3+}	3.4～7.2pmol/kg, 6pmol/kg	0.53～1.13ng/kg, 0.94ng/kg	表水 贫化	4.6×10^3

续表

原子序数	元素符号	在含氧水中可能存在的形式	范围和平均值（在 35 盐度下）		分布类型	存留时间 τ/a
			质量摩尔浓度	质量分数		
65	Tb	$TbCO_3^+, Tb^{3+}, TbOH^{2+}$	(0.9pmol/kg)	(0.14ng/kg)	表水贫化	5.6×10^3
66	Dy	$DyCO_3^+, Dy^{3+}, DyOH^{2+}$	(4.8～6.1pmol/kg), (6pmol/kg)	(0.78～0.99ng/kg), (0.98ng/kg)	表水贫化	7.8×10^2
67	Ho	$HoCO_3^+, Ho^{3+}, HoOH^{2+}$	(1.9pmol/kg)	(0.15ng/kg)	表水贫化	1.3×10^4
68	Er	$ErCO_3^+, ErOH^{2+}, Er^{3+}$	4.1～5.8pmol/kg, 5pmol/kg	0.68～0.97ng/kg, 0.84ng/kg	表水贫化	8.1×10^3
69	Tm	$TmCO_3^+, TmOH^{2+}, Tm^{3+}$	(0.8pmol/kg)	(0.14ng/kg)	表水贫化	5.3×10^3
70	Yb	$YbCO_3^+, YbOH^{2+}$	3.5～5.4pmol/kg, 5pmol/kg	0.61～0.93ng/kg, 0.87ng/kg	表水贫化	8.5×10^3
71	Lu	$LuCO_3^+, LuOH^{2+}$	(0.9pmol/kg)	(0.16ng/kg)	表水贫化	6.2×10^3
72	Hf	$Hf(OH)_4^0, Hf(OH)_5^-$	(＜40pmol/kg)	(＜7.12ng/kg)	—	—
73	Ta	$Ta(OH)_5^0$	(＜14pmol/kg)	(2.53ng/kg)	—	—
74	W	WO_4^{2-}	0.5nmol/kg	91.95ng/kg	—	—
75	Re	ReO_4^-	(14～30pmol/kg), (20pmol/kg)	(2.6～5.58ng/kg), (3.72ng/kg)	—	—
76	Os	—	—	—	—	—
77	Ir	—	—	—	—	—
78	Pt	—	—	—	—	—
79	Au	$AuCl_2^-$	(25nmol/kg)	(4.93ng/kg)	—	9.7×10^4
80	Hg	$HgCl_4^{2-}$	(2～10pmol/kg), (5pmol/kg)	(1.01ng/kg) (0.4～2.01ng/kg)	—	5.6×10^2
81	Tl	$Tl^+, TlCl^0, Tl(OH)_3^0$	60pmol/kg	约 12.24ng/kg	保守型	—
82	Pb	$PbCO_3^0, Pb(CO_3)_2^{2-}, PbCl^+$	5～175pmol/kg, 10pmol/kg	1.04～36.23ng/kg, 2.07ng/kg	表水高含量深水贫化	8.1×10^2
83	Bi	$BiO^+, Bi(OH)_2^+$	≤0.015～0.24pmol/kg	0.003～0.05ng/kg	深水贫化	—
90	Th	—	(＜3pmol/kg)	(0.696ng/kg)	—	
92	U	—	13nmol/kg	3.09μg/kg	—	5.0×10^5

注：1. 存留时间由该元素在海水中溶解总量除以该元素的河流每年供给量而得到。
2. 括号中数据欠准确。

一般认为溶解组分来自大陆或与元素克拉克值有关。元素克拉克值是指某元素在地壳中的平均质量分数，是地壳中元素丰度的表达形式之一。风化作用中表现活泼、海洋沉积作用中表现惰性（保守）的元素（如 6 种最主要元素，还有 C、Br、Sr 等）在海水中浓度和地壳中丰度均处于前列，而风化作用中表现惰性、形成黏土矿物或保留于残余副矿物中、被搬运入海后以碎屑形式先后降落海底的元素（如 Al、Fe、Ti、Si、Mn、P 等）在海水中浓度退居后位。但稀有气体和易挥发元素（如 Rn、Cl、S 等）不是单一来自大陆。

海水的含盐量主要决定于 6 种最主要元素组分的含量。海水中溶解盐总量变动于 32‰～37‰，平均 35‰，具有很大的稳定性，这是海水区别于河水的主要特征之一。海水的主要组分（Cl、Na、Mg、S、Ca、K、B、Br、F 等）之间的浓度比值基本恒定，不受大气降水和海面蒸发的影响。河水与海水相混合的河口地区水体组分引起变化的影响范围有限，随着与海岸距离的增加，影响趋于消失。海水中各主要组分间浓度比值恒定这一特性可以大大简化主要组分浓度的测定工作，还可以根据现场测得的海水温度、压力和某主要组分的浓度而精确算出海水密度，以此绘出海水密度图。海水密度是影响水团运动的主要因素，是物理海洋学关注的六大海洋学要素之一。

2. 海水的氯度和盐度

1）氯度

海水中 Cl 的含量最高，故一般以氯的浓度和其他组分进行对比以计算其他组分浓度和总含盐量。因此，1979 年，国际海洋物理科学协会提出“氯度”概念，并记为 Cl‰，定义为：1kg 海水中，将 Br 和 I 以 Cl 代替时，其所含 Cl、Br 和 I 的总质量（g），单位是 g/kg，即千分率。例如，1molBr 对应 79.904g Br，但进行氯度计算时，将其视为 1molCl，替代 79.904g Br 的是 35.453g Cl。氯度计算式可表示为

$$\text{Cl‰} = [\text{Cl}^-] + ([\text{Br}^-] / \text{Br} + [\text{I}^-] / \text{I}) \times \text{Cl} \tag{2.1}$$

式中，$[Cl^-]$、$[Br^-]$、$[I^-]$表示各卤离子在海水中的浓度；Cl、Br、I 表示各自的原子量。

上述氯度定义受原子量修改的影响，即原子量一经修改，修改前所测氯度值也随着修改。为了避免原子量改变的影响，提出氯度的新定义：沉淀 0.328523kg 海水的卤素所消耗纯 Ag 的质量（g）。新定义是基于氯度为 19.3810‰的千克标准海水，用 $AgNO_3$ 溶液滴定到全部卤素被沉淀，所消耗纯 Ag 质量为 58.9943g，这样，氯度与所消耗纯银量比值为

$$19.3810 / 58.9943 = 0.328523$$

按此比值，使 0.328523kg 标准海水中全部卤素沉淀所耗银将是 19.3810g，即正好与氯度值 19.3810 相等。

2）盐度

海水的盐度，是指 1kg 海水中，将所有的碳酸盐转变为氧化物，将所有的溴化物和碘化物转换为氯化物，并且将所有的有机物完全氧化后所含固体的总质量

(g)，单位是 g/kg，仍是千分率，符号为 S‰。这一定义的提法来自当时测定盐度的实验方法。

取一定量海水，放入瓷蒸发皿内，加盐酸使海水呈酸性，再加氯水，将其蒸发至干，并在 480℃下恒温干燥。各步操作中发生相应化学反应如下：

$$MgCO_3 + 2HCl \longrightarrow MgCl_2 + CO_2\uparrow + H_2O$$

$$Mg(HCO_3)_2 + 2HCl \longrightarrow MgCl_2 + 2CO_2\uparrow + 2H_2O$$

$$2Br^- + Cl_2 \longrightarrow 2Cl^- + Br_2\uparrow$$

$$2I^- + Cl_2 \longrightarrow 2Cl^- + I_2\uparrow$$

$$MgCl_2 + H_2O \xrightarrow{\text{灼烧}} Mg(OH)Cl + HCl\uparrow$$

$$Mg(OH)Cl \xrightarrow{\text{灼烧}} MgO + HCl\uparrow$$

灼烧时有机物被氧化，离开残余物。这就是盐度定义的化学依据。

根据海水中氯质量浓度占总溶解盐类的 55%以上，以及氯与其他主要组分浓度比的恒定性，导出氯度与盐度间的经验关系式为

$$S‰ = 0.030 + 1.805 \times Cl‰ \tag{2.2}$$

式（2.2）被称为盐度公式。式中“0.030”的化学意义是：当海水氯度为零时，海水中仍含有 0.030‰的 CaO、MgO 等盐类。

盐度基本反映了海水溶解盐总量的大小，但两者并不完全相同。总盐量是指 1kg 海水中各种溶解盐类的总质量（g），以符号 Σ‰表示。其与氯度关系为

$$\sum‰ = 0.073 + 1.8110 \times Cl‰ \tag{2.3}$$

显然，同一海水的总盐量值要大于盐度值。

盐度公式适用于大洋水和一般海水。对于盐度太低或太高以及与大洋水交换较弱的海水，如黑海、波罗的海的海水等，使用盐度公式计算有偏差，如

$$\text{黑海：} S‰ = 1.8154 \times Cl‰ \tag{2.4}$$

$$\text{波罗的海：} S‰ = 0.115 + 1.8050 \times Cl‰ \tag{2.5}$$

$$\text{山东胶州湾：} S‰ = 0.387 + 1.7899 \times Cl‰ \tag{2.6}$$

通过测定海水氯度来计算盐度的准确度不高，测定费时。研究表明，海水盐度是海水电导率的函数，测定海水电导率简便，精确度很高，因此，根据电导率测定盐度的方法使用广泛。水样盐度与水样电导比（R_{15}）的关系式为

$$S‰ = -0.08996 + 28.29720R_{15} + 12.80832R_{15}^2 - 10.67896R_{15}^3 + 5.98624R_{15}^4 - 1.3211R_{15}^5 \tag{2.7}$$

式中，R_{15} 为 15℃、101325Pa 下，水样电导率与盐度 35 的海水电导率之比。当 R_{15}=1 时，有 $S‰ = 1.80655 \times Cl‰$。

据此，研究者编制了不同温度下海水电导比与对应盐度的数据表，以及测量温度偏离规定温度时对电导比的校正值表。于是，只要用电导盐度计测出海水水样的电导比，查表可得其盐度值。

上述盐度公式和电导盐度计使用的前提都是主要溶解组分具有均一性和海水浓度比值恒定。

3. 海水中的微量元素

海水中的微量元素不存在均一性和浓度间相关性。其重要意义在于它们或者为生物所必需，或者受沉积环境和沉积作用影响，它们在海水中的含量变化可以作为追寻海水中生物、沉积过程的重要工具——化学示踪剂，因而成为海洋地球化学的重点研究对象。

2.1.2 海水中的溶解气体和有机质

1. 海水中的溶解气体

海水中的溶解气体有 O_2、N_2、CO_2 及 He、Ne、Ar、Kr、Xe、Rn 等，前三种气体为生命活动所必需，对海洋地球化学过程有重要影响，^{3}He、^{39}Ar、^{85}Kr、^{222}Rn 是常用的示踪剂。

气体在海水中的含量与海水温度、气体在大气中的分压等有关。表 2.3 给出部分气体在大洋表层水的平衡浓度。

表 2.3 各气体在大洋表层水的平衡浓度（Broecker, 1982a）

气体	在干空气中分压/MPa	在表层水中的平衡浓度/(mol/kg)	
		0℃	24℃
He	5.2×10^{-6}	1.8×10^{-9}	1.7×10^{-9}
Ne	1.8×10^{-5}	7.9×10^{-9}	6.7×10^{-9}
N_2	0.781	6.2×10^{-4}	4.0×10^{-4}
O_2	0.209	3.5×10^{-4}	2.2×10^{-4}
Ar	9.3×10^{-2}	1.7×10^{-5}	1.1×10^{-5}
Kr	1.1×10^{-6}	4.2×10^{-9}	2.3×10^{-9}
Xe	8.6×10^{-8}	7.2×10^{-10}	3.7×10^{-10}
CO_2	3.2×10^{-4}	2.0×10^{-5}	9.3×10^{-6}
N_2O	3.0×10^{-7}	1.4×10^{-6}	6.3×10^{-9}

注：盐度假定为 35。

气体通过大气-海水界面进行交换以维持海水中的气体浓度。Broecker（1971）依据交换机理所采用的停滞膜模型认为：①大气和表层海水的气体含量分别是均匀的，被大气-海水界面分开；②该界面视为停滞膜，大气和表层海水通过此膜以分子扩散方式进行气体交换；③气体交换速率与温度成正比，与停滞膜厚度成反比，与停滞膜顶面、底面间指定气体的浓度梯度成正比；④停滞膜厚度取决于风浪大小，风浪越大，该膜越薄，越有利于气体交换。因此，通过停滞膜的气体交换通量为

$$F = D \cdot (\text{膜顶气体浓度}-\text{膜底气体浓度}) / Z \tag{2.8}$$

式中，F 为气体交换通量，$mol/(m^2 \cdot a)$，即气体每年每平方米面积所交换的物质的量；D 为分子扩散系数，指在单位浓度梯度下每年扩散过每平方米面积的气体的物质的量，m^2/a；Z 为停滞膜厚度，μm；假定膜顶和膜底气体浓度分别与上覆气柱和下覆表层水的该气体浓度相平衡。

基于海洋稳定态的事实，以 ^{14}C 为示踪剂，可计算出停滞膜平均厚度为 40μm。不同气体的分子扩散系数有所差异，可认为不同气体的交换速率主要取决于 D/Z 值，其量纲为 m/a。根据 D/Z 的量纲，可将气体交换过程比拟为互向的气泵过程，D/Z 表示 1 年中有多厚的大洋表层水中的该气体被泵往大气中，而大气中有相同厚度的气柱中的该气体被泵往海水中。如 CO_2 的交换速率（泵速）为

$$D/Z = 5\times10^{-2}\,m^2/a/(40\times10^{-6}\,m) = 1200\,m/a \tag{2.9}$$

表 2.4 为部分气体的有关数据。如果海洋表层的风扰动深度为 40m，利用表中的泵速（V），可以估算海水和大气的某种气体达到平衡的时间，例如 O_2，泵速为 2.6m/d，达到平衡约需 15d。

表 2.4　在停滞膜厚度为 40μm 下，各气体的有关参数值（Broecker，1982a）

气体	0℃			24℃		
	$D/(10^{-5}cm^2/s)$	$V/(m/d)$	$S/(mol/m^3)$	$D/(10^{-5}cm^2/s)$	$V/(m/d)$	$S/(mol/m^3)$
He	2.0	4.3	1.8×10^{-6}（1.8×10^{-9}mol/kg）	4.0	8.6	1.7×10^{-6}（1.7×10^{-9}mol/kg）
N_2	1.1	2.4	0.64（6.4×10^{-4}mol/kg）	2.1	4.5	0.41（4.1×10^{-4}mol/kg）
O_2	1.2	2.6	0.36（3.6×10^{-4}mol/kg）	2.3	5.0	0.23（2.3×10^{-4}mol/kg）
Rn	0.7	1.5	—	1.4	3.0	—
CO_2	1.0	2.2	0.021（2.1×10^{-5}mol/kg）	1.9	4.1	9.5×10^{-3}（9.5×10^{-6}mol/kg）
N_2O	1.0	2.2	1.4×10^{-5}（1.4×10^{-8}mol/kg）	2.0	4.3	6.5×10^{-6}（6.5×10^{-9}mol/kg）

注：1. 表中 D 为分子扩散系数，V 为泵速或活塞速度，S 为海洋表层水的平衡浓度。
2. 括号中数据为以 mol/kg 为单位的平衡浓度（与前面的数值相近似）。

2. 海水中的有机质

海水中的有机质是生命活动的产物。根据存在形式可分为两大类：一类是溶解有机质，如类脂、糖类、氨基酸、脂肪酸、维生素等；另一类是颗粒有机质，如脂肪、蛋白质和糖类等所构成的各种有机碎屑、动物粪便、生物尸体等。

海洋中的有机质主要来自海洋本身，来自大陆的较少。海洋是生命的摇篮。大洋总的年初级生产力为 5.5×10^{13}kg（以干重有机碳表示）或 155g/m^2，虽然约为陆地年生产力的一半，但其被利用率约为陆地的 1500 倍，因此海洋中生物代谢产物很多。初级生产力是利用光合作用来合成有机质的能力，它处于食物链的最底部。

在世界大洋范围内的高生产力区位于水动力活跃、有上升流和寒暖流汇合的地区，如环南极地、太平洋赤道区、北极一些地区和大陆边缘区，这些地区有利于将丰富的营养成分从深部带到上部。

海水中颗粒有机质含量变化范围很大，随不同海区和水深有很大差别。表 2.5 列出大洋表层或未受污染近岸海水中有机化合物测定值。表 2.6 给出海洋中颗粒有机碳浓度。

表 2.5 海水中有机化合物测定值 （单位：μgC/L）

化合物	浓度	化合物	浓度
总有机质	1500	尿素	10
葡萄糖	50	乙醇酸	10
游离氨基酸	30	肌酸	2
总烃	30	维生素	0.01
游离脂肪酸	15	氯烃	0.01

表 2.6 海洋中颗粒有机碳的浓度 （单位：μgC/L）

<table>
<tr><th colspan="2">海区</th><th>浓度</th><th colspan="2">海区</th><th>浓度</th></tr>
<tr><td rowspan="3">北大西洋</td><td>10～100m</td><td>80～130</td><td colspan="2">东北太平洋 250～400m</td><td>30～110</td></tr>
<tr><td>100～1000m</td><td>60～120</td><td rowspan="3">西北太平洋</td><td>白令海 0～300m</td><td>50～200</td></tr>
<tr><td>1000～3000m</td><td>60～120</td><td>亲潮区 0～300m</td><td>40～300</td></tr>
<tr><td colspan="2">热带、亚热带海区 200～5000m</td><td>10～20</td><td>黑潮区 0～50m</td><td>60～80</td></tr>
<tr><td rowspan="2">中太平洋</td><td>0～100m</td><td>3～35</td><td rowspan="2">北太平洋</td><td>0～50m</td><td>0.1～0.4</td></tr>
<tr><td>1000～4000m</td><td>5～10</td><td>100～1500m</td><td>0.02～0.07</td></tr>
</table>

海水交换通量与生物碎屑降落的双箱模型如图 2.1 所示。

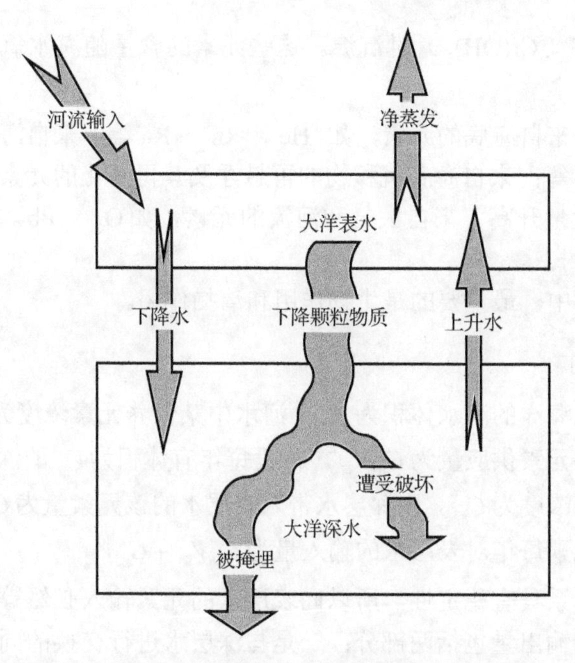

图 2.1 海水交换通量及生物碎屑降落的双箱模型

2.2 海洋中化学元素的分布及分类

2.2.1 海洋中化学元素的分布

海洋中溶解组分在水柱中的分布，有的上下部含量一致，这称为保守元素；有的上下部含量不一致，则称为非保守元素。

保守元素是海洋中最主要的溶解组分，在海水中以离子形式存在，不会因生物的摄取而导致其含量下降，不易从海水中移出并进入沉淀物，在海水中的存留时间很长，如Cl^-、Na^+、SO_4^{2-}等。

非保守元素在水柱中不均匀分布，主要原因是：

（1）生物作用。生活于透光带中的海洋植物对营养元素的摄取可使这些元素在表层水中的浓度下降，海洋植物、海洋动物的尸体和粪便等的生物碎屑在沉降过程中大部分被破坏、分解，变为可溶组分使深层水中其浓度升高，小部分不易分解的生物碎屑成为海底沉积物组分。主要的营养元素有N、P、C、Si等。

（2）清扫作用。这是指胶体颗粒、悬浮物和微生物对有些元素，特别是微量元素具有很强的吸附、摄取能力，能像清道夫那样将它们自海水中清除。

（3）氧化还原作用。有的元素低氧化态（Fe^{2+}、Mn^{2+}）时发生溶解，高氧化态（$Fe(OH)_3$、MnO_2）时沉淀；也有的相反，如高氧化态（CrO_4^{2-}、MoO_4^{2-}）时

溶解，低氧化态（$Cr(OH)_3$）时沉淀。这些元素的含量随海水氧化还原条件的变化而变化。

（4）来源。来自海底的元素，如 ^3He、Rn、Ra 等；来自海底热液活化的元素，如 Mn、Fe 等；来自海底沉积物的再悬浮及其再活化的元素，它们在底层水和深层水中的含量升高。来自大气和河流的元素，如 O_2、Pb、Mn 等，则表层水含量高。

上述诸因素中，最重要的是生物作用和清扫作用。

1. 生物作用

设每年注入海洋的河水体积为 $V_{河}$，河水中某营养元素浓度为 $C_{河}$，则河流对大洋表层水的该元素供应量为 $C_{河}V_{河}$。再设每年有体积为 $V_{混}$ 的深层水进入表层，深层水中该元素浓度为 $C_{深}$，则深层水带入表层水的该元素量为 $C_{深}V_{混}$。略去其他来源时，则该元素每年对表层水的输入量为 $C_{河}V_{河}+C_{深}V_{混}$。

因为海洋体系具有稳定性，所以向表层水的元素输入必然等于该元素自表层水的输出。这种输出量包括两部分：一是与深层水进行交换的同体积表层水带走的量 $C_{表}V_{混}$，二是以生物碎屑形式向深水的降落量 P（表层水蒸发，不带走营养元素），即自表层水的输出量为 $C_{表}V_{混}+P$，其中，$C_{表}$ 为表层水中该元素浓度。

因此，表层水某元素的质量平衡为

$$C_{河}V_{河}+C_{深}V_{混}=C_{表}V_{混}+P$$

或

$$P=C_{河}V_{河}+C_{深}V_{混}-C_{表}V_{混} \tag{2.10}$$

设进入表层水的该元素为生物摄取并转变为颗粒态的分数为 g，则

$$P=g(C_{河}V_{河}+C_{深}V_{混})$$

$$g=(C_{河}V_{河}+C_{深}V_{混}-C_{表}V_{混})/(C_{河}V_{河}+C_{深}V_{混})=1\left[\frac{V_{混}}{V_{河}}\frac{C_{表}}{C_{河}}\Bigg/\left(1+\frac{V_{混}}{V_{河}}\frac{C_{混}}{C_{河}}\right)\right]$$

$$=1-\left[30\frac{C_{表}}{C_{河}}\Bigg/\left(1+30\frac{C_{混}}{C_{河}}\right)\right] \tag{2.11}$$

研究表明，每年表层水与深层水的交换体积 $V_{混}$ 为河流入海体积 $V_{河}$ 的 30 倍。

同理，河流对海洋的某元素供应量应等于海洋向海底的该元素输出量。设 P 中未被分解而进入沉积物的分数为 f，则

$$fP=C_{河}V_{河}$$

或

$$f = C_{河}V_{河}/P = \left[1+30\left(\frac{V_{深}}{V_{河}}\ \frac{C_{表}}{C_{河}}\right)\right]^{-1} \tag{2.12}$$

g越大，生命活动越需要此元素。f越小，该元素参与生物循环越积极。乘积fg表征进入表层水的营养元素经生物作用后，得以离开海水进入沉积物的可能性（概率），其倒数 $1/(fg)$表征该元素在海水中的存留时间或平均寿命的长短。研究发现，每年只有 1/1000 的深层水有机会进入表层水，这样，该元素的上述沉积可能性为$fg\times1/1000$，而存留时间（τ）为$1000/(fg)$。

由式（2.12）可以导出

$$fg = \left(1+30\frac{C_{深}}{C_{河}}\right)^{-1} \tag{2.13}$$

测得某元素在河水、表层水和深层水的浓度，依据式（2.10）～式（2.13），就可计算出该元素的g、f和τ。例如元素 P，测得其$C_{表}/C_{河}$=0.15，$C_{深}/C_{河}$=3，则g=0.95，f=0.01，$\tau=1.0\times10^5$a。表 2.7 给出了 Broecker 对几种元素的计算结果（Broecker，1971）。

表 2.7 Broecker 对几种元素的计算结果

化学元素		$C_{表}/C_{河}$	$C_{深}/C_{河}$	$C_{深}/C_{表}$	g	f	fg	τ/a
营养元素	P	0.15	3.0	20	0.95	0.01	0.01	1×10^5
	Si	0.02	0.7	35	0.97	0.05	0.05	2×10^4
过渡元素	Ba	0.10	0.3	3	0.70	0.14	0.10	1×10^4
	Ca	24.8	25	1.01	0.01	0.14	0.0013	8×10^5
保守元素	S	5000	5000	1	—	—	—	2×10^7
	Na	50000	50000	1	—	—	—	2×10^4

由表可见，第一，营养元素 P、Si 在表层水和深层水中的浓度差别很大，而保守元素 S、Na 无此差别。第二，营养元素的g值近于 1，f值远小于 1，而保守元素不存在g、f值。第三，保守元素在海水中的浓度远远高于河水，因此海洋中保守元素含量几乎不受流入河水的影响，而营养元素在河水中含量较表层海水高出数倍，因此在海洋中的存留时间比保守元素要短得多。

2. 清扫作用

借助放射性元素的示踪作用有可能对微量元素被清扫的速率给出定量表述。

设铀系的某放射性“元素对”，如 ^{234}Th-^{238}U（子体及其直接母体），其子体产生于母体的现场放射性衰变，并随后被颗粒物质所“清扫”。子体产率可通过测定母体在水体中的浓度而求出，而对比水体中母体、子体浓度，即可得出子体清扫速率大小。如果子体不被清扫，则母体、子体共存于水体中，经一定时间二者的放射性活度比值将等于 1。如果母体为保守元素，子体为受清扫元素，并在子体的平均寿命期间受到严重清扫，则水体中的子体放射性活度将明显小于母体，其亏损程度即可作为清扫速率的一种量度，通过计算可以给出定量结果。常见的元素对列于表 2.8。

表 2.8　用于计算清扫速率的放射性元素对

母体				子体			
化学元素	半衰期/a	衰变常数/a^{-1}	元素类型	化学元素	半衰期/a	衰变常数/a^{-1}	元素类型
^{238}U	4.47×10^{9}	1.55×10^{-10}	保守	^{234}Th	0.066（24d）	10.5	受清扫
^{228}Ra	5.75	0.120	保守	^{228}Th	1.91	0.364	受清扫
^{234}U	2.48×10^{5}	2.79×10^{-6}	保守	^{230}Th	7.52×10^{4}	9.22×10^{-6}	受清扫
^{235}U	7.04	9.84×10^{-10}	保守	^{231}Pa	3.25×10^{4}	2.13×10^{-5}	受清扫
^{226}Ru	1.62×10^{5}	4.28×10^{-4}	保守	^{210}Pb	22.3	3.10×10^{-2}	受清扫

清扫作用简单模型为：设水体中某放射性元素对的子体唯一来源于母体的现场衰变，则子体产率应等于子体衰变率与子体被清扫率之和，即

$$\lambda_P N_P = \lambda_D N_D + KN_D \quad (2.14)$$

式中，λ_P、λ_D 分别为母体、子体的衰变常数；K 为清扫常数；N_P、N_D 分别为母体、子体浓度。

将放射性活度 $A=\lambda N$ 代入式（2.14），则子体、母体的放射性活度比为

$$\frac{A_D}{A_P} = \frac{\lambda_D N_D}{\lambda_P N_P} = \frac{\lambda_D N_D}{\lambda_D N_D + KN_D} = \frac{\lambda_D}{\lambda_D + K} \quad (2.15)$$

如果 K=0，则 A_D/A_P=1，母体、子体共存于海水中；如果子体被清扫，则 $K>\lambda_D$，将造成子体相对于母体的明显亏损。上式可改写为

$$K = \frac{1 - A_D/A_P}{A_D/A_P} \cdot \lambda_D \quad (2.16)$$

而该微量元素的清扫时间

$$\tau = \frac{1}{K}$$

τ 值越大，该元素越不易被清扫，其性质越接近保守元素。τ 随不同元素、不同海区、不同水深而有所不同。几种放射性元素对在不同大洋区的放射性活度比值的测定结果列于表 2.9。

表 2.9 表明，颗粒物对于 Pb、Th、Pa、Po 等在水体中都有清扫作用。一般的，大洋表层清扫作用大于大洋深层，河口、海岸带又强于大洋表层。这主要是因为，悬浮颗粒物浓度及微量元素在颗粒物与海水间的分配系数越大，微量元素越易被清扫，清扫时间越短。

对于非放射性元素，可与性质相近的放射性元素相类比，如Fe在海水中的行为类似Th，具有与Th类似的清扫时间。不同的是Fe在沉淀后，如受还原作用又易于再活化。

表2.9　一些母体、子体对在不同类型水体中的典型放射性活度比值（Broecker，1982a）

放射性活度比值	河口	海岸带	大洋表层	大洋深层	清扫期②
$^{210}Pb/^{226}Ra$	—	—	>1①	0.4～1.0	几十年至百年以上
$^{230}Th/^{234}U$	—	—	$<3\times10^{-5}$	3×10^{-4}	从大洋表水几年到深水几十年
$^{228}Th/^{228}Ra$	0.01	0.05	0.2	0.5～1.0	几十年
$^{234}Th/^{238}U$	0.2	0.6	>0.9	≈1	河口区为几十年、几月到几天
$^{231}Pa/^{225}U$	—	—	—	2×10^{-3}	—
$^{210}Po/^{210}Pb$	—	—	0.5	1.0	大洋表层：^{210}Po几月，^{210}Pb几年

① 有来自大气的额外输入，并约为大洋上部200m水层中来自^{226}Ra衰变的^{210}Pb原地产率的10倍。

② 按A_D/A_P的具体比值，利用公式可求出相应的清扫期。所求清扫期因时、因地、因不同水深而不同。且一般得出的为表观清扫期，因子体可能并非单一来源，其他参数也会有变动。

上述基于有机、无机颗粒吸附的清扫作用会被生物摄取等因素复杂化，特别是表层水更加如此。

颗粒物对元素的吸附作用是可逆的。经过上面水柱时，吸附较多微量元素的颗粒物进入深水后，由于深水条件下分配系数一般较小，部分微量元素会解吸出来，使深水的该元素浓度有所增加。

实验发现，金属元素被吸附性与其水解常数有关，水解常数越大，越容易被吸附，清扫时间越短。

2.2.2　海洋中化学元素的分类

一般依据化学理论中的结晶学原则，如元素化学性质、化学键属性、元素共生组合及成因等方面的相似性进行元素分类，即属于同类的元素应具有相同或相近的地球化学行为特征。在海洋中化学元素的分类还应考虑生物作用和水动力因素。具体分类如下。

1. 保守元素（非生物限制元素）

在2.2.1海洋中化学元素的分布中已有描述。

2. 营养元素（生物限制元素或生物元素）

主要营养元素有N、P、C、Si、Ba，微量营养元素有Cr、Cu、Ni、Zn、Ge、As、Se、Ag、Cd、I等。它们是构成生物软组织、硬组织的重要组成元素，或是生命活动所必需的微量元素。生物对主要营养元素的大量摄取造成它们在表层水中浓度的降低，而所形成的生物碎屑在深水分解，又使它们在深水中浓度升高；生物对微量营养元素的摄取量虽然很少，但仍可造成这些元素在表层水的一定贫化。

N、P质有机物在海水中较易分解，迁移距离较短，表现为浅部再循环，可在水柱中部深度处出现浓度最大值，类似的还有Cd和As；Si质有机物较难分解，迁移距离较长，表现为较大深部再循环和较大深度处出现浓度最大值，类似的还有Ba、Zn、Ge和Ca等（Ni、Se兼有浅部、深部再循环特征）。赤道太平洋、南极辐射带和太平洋北部洋区为深部海水的主要上升地区，也是Si质生物繁茂和Si质生物碎屑产率高、Si质沉积发育的地区。

在海水中营养元素的含量还呈明显的季节性变化，反映了生命过程的消长。如Si，春季因浮游植物繁殖而被大量摄取，海水中Si含量下降；夏季植物生长速率降低，Si含量有所上升；秋季植物再次繁殖，冬季植物死亡分解导致Si含量的秋降冬升。

海水中营养元素在垂直方向和水平方向上都表现出分布不均匀性，与海洋环流有关。大洋深水一半以上来自挪威海下沉的北大西洋深水，沿西大西洋南下，和环南极向东流动的威德尔海底水汇合，并一道向东、向北流向印度洋和北太平洋。与此相对应，N、Si、Ba在深水的浓度也由大西洋经印度洋到北太平洋而逐渐增高（沿途溶解了越来越多的下降有机质），而氧的分布与此相反（沿途逐渐被消耗）。

3. 清扫元素

清扫元素主要指在黏土质沉积和富有机物泥质沉积中含量异常的微量元素。这一特殊类型的划分，可以反映海洋条件下多种微量元素这一特征的地球化学行为规律。属于该类的元素主要有过渡元素、铜族元素、稀土元素及其他微量元素。Fe、Mn水解形成的氢氧化物胶体可自海水吸附多种微量元素，黏土矿物、有机碎屑也是很强的吸附剂。

一般易为细颗粒物吸附的微量元素，也是浮游植物积极摄取的元素，如V、Cr、Mn、Fe、Co、Ni、Cu、Zn、Mo等是构成生物酶的必要成分，在有关的生物化学过程中起着重要的催化作用。目前难以对营养元素和清扫元素加以非此即彼的划分，因此元素的上述分类有所重叠，这是目前对吸附作用和生物摄取作用难以区分的表现。

在海水条件改变时，被吸附或存在于有机质中的微量元素发生解吸或有机质分解，又可重返海水中，但是最终加入海底沉积物的无机和有机细颗粒物，总是以富含微量元素为特征。

4. 其他

这里指尚难以确定的元素，如 Pt 族元素，难熔元素 Ti、Zr、Nb、Ta 等。

上述元素分类并非十分严格。随着研究的深入，各元素的数量和合理归属会有所变动。图 2.2 提供了海洋化学元素分类。

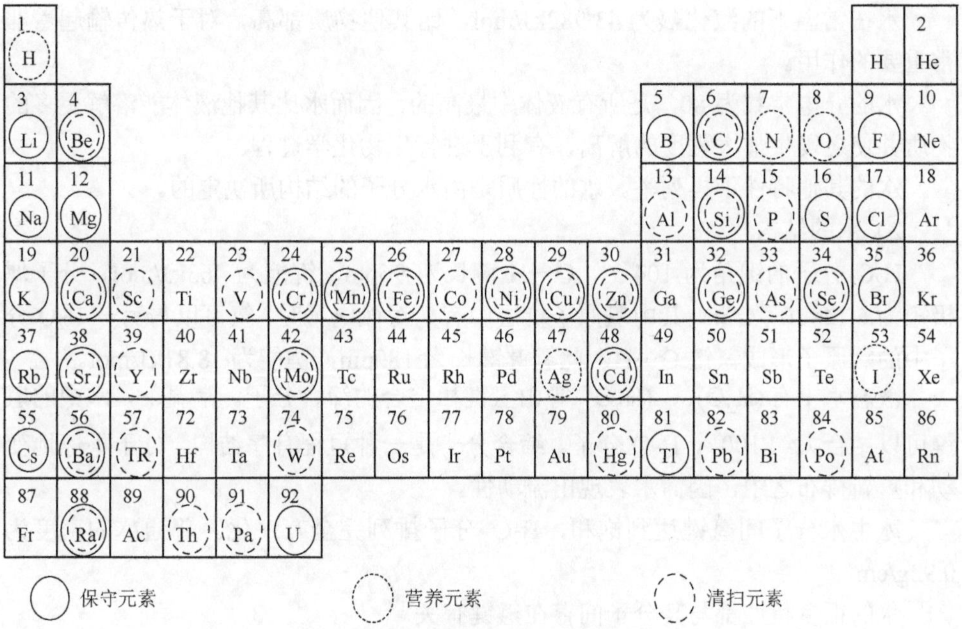

1 H																H	2 He
3 Li	4 Be											5 B	6 C	7 N	8 O	9 F	10 Ne
11 Na	12 Mg											13 Al	14 Si	15 P	16 S	17 Cl	18 Ar
19 K	20 Ca	21 Sc	22 Ti	23 V	24 Cr	25 Mn	26 Fe	27 Co	28 Ni	29 Cu	30 Zn	31 Ga	32 Ge	33 As	34 Se	35 Br	36 Kr
37 Rb	38 Sr	39 Y	40 Zr	41 Nb	42 Mo	43 Tc	44 Ru	45 Rh	46 Pd	47 Ag	48 Cd	49 In	50 Sn	51 Sb	52 Te	53 I	54 Xe
55 Cs	56 Ba	57 TR	72 Hf	73 Ta	74 W	75 Re	76 Os	77 Ir	78 Pt	79 Au	80 Hg	81 Tl	82 Pb	83 Bi	84 Po	85 At	86 Rn
87 Fr	88 Ra	89 Ac	90 Th	91 Pa	92 U												

保守元素　营养元素　清扫元素

图 2.2　海洋化学元素分类

套两种圈者，表示其性质的双重性

2.3　海洋的物理化学性质

地球表面的 71%被海水所覆盖，因此，外观上地球是一个水球。海水是含有多种溶质的水溶液，是各种物理、化学、生物过程进行的场所，是 pH 基本恒定的缓冲溶液。这些特征是由水的特性所决定的。

2.3.1　水及其溶解性

1. 水的特性与结构

1）水的特性

水对可见光和紫外线长波部分吸收较少，对红外线和紫外线短波部分吸收较多，因此水无色，可保护水中生物不受紫外光伤害。

水在 3.98℃时密度最大，使得冰浮于水面之上，水的纵向循环只在限定的分层水体中进行，保护冰下方的生物继续生存。

水的比热容为 4.184kJ/(kg·K)，较除氨以外的液体都大，对于地理区域的气温和生物的体温起着稳定作用。

水在常温下的汽化热为 43.982kJ/mol，比其他物质都高，对于热传输起着非常重要的作用。

水的介电常数为 80，是所有液体中最高的，因而水比其他液体能溶解更多的物质并使之发生最大程度的解离，有利于进行生物化学过程。

水的其他特性不再列举。水的性质是由水分子的结构所决定的。

2）水的结构

H_2O 分子的键角为 104.5°，O—H 键长为 96pm，键能为 463kJ/mol，分子偶极矩为 6.14×10^{-30}C·m，其中氧原子价层中有两对孤电子对，氢可以与另一 H_2O 分子中的氧原子形成氢键 O···H，此氢键键长为 180pm，键能为 18.81kJ/mol。

液态水中有 $(H_2O)_2$、$(H_2O)_3$ 等由氢键相结合的缔合分子。常温下，水中的氢键可以结合大约 100 个 H_2O 分子。缔合分子是一种短程有序结构，处于不停地变动和重新排布之中，因而水表现出流动性。

冰中水分子间氢键达到饱和，H_2O 分子排列完全有序化。普通冰的密度为 $0.92g/cm^3$。

水的很多特性都与其分子间存在氢键有关。

2. 水的溶解性

常温下水的介电常数为 80，即此时正、负电荷在水中的彼此吸引力仅为真空条件下的 1/80。将 NaCl 放入水中，其表面的粒子首先与极性水分子作用。水分子的负极与 Na^+相吸引，当 Na^+周围有若干个 H_2O 分子与其吸引时，形成水合离子；同样，Cl^-周围有若干个 H_2O 分子的正极与其相吸引，也形成水合离子。这样就离间了 Na^+、Cl^-的吸引力，当粒子动能足够使之脱离晶体时，NaCl 便被溶解了。

许多难溶解的化合物在水中部分呈离子形式。例如，在石膏（$CaSO_4 \cdot 2H_2O$）的饱和溶液中，5℃时，未解离的 $CaSO_4$ 为 Ca^{2+}的 2.5 倍。

元素离子的性质不同，水中存在形式也有所不同，其实质是离子 M^{n+} 与 H^+ 争夺 O^{2-} 的能力的不同所致。一般情况下，半径大、电荷少的阳离子在水中争夺 O^{2-} 的能力弱于 H^+，常以水合离子存在，简写为 Na^+、K^+、Ca^{2+}等；反之，半径小、电荷多的阳离子争夺 O^{2-} 的能力强于 H^+，常以含氧酸根形式存在，如 CO_3^{2-}、

PO_4^{3-}、SO_4^{2-} 等；介于这两类之间的其他离子，存在形式与溶液的 pH 有关，一般的，pH 相对较高时，以含氧酸根存在，pH 相对较低时，以水合离子存在，如 Al 分别为 $Al(OH)_4^-$ 和 Al^{3+}。总之，化合物溶于水后，基于元素离子性质和介质条件，可呈溶解态分子、水合离子或配离子形式存在。

3. 溶解度及其影响因素

1）溶解度

在海水分析中，对于常量元素，一般用 1kg 海水或 1L 海水中所含该溶质的质量（g）来表示。由于海水属于稀溶液，两种数值在换算时，一般认为 1kg 海水的体积就是 1L，不会引入太大的误差。对于微量元素用百万分数、十亿分数来表示，对于放射性元素用万亿分数表示。

以溶质的物质的量来表示其含量，是浓度的又一表示方法，有物质的量浓度，mol/L；或质量摩尔浓度，mol/kg；也可用 mmol、μmol、nmol、pmol。

溶质在其饱和溶液中的浓度，即为其该温度下的溶解度。

溶度积 K_{sp} 指难溶电解质在其饱和溶液中解离的各种离子浓度幂的乘积。这是难溶电解质的重要性质之一。

在给定条件下，某难溶电解质在水中的离子浓度幂乘积小于该物质溶度积时将继续溶解，反之将发生沉淀，两者相等时为溶解平衡或饱和状态，称为溶度积原则。

溶度积和溶解度易于相互换算。例如，CaF_2（萤石）在 25℃下的 K_{sp} 为 $10^{-10.5}$，此时其溶解度可计算如下：

由溶解平衡知

$$CaF_2 \rightleftharpoons Ca^{2+} + 2F^-$$

则

$$K_{sp} = [Ca^{2+}]\cdot[F^-]^2 = [Ca^{2+}]\cdot(2[Ca^{2+}])^2 = 4[Ca^{2+}]^3$$

CaF_2 的溶解度可用$[Ca^{2+}]$表示

$$[Ca^{2+}] = \sqrt[3]{K_{sp}/4} = 2\times10^{-4}\,mol/L$$

2）溶解度的影响因素

（1）盐效应。溶液中多种离子共存时，其间相互静电作用，使各离子活动性有所降低，运动变得困难，结合成电解质分子的机会减少，因而增大了电解质的溶解度和溶度积，这种作用称为盐效应。此时某一离子的有效（自由）浓度小于实际浓度。

为了反映有效浓度与实际浓度不同，引入活度 a 表示有效浓度，实际浓度以 c 表示，对于离子 i，有

$$a = \gamma_i c_i \tag{2.17}$$

式中，γ_i 为离子 i 的活度系数。海水中主要离子的活度系数列于表 2.10。

表 2.10 海水中主要离子的活度系数

离子	浓度/(mol/kg)	自由离子数量/%	各种离子强度下的活度系数			
			0.6mol/kg	0.7[①]mol/kg	0.8mol/kg	1.0mol/kg
Na^+	0.469	97.7	0.652	0.643	0.637	0.626
Mg^{2+}	0.0536	89.2	0.228	0.222	0.219	0.214
Ca^{2+}	0.0104	88.5	0.206	0.199	0.194	0.188
K^+	0.0101	98.9	0.620	0.607	0.597	0.581
Cl^-	0.5518	100	0.695	0.691	0.689	0.687
SO_4^{2-}	0.028	39.0	0.136	0.125	0.196	0.101
CO_3^{2-}	3×10^{-4}	8.0	0.127	0.115	0.105	0.091

① 在 25℃、101325Pa 和盐度 35 下海水的离子强度约为 0.7。

利用表 2.10 中的数据，对于 $CaCO_3$（方解石），其活度积为

$$[Ca^{2+}][CO_3^{2-}] = (0.199\times0.0104)(0.115\times3\times10^{-4}) = 6.9\times10^{-8}$$

而 $CaCO_3$ 在水中的 K_{sp} 为 $4.96\times10^{-9} < 6.9\times10^{-8}$，因此海水是 $CaCO_3$ 的过饱和溶液。不发生沉淀的原因，被认为是 Mg^{2+} 的存在和包裹于固相表面的有机膜，阻碍了 $CaCO_3$ 晶粒形成和生长。现代海洋中的 $CaCO_3$ 沉积主要是由生物钙质硬组织所形成的生源碎屑沉积。

活度系数除与离子本性有关外，主要与溶液的离子强度 I 有关，定义为

$$I = \frac{1}{2}\sum c_i Z_i^2 \tag{2.18}$$

式中，c_i 表示离子 i 的浓度；Z_i 为离子 i 所带电荷数。离子强度为溶液中各种离子的量浓度与其带电荷数平方的总和之半。由表 2.10 可知，在同一离子强度下，相同电荷离子的活度系数比较接近，不同电荷的差别比较大。

（2）同离子效应。向某种电解质的溶液中加入一种与其具有共同离子的较易溶电解质时，会降低某种电解质的溶解度，这称为同离子效应。

两条不同化学组成的河流交汇处，沉淀出各种化合物，如 $Al(OH)_3$，就与同离子效应有关。具有相似性质的元素之间的共沉淀是又一个例子，如将 Ba^{2+}、Sr^{2+} 引入 $CaCO_3$ 水溶液，会形成含有 Ba、Sr 类质同象混入物的方解石。

（3）配合效应。简单离子与配合剂形成配离子，会降低该简单离子的活度，因而增大该离子所在化合物的溶解度。例如，辉银矿（Ag_2S）溶于富含 Cl^- 的热水溶液中可形成几种溶解态配离子，使其溶解度增大为

$$[Ag^+]+[AgCl]+[AgCl_2^-]+[AgCl_3^{2-}]$$

配离子形成是影响元素迁移、沉积、成岩等过程的重要因素。

（4）水解效应。化合物在溶解的同时与水发生复分解反应，也会增加该化合物的溶解度。例如，顽火辉石（$MgSiO_3$）的水解反应：

$$MgSiO_3(s) + 3H_2O \rightleftharpoons Mg^{2+} + H_4SiO_4 + 2OH^-$$

或者

$$MgSiO_3(s) + 2H_2O \rightleftharpoons Mg(OH)_2 + SiO_3^{2-} + 2H^+$$

两种水解方式分别相应于碱性或酸性溶液条件。

上述结论适用于均相溶液，对于胶体溶液中的溶解度问题不能随便套用。

2.3.2　海洋的 CO_2-HCO_3^--CO_3^{2-} 体系

溶解于海水中的 CO_2，在海洋化学作用、沉积作用和生命的发生、演化中都扮演着极其重要的角色。海洋中的碳酸平衡体系是构成海水缓冲性能的重要因素，为海洋生物提供了有利的生态条件，同时也支配着某些重要的海洋化学平衡过程。

1. 海水中的碳酸平衡

CO_2 在海洋中的溶解平衡随温度升高而减小，随压力升高而增大。因而极地冷水比赤道暖水、大洋深层水比大洋表层水都含有较多的 CO_2。

溶于海水的 CO_2 与 H_2O 结合为 H_2CO_3（占水合 CO_2 和 H_2CO_3 的总量不足 1%）的同时，还解离为 HCO_3^- 和 CO_3^{2-}。这三种形式的溶解碳构成了特征的碳酸平衡体系：CO_2 - HCO_3^- - CO_3^{2-}。图 2.3 表示了溶解碳存在的形式、相对含量与水体 pH 的关系。

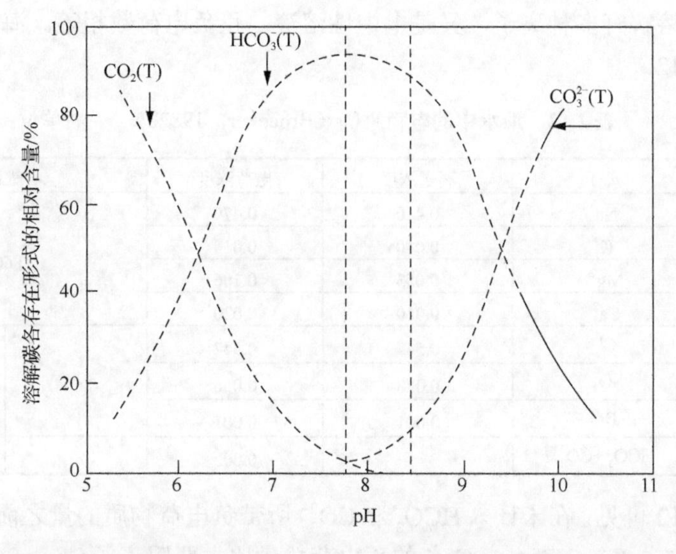

图 2.3　溶解碳的各种存在形式、相对含量与水体 pH 的关系

图 2.3 中的条件是 0℃、101325Pa，实线代表纯水，虚线代表盐度 35 的海水。海水 pH 为 7～8.5，图中标明，pH 为 7 时 HCO_3^- 相对质量浓度在 80%以上，其余为 CO_2；pH 为 8.5 时，HCO_3^- 仍超过 80%，其余为 CO_3^{2-}。换言之，酸性条件易于形成 HCO_3^- 和 CO_2，碱性条件易于形成 HCO_3^- 和 CO_3^{2-}。

海水的温度和压力也影响溶解总碳量及其存在形式，表 2.11 给出了大洋深层水和表层水各形式溶解总碳量的平均值。

表 2.11 大洋深层水和表层水中溶解碳存在形式及物质的量浓度（Broecker, 1982b）

海水类型	气态 CO_2 / (10^{-3}mol/kg)	HCO_3^- / (10^{-3}mol/kg)	CO_3^{2-} / (10^{-3}mol/kg)	$CO_2 + HCO_3^- + CO_3^{2-}$ /(10^{-3}mol/kg)	碱度 ($HCO_3^-+2CO_3^{2-}$) /(10^{-3}mol/kg)
表层水	0.01	1.80	0.2	2.01	2.20
深层水	0.03	2.14	0.06	2.23	2.26

由表 2.11 可以看出，由于压力增大（这里温度效应非主导），深层水溶解总碳比表层水增加 11%。HCO_3^- 物质的量浓度比表层水增高约 20%的同时，CO_3^{2-} 物质的量浓度却下降 70%。深层水中 CO_3^{2-} 物质的量浓度的降低，将引起深水中生源 $CaCO_3$ 的溶解，如 2℃的水（代表极地）、101325Pa 时（代表表层水）$CaCO_3$（方解石）溶解度为 48μmol/kg，而 250×101325Pa 时，为 71μmol/kg。水深每增加 10m，压力约增加 101325Pa，因此 250×101325Pa 可代表水深 2500m。

2. 碳酸根碱度

海水中溶解有多种离子，又是电中性溶液，正负电荷数相等。海水中的电荷平衡见表 2.12。

表 2.12 海水中的电荷平衡（Broecker，1982b） （单位：mol/kg）

<table>
<tr><th>电荷</th><th>离子</th><th>离子浓度</th><th>电荷浓度</th><th colspan="2">电荷总量</th></tr>
<tr><td rowspan="4">正电荷</td><td>Na^+</td><td>0.470</td><td>0.470</td><td colspan="2" rowspan="4">0.606</td></tr>
<tr><td>K^+</td><td>0.010</td><td>0.010</td></tr>
<tr><td>Mg^{2+}</td><td>0.053</td><td>0.106</td></tr>
<tr><td>Ca^{2+}</td><td>0.010</td><td>0.020</td></tr>
<tr><td rowspan="4">负电荷</td><td>Cl^-</td><td>0.547</td><td>0.547</td><td rowspan="3">0.604</td><td rowspan="4">0.606</td></tr>
<tr><td>SO_4^{2-}</td><td>0.028</td><td>0.056</td></tr>
<tr><td>Br^-</td><td>0.001</td><td>0.001</td></tr>
<tr><td>$HCO_3^-+CO_3^{2-}$</td><td>—</td><td>0.002</td><td>—</td></tr>
</table>

由表 2.12 可见，在未计入 HCO_3^- 和 CO_3^{2-} 所带负电荷物质的量之前，海水中主要阳离子 Na^+、K^+、Mg^{2+}、Ca^{2+} 的正电荷总量比主要阴离子 Cl^-、SO_4^{2-}、Br^- 的负电荷总量多出 0.002mol/kg，这一差额由 HCO_3^- 和 CO_3^{2-} 这两种带有不同负电荷

的酸根来补偿。需要指出的是：这两种酸根之间因条件可转化，起着调节海水电荷平衡的作用。比如，正电荷有较大富余时，部分 HCO_3^- 可转化为 CO_3^{2-}，以增加海水中负电荷数，反之亦然。

因此，提出“碳酸根碱度”概念。海水碳酸根碱度定义为“在不计 $H_2BO_3^-$ 情况下(因其含量很少)，海水中被 HCO_3^- 和 CO_3^{2-} 所补偿平衡的正电荷数”，以[A]表示，则

$$
\begin{aligned}
[A] &= [Na^+]+[K^+]+2[Mg^{2+}]+2[Ca^{2+}]+\cdots \\
&\quad -[Cl^-]-2[SO_4{}^{2-}]-[Br^-]-\cdots \\
&= [HCO_3^-]+2[CO_3^{2-}]
\end{aligned}
$$

海水中 CO_2 形式的溶解碳很少，且不起电荷平衡作用，可忽略 CO_2 形式的溶解总碳（$\sum CO_2$）的贡献，有

$$\left[\sum CO_2\right]=[HCO_3^-]+[CO_3^{2-}]$$

此式与上式联立，消去 $[HCO_3^-]$ 项，得

$$[CO_3^{2-}]=[A]-[\sum CO_2]$$

表明海水中 CO_3^{2-} 浓度等于碱度减去溶解总碳浓度。

从后面两式中，消去 CO_3^{2-} 项，则

$$[HCO_3^-]=2[\sum CO_2]-[A]$$

说明海水中 HCO_3^- 浓度等于溶解总碳浓度的 2 倍减去碱度。

影响海水碱度和溶解总碳量的主要因素是生物作用和 $CaCO_3$ 的溶解、沉淀作用。生物每摄取 5 个 C，约有 4 个 C 用于合成软组织，1 个 C 用于形成 $CaCO_3$ 质的硬组织，同时摄取 1 个 Ca^{2+}。

表 2.11 中的数据体现了[A]、$[\sum CO_2]$、$[HCO_3^-]$、$[CO_3^{2-}]$ 之间的关系。研究表明：由太平洋表层冷水到深层冷水，总的趋势是[A]、$[\sum CO_2]$、$[HCO_3^-]$ 都逐渐增加，且 $[HCO_3^-]$ 增加幅度大于 $[\sum CO_2]$；而 $[CO_3^{2-}]$ 逐渐减少，其减少幅度与 $[HCO_3^-]$ 增加幅度数值接近。这种变化趋势对于了解海洋中碳酸盐沉积作用具有重要意义。

2.3.3　海水的 pH 和氧化还原电势

1. 海水的 pH

海洋表层水的 pH 为 8.0～8.3，中层、深层水在 8 以下，最低 7.5。海水的 pH 比较恒定，与海水中存在的各种弱酸和弱酸盐缓冲体系有关，其中最主要的是 $HCO_3^- - CO_3^{2-}$，次要的有 $H_3BO_3 - H_2BO_3^-$、$H_4SiO_4 - H_3SiO_4^-$、$HPO_4^{2-} - PO_4^{3-}$ 等。这

些体系可以缓解外来的H^+或OH^-对pH的影响，并且缓冲体系性能不受稀释或蒸发的影响。这可以用化学方程式及平衡常数表达式来说明：

$$HCO_3^- \rightleftharpoons CO_3^{2-} + H^+$$

$$HCO_3^- + OH^- \rightleftharpoons CO_3^{2-} + H_2O$$

一定压力、温度下

$$[H^+] = K[HCO_3^-]/[CO_3^{2-}]$$

式中，K为$[HCO_3^-]$解离反应的平衡常数。

太平洋深层水与大西洋深层水相比，不仅溶解有较多的CO_2，而且具有较大的$[HCO_3^-]/[CO_3^{2-}]$，因此，太平洋深层水具有较低的pH，也就是具有较高的溶解$CaCO_3$的能力。也有学者认为海水中黏土矿物与海水电解质之间的平衡决定了海水的pH。

2. 海水的氧化还原电势 *E*

同pH一样，E也是重要的环境参数。在海洋环境中，E值范围：海水为-200～+500mV；边缘沉积物为-400～+500mV；深海沉积物为-400～+600mV。

E为正值，表明环境可提供的电子较少，某些元素将以氧化态形式存在；E为负值时，可提供的电子较多，某些元素以还原态形式存在。

在氧化还原反应中，表示其中某物质对电子亲和力的物理量为电极电势。在标准状态（25℃，各离子浓度皆1mol/L，各气体皆100kPa）下，某物质所在电极与氢电极组成原电池的电动势值，即为该物质的标准电极电势E^θ。在化学手册中可以查到。

对于非标准态25℃下，某物质的E值可由能斯特方程求得

$$E = E^\theta + \frac{0.05917}{n}\lg\left([\text{氧化态}]^a / [\text{还原态}]^b\right) \tag{2.19}$$

式中，a和b分别表示电极反应方程式中氧化态物质和还原态物质的反应系数。

例如，电极$O_2(g)/H_2O$，由

$$O_2(g) + 4H^+ + 4e \rightleftharpoons 2H_2O(l), \quad E^\theta = 1.23V$$

$$E = E^\theta + \frac{0.05917}{4}\lg(P_{O_2}[H^+]^4)$$

将指定状态下，O_2分压值及水体$[H^+]$值代入，即得E值。

海水或淤泥的E值也可以实际测定。一般以已知电极电势的饱和甘汞电极作为参考电极，以铂电极作为惰性电极，插入海水或淤泥的浑浊样品中，连一导线构成原电池，即可测得E值。测定中应谨慎行事并慎重做出评价，因为测量装置很敏感，特别是对于温度变化更为敏感；电极插入被测样品会引起化学环境变化，

如引入空气到被测样品中，电极可能污染等。

海洋环境的 E 值受植物光合作用的影响，此作用自海洋摄取 CO_2，产生 O_2，使 E 值增高；生物呼吸作用则产生相反影响，消耗 O_2 放出 CO_2，使 E 值降低，有机质腐烂过程与此相似；Fe 是变价元素中丰度最大和很重要的环境元素，其含量、存在形式和氧化还原反应对环境的 E 值有重要影响。这些元素也影响着海洋环境 pH。

3. E-pH 图

在温度和压力一定的条件下，海洋环境的 E、pH 对海洋中发生的氧化还原反应和水解反应具有重要意义。根据现场测定数据和参考数据绘制 E-pH 图，可以阐明不同物相的稳定条件、范围以及平衡移动规律，因此，E-pH 图解已成为海洋地球化学研究问题的重要手段之一。

利用一个实例来说明 E-pH 图的绘制原理、方法及解析。作此图时，首先要考虑几个边界，其中首要的是水的稳定范围，即水本身各形态的存在区域及边界。

1）水的 E-pH 图

水氧化的反应方程式为

$$2H_2O \rightleftharpoons O_2(g) + 4H^+ + 4e，\quad E^\theta = 1.23V$$

利用能斯特方程，有

$$E=1.23+\frac{0.059}{4}\lg([H^+]^4 P_{O_2}) \tag{2.20}$$

大气中 P_{O_2} 为 0.2×101.325kPa，则水的氧化限度方程为

$$E = 1.22 - 0.059pH \tag{2.21}$$

高于此 E 值的氧化剂使水氧化，放出氧气。

水还原的反应方程式为

$$2H^+ + 2e \rightleftharpoons H_2(g)，\quad E^\theta = 0.00V$$

$$E = 0.00 + \frac{0.059}{2}\lg[H^+]^2 / P_{H_2}$$

E 最低，可能值是 P_{H_2} 为 101.325 kPa，则水的还原限度方程为

$$E = -0.059pH \tag{2.22}$$

低于此 E 值的还原剂会将水还原而放出氢气。

在 E-pH 坐标系中可绘出两条线，在 O_2/H_2O 边界线上方及 H_2O/H_2 边界线下方都是水的不稳定区间，其间为水的稳定区，如图 2.4 所示。

值得说明的是，这两条边界线为理论线，实验表明：两条线各自向外平移 0.5V，即水的稳定区比理论区要大。两条直线的斜率皆为负值，可以理解为：E 值反映

了环境中电子的丰度，E 较大，电子丰度较小；pH 则表明了质子的丰度，pH 较小，质子丰度较大。电子与质子的电荷符号相反，所以丰度必然一种大时，另一种小。因此，氧化环境一般与酸性条件相伴，还原环境则与碱性条件相随。

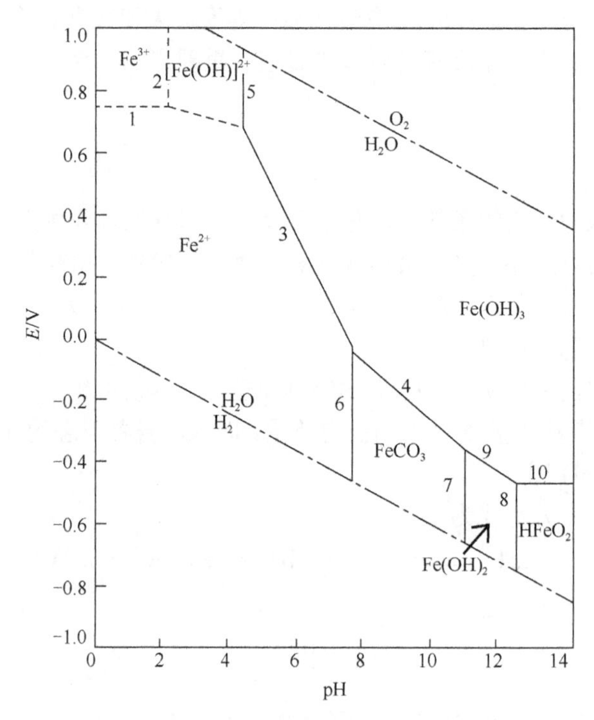

图 2.4 $Fe(OH)_3$ - $FeCO_3$ - H_2O 体系的 E-pH

2）$Fe(OH)_3$-$FeCO_3$-H_2O 体系的 E-pH 图

这个体系中可能出现的物相及其间的平衡关系，按边界线编号顺序介绍如下：

（1）水合简单离子 Fe^{3+} 与 Fe^{2+} 的边界线 1。自电极平衡反应式为

$$Fe^{3+} + e \rightleftharpoons Fe^{2+}, \quad E^{\theta} = 0.77V$$

按能斯特方程，有

$$E = 0.77 + 0.059\lg[Fe^{3+}]/[Fe^{2+}] \tag{2.23}$$

设边界条件为 $[Fe^{3+}]=[Fe^{2+}]$，则 $E = 0.77V$ 。

可绘出一条平行 pH 轴的线段。反应式中无 H^+ 出现，故不受 pH 影响。Fe^{3+}/Fe^{2+} 边界线只在低 pH 区，事实上，Fe^{3+} 只存在于这种条件下。此线上方为 Fe^{3+} 稳定区，下方为 Fe^{2+} 稳定区。当 $[Fe^{3+}]/[Fe^{2+}]$ 不等于 1 时，会得到高于或低于 0.77V 的一系列平行线。

（2）水合简单离子 Fe^{3+} 与配离子 $[Fe(OH)]^{2+}$ 的边界线 2。

$$Fe^{3+} + H_2O \rightleftharpoons [Fe(OH)]^{2+} + H^+,\ K = 10^{-3.05}$$

这个非氧化还原反应的平衡常数表达式为

$$K = [H^+][[Fe(OH)]^{2+}]/[Fe^{3+}]$$

设 $[Fe(OH)^{2+}] = [Fe^{3+}]$，则 $[H^+] = 10^{-3.05}$。即 $pH = 3.05$。

可作一系列平行于 E 轴的边界线段，将 $Fe(OH)^{2+}$ 与 Fe^{3+} 二稳定区分开。同样，$[Fe(OH)^{2+}]/[Fe^{3+}]$ 变化时，也可得出一系列平行线。

（3）水合简单离子 Fe^{2+} 与固体物质 $Fe(OH)_3$ 的边界线。

$$Fe^{2+} + 3H_2O \rightleftharpoons Fe(OH)_3(s) + 3H^+ + e,\ E^\theta = 1.06V$$

$$E = 1.06 + 0.059\lg[H^+]^3/[Fe^{2+}]$$

$$= 1.06 + 0.177\lg[H^+] - 0.059\lg[Fe^{2+}]$$

设溶解态 Fe 的最大浓度为 $1.0\times10^{-6}\,mol/L = [Fe^{2+}]$，则

$$E = 1.41 - 0.177pH$$

可作分开 Fe^{2+} 与 $Fe(OH)_3$ 二稳定区的边界线。如果 $[Fe^{2+}]$ 取其他数值，可得到斜率相同，但是截距不同的相应平行线。$Fe(OH)_3$ 是铁的不稳定含水化合物，随着时间推移转变为赤铁矿或针铁矿。

（4）固体物质 $FeCO_3$（菱铁矿）与固体物质 $Fe(OH)_3$ 的边界线。

$$FeCO_3(s) + 3H_2O \rightleftharpoons Fe(OH)_3(s) + HCO_3^- + 2H^+ + e,\ E^\theta = +1.08V$$

根据菱铁矿形成的 pH 为 7～10，此条件下溶解碳主要以 HCO_3^- 形式存在，写出如下能斯特方程式：

$$E = 1.08 + 0.059\lg([H^+]^2[HCO_3^-])$$

设 $[HCO_3^-]$ 为常见的 $10^{-3}\,mol/L$，则

$$E = 0.90 - 0.118pH$$

E-pH 图中线段 4 分开了 $FeCO_3$ 和 $Fe(OH)_3$ 二稳定区。

仿照线段 2 可作出线段 5、6、7 和 8；仿照线段 3、4 可作出线段 9 和 10。这样就组成了一个完整的 $Fe(OH)_3$ - $FeCO_3$ - H_2O 体系的 E-pH 图，表示 25℃、101.325kPa 下，其各种形式离子和固态物质的稳定存在范围和相变关系。

用类似的方法还可编制其他参数之间的关系图，如气体逸度-离子活度、T-P、活度系数-离子强度、T-c 图等，并都已应用于地球化学研究中。

2.3.4　海洋的化学平衡问题

海洋的稳定状态主要取决于海洋与海底沉积物之间的化学平衡过程，而海洋的 pH 是酸碱滴定的结果，即以原生岩石风化所释放出来的碱，滴定来自地球内部的各种酸（HCl、H_2SO_4、CO_2 等）的结果。事实表明，海洋趋向平衡的过程虽

占重要地位（尤其表现在深层海水与铝硅酸盐沉积物之间），但海洋却主要属于远离平衡的体系。主要因素之一的生物作用使得海水远离平衡组成，这在占大洋海水约 5%的表层水中尤为明显。

海洋的稳定状态主要取决于动力学平衡过程，而不是主要取决于化学平衡过程。前者着眼于海洋与其他地质圈之间、海洋各部分之间物质能量的输入和输出之间的平衡；后者着眼于化学热力学平衡。

在研究海洋的输入、输出通量时，以往多偏重于大陆输入，而忽略海底输入。表 2.13 提供了海水和河水主要组分的对比。

表 2.13　海水和河水主要组分的对比

组分	海水平均浓度①/(mg/L)	河水平均浓度②/(mg/L)	比值（海水/河水）
Cl^-	19350	8.1	2389
Na^+	10760	6.9	1559
Mg^{2+}	1294	3.9	332
SO_4^{2-}	2712	10.6	256
K^+	399	2.1	190
Ca^{2+}	412	15.0	27.5
HCO_3^-	145	55.9	2.6
SiO_4^{4-}	6	13.1	0.46
NO_3^-	—	1	—
Fe^{2+}	—	0.67	—
Al^{3+}	0.001	0.01	0.1
Br^-	67	—	—
CO_3^{2-}	18	—	—
Sr^{2+}	7.9	—	—
B^{3+}	4.6	—	—
F^-	1.3	—	—
溶解有机 C	0.5	9.6	—

① 据 Pytkowicz 等（1971）；Goldberg（1957）。
② 据 Gibbs（1972）；Livingstone（1963）。

由表 2.13 可以看出，海水和河水在所含主要组分的比例上很不一致。阴离子，海水中以 Cl^-、SO_4^{2-} 为主，河水以 HCO_3^- 为主；阳离子，海水以 Na^+、Mg^{2+} 为主，河水以 Ca^{2+} 为主。海水属于 NaCl 型水溶液，河水属 $CaCO_3$ 型水溶液。这就是说，单纯由河水浓缩并不能形成海水。深入研究已探明，决定海水组成的是五大储圈（大气、海洋、大陆、海底沉积物和地幔）之间物质交换的结果。大陆风化作用摄取挥发组分，放出阳离子、SiO_2 和 HCO_3^- 等，并随后通过河流进入海洋；而在海底进行的逆风化作用则自海洋摄取阳离子，放出挥发组分到海洋中，二者在制约海洋化学组成上都起着主要作用。

思考题

1. 什么叫海水的盐度和氯度？
2. 什么是停滞模型？
3. 什么是双箱模型？
4. 为什么海水中非保守元素上下分布不均？
5. 海洋中化学元素是如何进行分类的？
6. 营养元素分布有什么特点？
7. 海水中的微量元素分布特征是什么？
8. 碳酸盐体系对海水性质有什么影响？
9. 按存在形式，海水中有机质分为哪几种？
10. 分别论述海水的物理化学性质。

第3章

海洋中的有机质

海洋中的有机质是生命活动的产物。它们最初来自海洋透光带光合作用所固定的碳（初级生产力）。据统计，大洋年初级生产力约为大陆年初级生产力的一半，但常规收获量分别为 0.009kg/m^2 和 12.5kg/m^2（以干重有机碳表示），表明海洋中光合作用产物大部分及时为海洋动物所食用，进入食物链，因此海洋中光合作用产物被利用效率比陆地高得多，因而海洋中存在较高含量的有机质。

海洋沉积物中有机质含量一般为千分数，近陆海盆、海沟及陆架沉积物中可达百分数，甚至更高。海洋沉积物中有机质含量与沉积速率间存在明显的正相关性。沉积物总的沉积速率大，有利于有机质自水柱的快速沉降和被埋藏、保存。在缺氧海盆，如黑海和委内瑞拉滨外的卡里亚科海沟，其沉积物中有机质含量可达 10%以上。

海洋沉积物中的有机质包括生物代谢活动及生物化学过程所产生的有机物质，以及人工合成的有机化合物。生物化学过程所产生的有机物质有萜烯类、黄曲霉素、氨基甲酸乙酯、麦角细辛脑、草蒿脑、黄樟素等；人工合成的有机化合物有塑料、合成纤维、合成橡胶、洗涤剂、染料、溶剂、涂料、农药、食品添加剂、药品等。沉积物中有机质分为两类：一类为非腐殖物质，包括具有明显化学特征的化学物质，有碳水化合物、蛋白质、肽类、氨基酸、脂肪酸、色素及其他低分子物质；另一类为腐殖质，它们是分子量从几百至几百万的无定形的、亲水的、酸性的、高分散的物质，结构上它们是缩合 O、N、S 的杂环芳香体。腐殖质外表结构是由各种各样的官能团如羟基、羰基、羧基、酚羟基、乙酰基等组成，它们赋予这类化合物特有的反应性，其主要特征为：①有抵抗微生物降解的能力；②有同金属离子和水合氧化物形成稳定的水溶性或水不溶性的盐类及配合物的能力（通过配合、螯合、吸附）；③有与黏土矿物及其他有机物相互作用的能力。从地球化学观点而言，腐殖质的最重要的性质是它们的阳离子反应和金属螯合反应，这对于最终导致微量重金属在沉积环境中富集的地球化学过程有重大的作用和影响。

海洋中的有机质主要来自海洋环境本身，其标志是海洋有机质具有与海洋浮

游生物相同的 $\delta^{13}C$ 值，一般约为-20‰，而陆源有机质的 $\delta^{13}C$ 一般为-30‰～-25‰。δ 称为重同位素“相对亏损”或“同位素组成表示”，它表示样品中两种同位素比值与标准物相应比值的相对千分差，即样标标为

$$\delta = [(R_{样} - R_{标}) / R_{标}] \times 1000‰ \quad (3.1)$$

式中，R 为同位素比值，指单位物质中某元素的重同位素与轻同位素的原子数之比。国际上以美洲拟箭石作为碳同位素标准物，它的同位素比值 $R = {}^{13}C/{}^{12}C$ =11.2772‰，其 $\delta({}^{13}C/{}^{12}C)$ 或 $\delta^{13}C = 0$。

在海洋环境中，每年所生产的有机质除少数难溶或难分解的最终被封埋于沉积物中外，其余则在水柱中被溶解，或在深水中被氧化，或在沉积物中被生物氧化，而后重返海水中。大洋中有机质通量[以有机碳计算，g C/(m^2·a)]，研究资料数据为：离去透光带的有机质总通量为2.5～7.0，其中被封埋的为0.2～0.6，被水溶解的为0.3～0.4，深水中被氧化的为1.0～2.0，沉积物中被生物氧化的为1.0～4.0。若透光带初级生产力平均为100g C/(m^2·a)，可见再循环效率为93%～97%。这里“再循环”指为海洋动物所摄食而加入食物链的循环过程。另外的 3%～7%为有机碳带往深海的分数。

有机质在水柱中发生生物碎屑的凝聚反应、与金属配合反应、微生物降解反应、氧化反应、缩聚反应等，转化为溶解有机质和颗粒有机质。

3.1　海洋中的有机化合物和复杂有机质

本节着重介绍海底沉积物中的有机化合物和复杂有机质，无疑它们在水中也同样存在。

3.1.1　有机化合物

1. 烃类

这是海洋沉积物中普遍存在的物质，包括脂肪烃和芳香烃。

（1）链烷烃。在内陆海及近海，如黑海、死海、波斯湾、墨西哥湾及其他大陆边缘海的沉积物中都存在正构烷烃。一种优势分布在 n-C_{23}～n-C_{33}（n 表示正构，即无支链；“23”及“33”表示分子中碳原子数），在 n-C_{29} 处或在 n-C_{29} 与 n-C_{31} 处有浓度极大值，具有高等植物蜡的特征，属于陆源有机质。另一种优势分布在 n-C_{12}～n-C_{20}，在 n-C_{17} 处常有极大值，属原地产物。在深海沉积物中的正构烷烃主要产自海洋本身（内源）。

支链烷烃一般以微量与正构烷烃共存，具有异戊二烯碳骨架为组成单元的结构，如姥鲛烷和植烷，皆由叶绿醇在成岩过程中经还原作用所生成。在北大西洋

近代沉积物中以姥鲛烷为主，只有极少的植烷。在较深水和靠近大陆的沉积物中，两种烷以不同比例存在。其结构如图 3.1 所示。

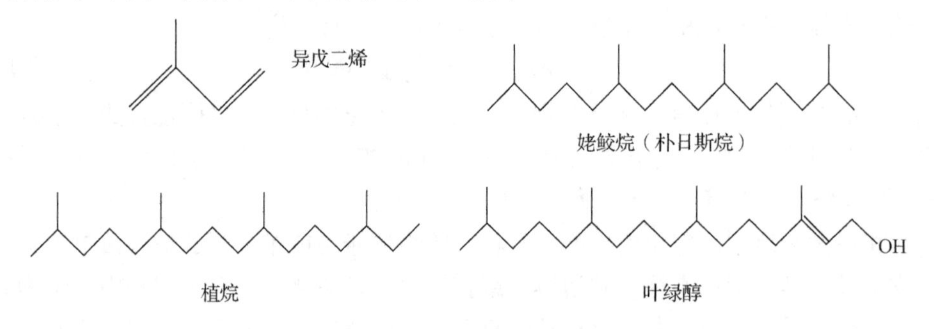

图 3.1 异戊二烯、姥鲛烷、植烷及叶绿醇

（2）环烷烃。烷基环己烷和烷基多环烷都是石油中的微量组分，可能存在于沥青质海洋沉积物中。

（3）烯烃。在深海钻探所得沉积物中未发现烯烃。在卡里亚科海沟沉积物中有植烯、植二烯和姥鲛烯，并随深度的增加而减少。在大陆架、大陆坡的近表面沉积物中有烯烃存在。在墨西哥湾大陆架沉积物中有组成为 $C_{25}H_{50}$、$C_{25}H_{48}$、$C_{25}H_{46}$ 等烯烃，是类脂物的主要组分。

（4）芳香烃。海洋沉积物中检测到了烷基苯、多环芳烃。它们可能来自石油，也有的来自陆源类脂物。

各种蓝藻，还有海洋褐藻和红藻都含有 n-C_{15} 和 n-C_{17} 占优势的烷烃。C_{15}、C_{17} 的单烯和二烯烃在藻类中含量明显。光合菌和非光合菌（需氧菌和厌氧菌）含有 n-C_{17}～n-C_{19} 烯烃，高等植物表面蜡的正构烷以 n-C_{25}～n-C_{35} 占优势，而其内部仅有低浓度低分子量的正构烷 n-C_{16}～n-C_{23}。

2. 脂肪酸

（1）正构脂肪酸。邻近大陆的近代沉积物中含 n-C_{10}～n-C_{36} 的脂肪酸，在 n-C_{16} 和 n-C_{24} 处有极大值的双峰分布。低于 n-C_{20} 的酸源于海洋内部，高于 n-C_{20} 的酸源于陆地。太平洋沉积物以 n-C_{16} 酸占优势，与海藻和微生物的低分子量正构烷烃分布相一致。在西非岸外大陆坡、美国罗德岛纳拉甘西特湾等地发现 $C_{17}H_{33}COOH$ 的不饱和酸。一般的，临近大陆沉积物显示正构脂肪酸的双峰分布；深海沉积物的脂肪酸分布以本地海洋来源为特征。

（2）支链和环状脂肪酸。它们是硅藻类脂物经细菌作用而形成的。近海沉积物中已鉴定出植烷酸、姥鲛烷酸和 4,8,12-三甲基十三烷酸。

源于高等植物表面蜡的脂肪酸以 n-C_{24} 和 n-C_{26} 的酸居多。海藻和淡水藻的饱和脂肪酸主要在 n-C_{12}～n-C_{20}，通常在 n-C_{16} 酸有极大值。不饱和脂肪酸中占优势

的是 C_{14}、C_{16}、C_{18}、C_{20} 的单烯及多烯正构酸。

3. 脂肪醇、酮和蜡酯

（1）正构脂肪醇、正构甲基酮。在海洋沉积物中检测出 n-C_{12}～n-C_{32} 的醇，具有偶碳优势，极大值位于 n-C_{22}、n-C_{24} 和 n-C_{28}。在微生物氧化作用下正构烷烃可转化为正构甲基酮，分布范围与褐煤相似，褐煤中有具奇碳优势的 n-$C_nH_{2n}O$ 的酮系列。

（2）支链醇和支链酮。近代海洋沉积物中的叶绿醇和二氢叶绿醇属于类异戊二烯醇。叶绿醇经微生物氧化可转化为类异戊二烯酮，如 6,10,14-三甲基-2-十五酮和 6,10-二甲基-2-十一酮。

（3）蜡酯。蜡酯是 C_{14}～C_{22} 的偶数碳脂肪醇同系物与 C_{14}～C_{24} 的偶数碳脂肪酸同系物发生酯化反应的产物，是海洋生物的食物储备。在北爱尔兰、北海的近代沉积物中，它们约占类脂物总量的 50%。

4. 甾族化合物

这属于烷基四环烃有机物，它们具有完全或部分氢化了的菲碳环，并且在其一侧还稠合着一个饱和的五碳环，称为环戊烷并多氢化菲，一般连有三个烷基，如图 3.2 所示。其中 19 号碳以前的部分称为甾，R 为氢或多个碳的烃基。一切甾族化合物都是甾的衍生物。

在巴芬湾、加利福尼亚圣彼得罗海盆的现代沉积中鉴定出胆甾醇、菜油甾醇、豆甾醇和 β-谷甾醇。甾醇是存在于活体生物（包括蓝藻和细菌）中的重要成分。几乎存在于人体所有器官中的胆甾醇（又称胆固醇）是甾醇类典型例子，如图 3.2 所示，其中 20～27 号碳的部分为异辛烷基。菜油甾醇是 24-甲基胆甾醇，豆甾醇是 24-乙基-22-烯胆甾醇，β-谷甾醇是 24-乙基胆甾醇。

在较古老的海洋沉积物中检测出被还原或氧化的甾族同系物，如在黑海及湖盆沉积物中有 4-甲基甾烷醇及其同系物。

5. 萜类化合物

这是植物根、茎、叶、花、果中香味物质的组分，由两个异戊二烯组成的 1-甲基-4-异丙基环己烷，称为单萜；由 2～8 个异戊二烯组成的化合物$(C_5H_8)_{2\sim8}$及其含氧衍生物都称为萜类化合物。

由 4 个异戊二烯单元组成的有机物称为二萜。高等植物中含有三环骨架的二萜化合物。它们是陆地植物的树脂和支撑组织的重要成分。在海洋沉积物中鉴定出二萜的脱氢、脱羧产物，如脱氢松香酸和 1-甲基-7-异丙基菲（惹烯），如图 3.3 所示，它们可作为陆源输入的指示物。

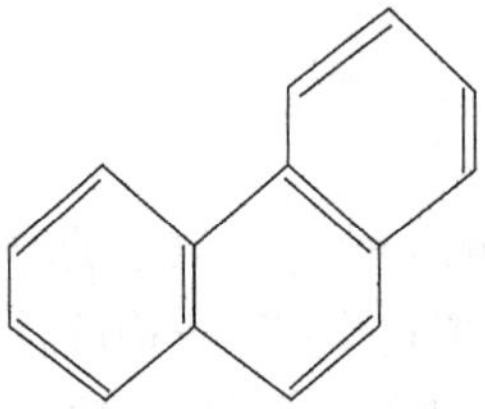

菲

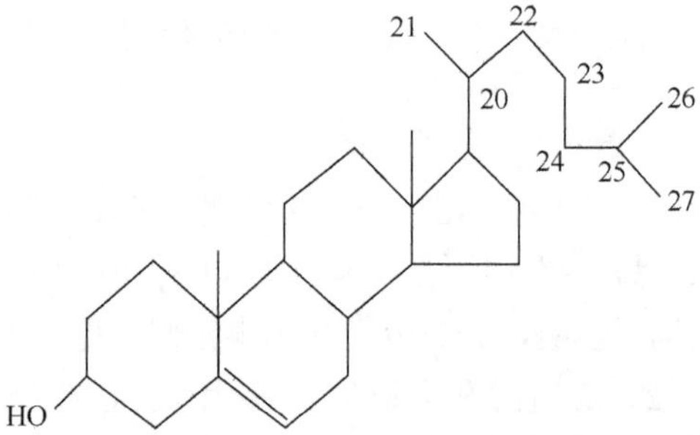

胆甾醇

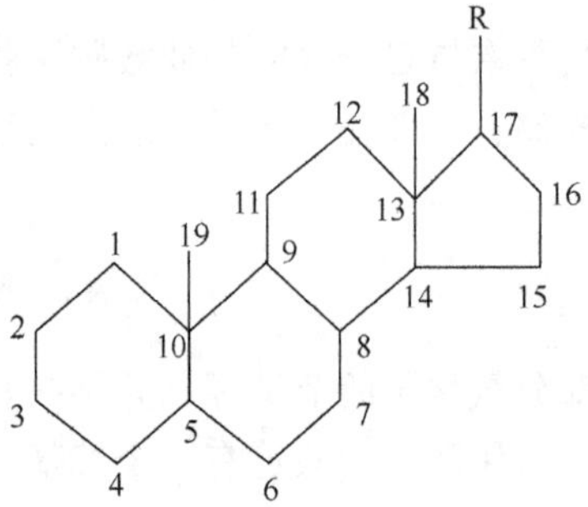

甾族化合物骨架

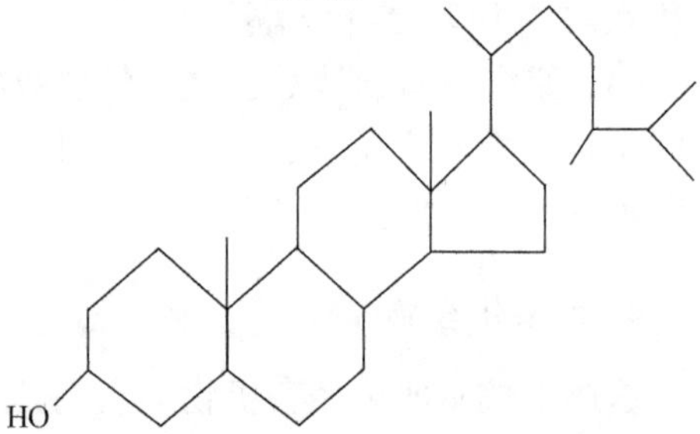

胆甾烷醇

图 3.2 甾族化合物结构

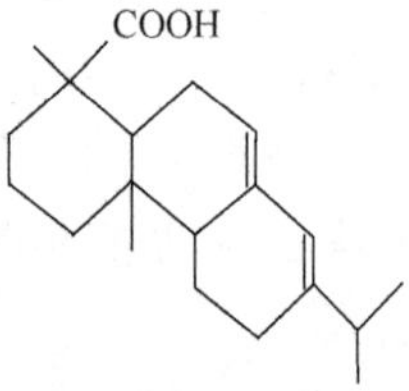

松香酸

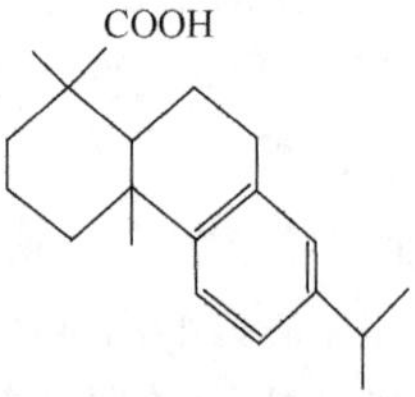

脱氢松香酸

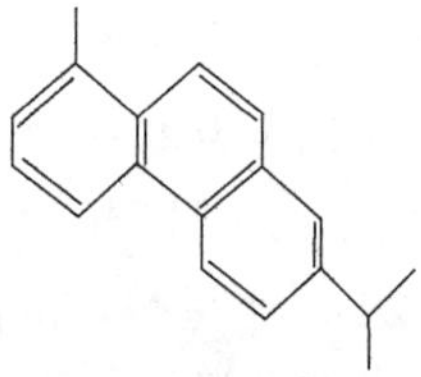

惹烯

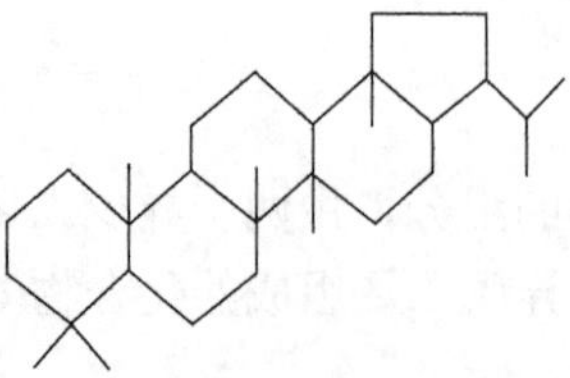

藿烷

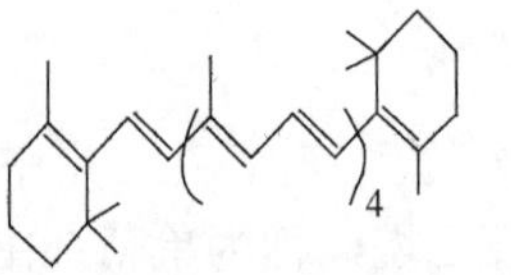

胡萝卜素

图 3.3 萜类化合物结构

以五环藿烷为基本骨架的三萜化合物，在陆圈普遍存在于多种生物中，在细菌和蓝藻中也被检测出。藿烷可转化为藿烯、藿醇、藿酮、藿酸等。藿烷结构如图 3.3 所示。

四萜化合物的代表物是胡萝卜素及其完全氢化的胡萝卜烷，在海洋沉积物中被鉴定出。

6. 四吡咯色素

吡咯是氮杂环戊二烯。四吡咯色素是叶绿素的降解产物。对动植物生理作用极为重要的物质，如血红素、叶绿素和维生素 B_{12} 等都可看作是吡咯的衍生物。其是由4个吡咯环的α-碳原子，通过4个次甲基（═CH─）交替连接而成的卟吩核，再加上各种碳取代基构成的。图3.4为卟吩、叶绿素及其降解产物的结构图。

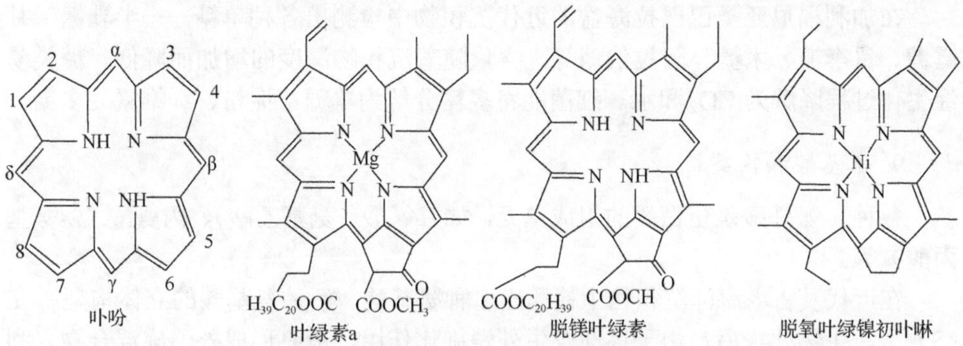

卟吩　叶绿素a　脱镁叶绿素　脱氧叶绿镍初卟啉

图3.4　卟吩、叶绿素及其降解产物的结构

叶绿素为卟吩与 Mg^{2+} 螯合的酯类物质，水解产物为叶绿醇。血红素为卟吩与 Fe^{3+} 的螯合物。各种叶绿素经过氧化、还原、异构化、芳构化、螯合及成岩作用，最后形成卟啉类化合物。卟啉是V、Ni、Fe、Co、Cu、Zn、Pb、Cr、Al、Na、K、Ca取代Mg的卟吩配合物。

现代及较古老的海洋沉积物中都含有卟啉。由叶绿素向卟啉的演化过程主要有两种方式：一是叶绿素中的Mg直接被另一种金属置换；二是叶绿素先脱去Mg，形成脱镁叶绿素，再与其他金属配合为较稳定的金属卟啉，在地质体中长期保存下来。其中最重要的是钒卟啉、镍卟啉。卟啉是缺氧还原环境形成的化合物，利用卟啉易氧化的特点可判断沉积时的氧化还原状态。随着热演化程度的提高，卟啉的结构也有一些规律性的变化，其含量先上升，后迅速下降，据此可以确定成熟度。

7. 其他杂环化合物

嘌呤（1,3,7,9-四氮杂茚，茚是苯并环戊二烯）、嘧啶（1,3-二氮杂苯）、呋喃（氧杂茂，茂指环戊二烯）、吲哚（苯并吡咯）类物质是生物成因物质的残留物，可作为海洋沉积中的生物-有机指示物。图3.5为几种杂环化合物的结构。

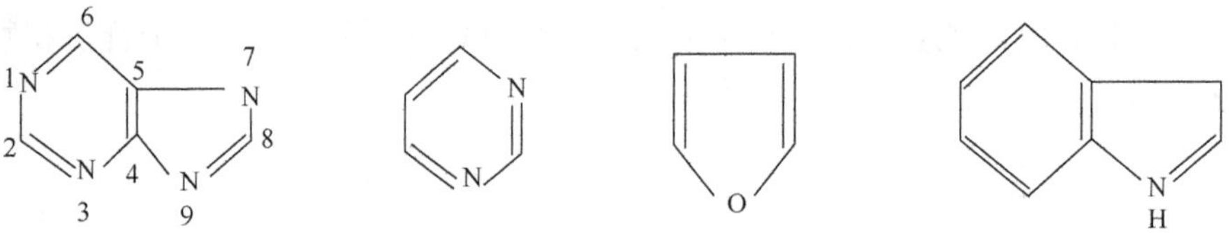

图 3.5 几种杂环化合物

8. 糖类

在加利福尼亚圣巴巴拉海盆的近代沉积物中检测出各种单糖——半乳糖、甘露糖、鼠李糖、木糖、阿拉伯糖等，含量随着沉积物深度的增加而降低。糖类易经生化过程降解为 CO_2 和水。细菌能将多糖分解为单糖。淀粉、纤维素为多糖。

9. 氨基酸和肽类

各种 α-氨基酸是蛋白质的组成单元，如甘氨酸（氨基乙酸）、丙氨酸（2-氨基丙酸）等。

在近代及古老海洋沉积物中检测出多种氨基酸。活体氨基酸的立体构型属 L（S）型，生物死亡后，由于逐渐发生外消旋化作用，最终形成外消旋混合物。利用外消旋化速率常数与温度的关系和给定温度下此速率常数为定值，可进行古温度和古年龄测定。其中广泛应用的有天门冬氨酸（α-氨基丁二酸）和异亮氨酸（β-甲基-α-氨基戊酸）等。

氨基酸经脱水缩合可生成肽类和蛋白质。它们由肽键（—NH—CO—）联结而成。

3.1.2 复杂有机质

复杂有机质主要是沥青和腐殖质。它们是细胞物质经历复杂过程的降解产物。

1. 沥青

沥青泛指一切有机质。按其在 CS_2 中的溶解性可分为两类：

（1）沥青，指溶于 CS_2 的碳氢化合物，如石油为液态沥青，地蜡、石蜡为易熔性固态沥青，硬沥青为难熔性固态沥青。

（2）焦沥青，指不溶于 CS_2 的碳氢化合物，如干酪根（又称油母质）。干酪根在泥炭、煤和黑色页岩中广泛存在，来源于藻类或高等植物碎屑，在低于 170℃时经热解可转化为石油。干酪根是一种具有网状交联三维结构的复杂有机聚合物。

2. 腐殖质

腐殖质是复杂的有机质。一般根据其在碱溶液和酸溶液中的溶解性分为三类：

（1）腐殖酸，指可溶于稀碱溶液但不溶于酸溶液的部分，相对分子质量在 10^3～10^4 量级。

（2）富里酸，是可溶于碱又可溶于酸的部分，相对分子质量在 10^2～10^3 量级。

（3）腐黑物，是不溶于碱也不溶于酸的部分。

海洋腐殖质的结构特点是具有多个羧基、羟基和羰基等，含氧基团集中于较低相对分子质量的组分中，C/H 随相对分子质量的增加而升高。它们具有显著的阳离子交换能力，能够与金属离子配合，相当于海洋中微量金属的输送剂。

研究表明，腐殖酸碳与总有机碳的比值随沉积物深度增加而减小，腐殖酸（或腐殖质）转化为干酪根。

以高等植物为主要来源的复杂有机质称为腐殖质，而以水生浮游生物、水生植物及一些底栖生物为主要来源的复杂有机质称为腐泥质。海源腐殖质和陆源腐殖质的主要差别列于表 3.1 中。

表 3.1　海源腐殖质和陆源腐殖质的主要差别

名称	芳香度	酚含量	氮含量	$\delta^{13}C$/‰
海源腐殖质	低	低	高	−23～−20
陆源腐殖质	高	高	低	−28～−25

3.1.3　有机质来源的判别

陆源有机质中主要的类脂组分为：正构烷 C_{23}～C_{33}，奇碳优势；正构脂肪酸 C_{20}～C_{30}，偶碳优势；正构脂肪醇 C_{22}～C_{30}，偶碳优势。它们与陆地植物蜡的分布特征相类似。陆源有机质中含有二萜类化合物。陆源类脂物在近大陆的沉积物中含量最高，而在初级生产力很高的大洋区下面的沉积物中以海源类脂物占优势。主要来自陆地的二萜类化合物因产自高松脂高等植物，以具松香烷骨架者占优势，故可作为独特的分子指示物。

海源有机质中的类脂组分含碳原子数较少，某些来自浮游生物和细菌的特征类脂物和色素可作为海源指示物。

对分离出来的脂肪酸、腐殖酸、干酪酸等进行碳、氮、氢的同位素组成分析也有助于辨别有机质来源。表 3.2 提供了有机质来源的一些判别组分。

表 3.2　海洋沉积物中类脂物及相关化合物的分布和来源判别

组分	时代	生物来源			相对丰度
		陆源	海源	成岩作用	
正链烷烃 n-C_{17}（C_{12}～C_{20}）	近代—侏罗纪	−	+	+	多
n-C_{23}～n-C_{33} 奇碳优势	近代—侏罗纪	+	−	−	多
链烯烃（C_{21}，C_{25} 多烯烃）	近代	+	+	−	中等

续表

组分	时代	生物来源			相对丰度
		陆源	海源	成岩作用	
异链烷烃和反异链烷烃	近代	+	+	−	少
类异戊二烯化合物（如植烷）	近代—侏罗纪	−	−	+	少
“胡姆普”（类似腐泥质）	近代—白垩纪	−	+	+	少
正链脂肪酸 n-C_{12}～n-C_{18}（偶碳优势）	近代—侏罗纪	+	+	−	多
n-C_{22}～n-C_{32}（偶碳优势）	近代—侏罗纪	+	?	−	少
C_{18}:1，C_{16}:1	近代	+	+	−	少
异 C_{13}～C_{19} 酸和反异 C_{13}～C_{19} 酸	近代—上新世	−	+	−	少
类异戊二烯酸（如姥鲛酸）	近代—白垩纪	?	?	+	痕量
羟基酸	近代	+	+	−	少
α,ώ-二羧酸	近代	+	?	+	少
正链脂肪醇（C_{12}～C_{30} 偶碳优势）	近代—上新世	+	+	−	中等
类异戊二烯醇	近代	+	+	+	中等
正链甲基酮（C_{15}～C_{31} 奇碳优势）	近代	−	+	+	少
类异戊二烯酮	近代—白垩纪	−	−	+	少
蜡酯	近代	(+)	+	−	少
甾族化合物（甾烯、甾烷、甾烷醇）	近代—白垩纪	+	+	+	少
三萜系化合物[忽布烷、忽不烯-17（21）]	近代—白垩纪	+	+	+	少
三萜系酮（如石长生酮）	近代—上新世	?	+	+	少
三萜系酸（如高二忽布烷酸）	近代—白垩纪	?	+	+	少
二萜系化合物（如脱氢松香酸）	近代—白垩纪	+	−	+	少
四萜系化合物（如类胡萝卜素）	近代—白垩纪	(+)	+	+	少
四吡咯色素（如二氢卟吩，卟啉）	近代—白垩纪	(+)	+	+	少
氨基酸和肽类	近代—中新世	(+)	+	+	中等
碳水化合物	近代—始新世	(+)	+	−	中等
芳香烃	近代—白垩纪	−	−	+	少
天然高聚物（如角质、木质素、甲壳质）	近代—上新世	+	+	+	少
腐殖酸（富里酸）	近代—白垩纪	(+)	+	+	多
干酪根	近代—白垩纪	(+)	+	+	多

注：1. 陆源中的括号表示可能的来源（但不可靠）。

2. “？”表示来源不确定。

3. “+”表示肯定，“−”表示否定。

3.1.4　有机质与还原环境

有机质的存在是造成还原环境的最主要因素，或者说有机质的存在会造成缺氧，形成了还原环境。明显的例子是远洋区的水深、含氧少，但海底却形成了典型的氧化型产物红黏土沉积。原因在于来自表层水的碎屑物质在降落到海底之前要经过很长的水柱，有足够的时间发生氧化作用，使低价态离子转变为高价态。海底虽然缺氧，但在深水条件下还原反应速率要缓慢得多，难以使红黏土得到有效还原。在浅海区或大陆架边缘海区，却既可出现极端的氧化环境，又可出现极端的还原环境。后者的出现就与有机质的快速堆积有关。这些快速堆积的有机质在降落过程中，所经历的水浅，在水柱中停留时间短，受降解程度低，在沉积后成为主要的还原剂。这里的游离氧和化合氧消耗于有机质的氧化、降解，也消耗于微生物活动，结果形成含有大量有机质、有机气体、H_2S、FeS_2、S 的典型还原型黑色沉积物和缺氧的还原环境：高价铁转化为低价铁，SO_4^{2-} 还原为 S 和S^{2-}，高价铀转变为低价铀，铜、银等皆以自然形式出现等。在停滞性海盆，如黑海、委内瑞拉滨外卡利亚科海沟等缺氧海盆，更有利于有机质的沉积和保存。

有机质的还原性来自光合作用。光合作用使具有弱氧化性的CO_2和弱还原性的 H_2O 合成并转化为具有强还原性的碳水化合物和强氧化性的 O_2。O_2 最终进入大气层，碳水化合物则形成有机组织，进而参与生命循环。

可用碳的氧化数表征碳的氧化状态。碳的氧化数指碳被氧化的程度或碳在化合物的电荷平衡中所起的作用，即碳在其所在物质中的形式电荷数。例如，下述各碳化合物中碳的氧化数（以 H（+1）、O（−2）作为标准值）分别为

CH_4	−4；	C_4H_{10}	−2.5；	C_2H_5OH	−2；
CH_3COOH	0；	CO	+2；	CO_2	+4。

显然，CO_2是极端氧化环境的产物，而CH_4是极端还原环境的产物。

3.2　有机质的成岩作用和海洋环境中油气的生成

有机质进入沉积物后，随着沉积物的埋藏和成岩作用而发生一系列转化，并具有明显的阶段性。研究沉积有机质在地质剖面上的演化进程、性质特征和分布规律，可以追索其中有机质的来源、沉积和转化环境及过程，因而对地球化学研究具有重要意义。

3.2.1 沉积有机质转化中的重要有机化学反应

这些有机化学反应类型众多，过程复杂，很难完全弄清其反应机理。几种重要的反应如下。

1. 腐解作用

腐解作用是指动植物死亡后，其遗体在组织内存在的自溶酶作用下开始分解，随后细菌和其他微生物参与遗体的分解作用，遗体即被完全分解破坏并矿化的过程。微生物呼吸作用是导致沉积有机质被腐解的主要因素。有氧和无氧环境中均可发生腐解作用。有氧腐解是以分子氧作为氢的最终受体的生物氧化过程，最后产物是 CO_2 和 H_2O。好氧微生物如芽孢杆菌、根瘤菌、固氮菌、放线菌和霉菌等都是通过有氧腐解获得能量。缺氧腐解是在没有分子氧环境中的生物氧化过程，作为氢和电子受体的是 NO_3^-、SO_4^{2-}、CO_3^{2-} 等。厌氧微生物如甲烷菌、脱硫弧菌等通过缺氧腐解得到能量。发酵作用则是一种没有外部电子受体情况下的氧化作用。酵解过程中，同一有机分子的不同部分可以分别充当氢和电子的供体受体，氧化不彻底，产生的能量少。微生物的产能比较如表 3.3 所示。

表 3.3 微生物的产能比较

类型	反应	释放的能量/(kJ/mol)
有氧腐解	$C_6H_{12}O_6+6O_2 \longrightarrow 6CO_2+6H_2O$	288
缺氧腐解	$C_6H_{12}O_6+12KNO_3 \longrightarrow 6CO_2+6H_2O+12KNO_2$	179
发酵	$C_6H_{12}O_6 \longrightarrow 2CO_2+2C_2H_5OH$	22.6

2. 氧化还原反应

氧化还原反应是有机质形成和分解过程中普遍存在的一类重要反应。光合作用就是一种氧化还原过程。通常将有机分子中加氧或脱氢称为氧化反应，而将加氢或脱氧称为还原反应。如乳酸转化为丙酮酸的反应：

$$CH_3CH(OH)COOH \longrightarrow CH_3COCOOH + 2H^+ + 2e$$

3. 加成反应

有机分子中含有的重键在反应中部分键断裂，新的原子（团）分别加到该键两端的原子上，生成不饱和程度较低的有机物。如

$$RCH{=\!=}CH_2 + H_2 \xrightarrow{\text{催化剂}} RCH_2CH_3$$

4. 缩合反应和聚合反应

有机化合物相互结合过程中，伴随脱除 H_2O、HX（X 表示卤素原子）等小分子化合物的反应，称为缩合反应：

$$CH_3COCH_3 + CH_3NH_2 \longrightarrow (CH_3)_2C{=}NCH_3 + H_2O$$

低分子化合物（单体）结合为高分子化合物（高聚物）的反应，称为聚合反应。

在地质条件下，缩合和聚合往往同时发生，过程极其复杂。缩聚反应是以具有两个以上官能团的有机单体形成高聚物，同时又析出小分子化合物（如 NH_3、C_2H_5OH）等的反应。如

$$n\,HO(CH_2)_2OOC-C_6H_4-COO(CH_2)_2OH \xrightarrow[\triangle]{\text{催化剂}} -[CO-C_6H_4-COO(CH_2)_2O]_n- + nHO(CH_2)_2OH$$

5. 解聚反应

大分子分解为小分子的反应称为解聚反应。它是聚合反应的逆反应。例如，淀粉分解为单糖。长链烃类在受热或催化剂存在环境中发生的解聚反应，常称为裂解反应。

3.2.2　有机质的成岩作用

通常地球化学将有机质演化划分为三个阶段：成岩作用、深成热解作用和变质作用。图 3.6 为有机质演化阶段的划分图。

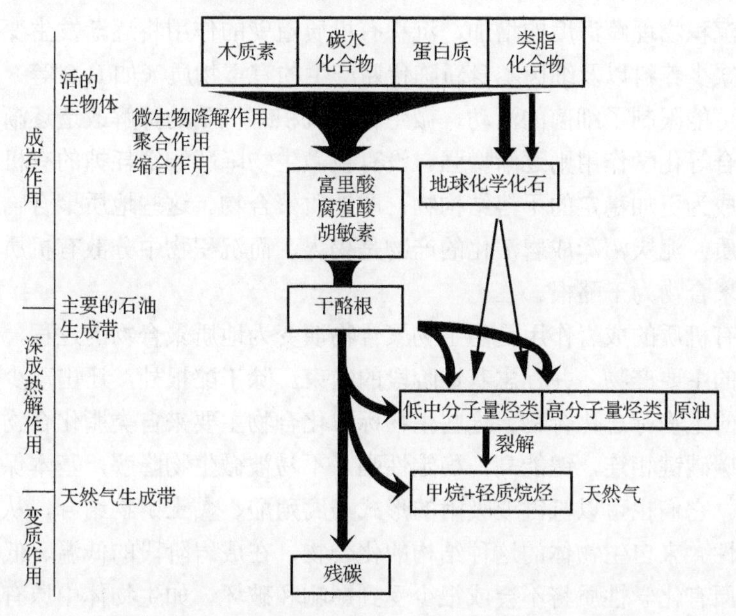

图 3.6　有机质演化阶段的划分（Tissot et al.，1984）

图 3.6 中成岩作用指沉积物转变为沉积岩过程中一定阶段所发生的作用。有机质的成岩作用阶段是沉积有机质在沉积物固结成岩过程中，在低温、低压条件下所经历的以微生物改造为主的演化阶段。在这一阶段中，沉积有机质由于低温（<50～60℃）、低压不会发生一般的化学反应，而底栖生物特别是微生物在沉积物松散且富含孔隙水条件下十分活跃。大部分原始有机质被微生物分解和选择性吸收，残余物和微生物残体一起，经还原、缩聚等形成了腐殖质和干酪根。

原始沉积有机质在成岩阶段被微生物改造的程度，对有机质的最终保存具有重要影响。氨基酸、低分子量的肽和糖能够被微生物直接吸收，进入有机碳的再循环，导致古代沉积物中仅保存少量的这类有机物。不溶的蛋白质和多糖被真菌和细菌胞外酶分解成可溶的氨基酸和单糖，再被它们所同化。同样，高分子量的类脂化合物和淀粉或结构性物质的外甲壳和细胞壁，也可以被转化为微生物的同化成分。结果导致源于最初沉积的蛋白质、多糖、类脂和木质素等占沉积物上层总有机质的不到 20%。

生物降解速率较大的是蛋白质和含氮的有机物，因此在水和沉积物的界面处氨基酸的含量最高。其次是碳水化合物，在水生环境中被好氧和厌氧细菌降解，主要产物是己糖和戊糖。蛋白质和碳水化合物并不总是被完全降解。类脂化合物的生物降解速率大小不一，木质素抵抗生物降解的能力最强。但是以基质形式分布于无脊椎动物壳体中的蛋白质，将受矿物覆盖物的保护而增强抗分解能力。高度交叉结合的纤维蛋白（如角蛋白）也具有抗微生物分解的能力。

随着沉积物埋藏深度的增加，沉积有机质遭受的作用将逐渐发生变化，残余有机质内缺少养料以及细菌本身新陈代谢产生的有毒物质（如 H_2S 等）造成的环境改变，可能限制了细菌的活动，微生物对沉积有机质的降解改造逐渐减弱，而聚合、缩合等化学作用则逐渐增强。没有被微生物降解和消耗掉的有机残余物质重新缩聚成为更加稳定的不溶结构物，即地质聚合物。这些地质聚合物在土壤中称为腐殖质，泥炭沼泽成岩演化的产物是褐煤，而沉积物中分散有机质的成岩演化的地质聚合物为干酪根。

沉积有机质的成岩作用是由生物聚合物演变为地质聚合物的过程，干酪根是这一阶段的主要产物，并标志着该阶段的结束。除干酪根外，还出现少量的具有重要意义的生物标志化合物。这些生物标志化合物主要来自类脂化合物，分子结构主要以碳碳键相连，键能高，稳定性强，不易被微生物降解，基本保持了原有的碳骨架。它们也可以氢键或吸附的形式与腐殖酸、黏土矿物结合，从而增强自身的稳定性。来自生物体的这种结构的化合物，在成岩阶段的低温、低压下，原有结构、原有化学性质将不会或很少受到影响和破坏。如生物体中原有的少量正构烷和某些其他有机物，在沉积和成岩过程中以不变或微变的形式保存下来。一般将发生于 1000m 左右沉积柱深度以内的作用都称为成岩作用，图 3.7 表示生油岩烃类的生成。

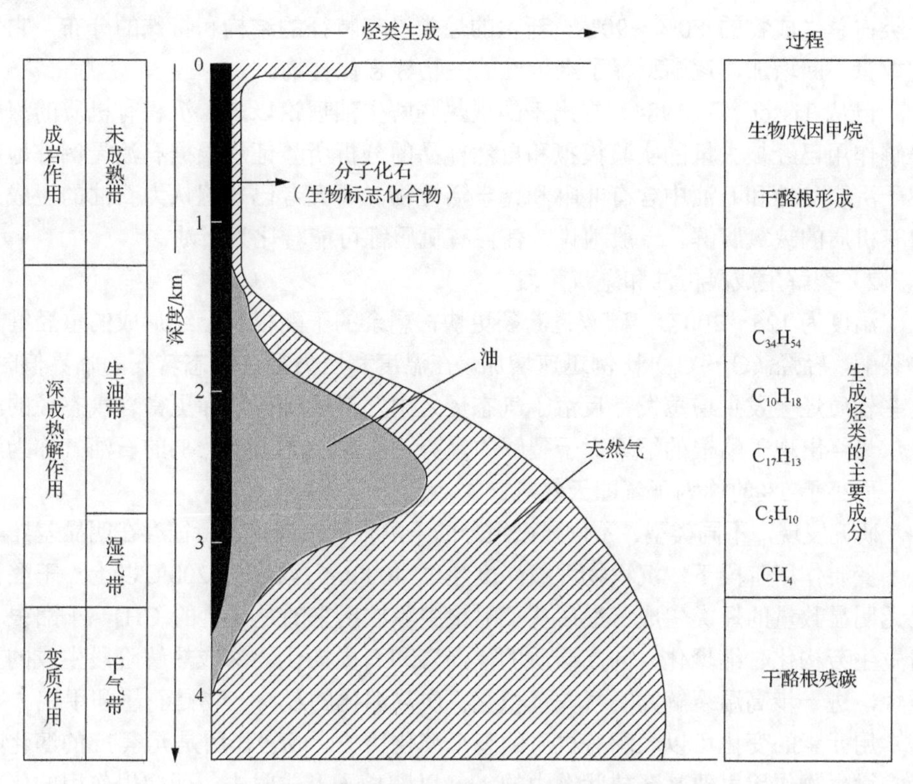

图 3.7 生油岩烃类生成图解（Tissot et al.，1984）

3.2.3 海洋环境中油气的生成

1. 深成热解作用

在埋藏深度 1000～4000m 干酪根所发生的化学变化（以热解为主），称为深成热解作用。油气生成伴随着这一演化阶段。相应于这一深度，压力可高达数百个大气压，温度升至 50～200℃，干酪根不再呈化学稳定状态，热解产出大量 C_4～C_7 烃（汽油烃）类石油生成的标示物。也因此可以说，深成热解作用主要是在温度的作用下，干酪根热解成油气的演化阶段。这一深度虽仍有极少量微生物存在，但其对沉积有机质的影响已经微不足道。

从油气生成的角度可以将深成热解分为两个阶段。

1）石油生成的主要阶段

温度为 60～125℃，干酪根由于受热，在黏土矿物的催化作用下发生裂解，一些侧链脱落，含杂原子基团脱落，烷基和环烷基部分从干酪根中消除，羧基或羰基完全消除，余下的氧大部分存在于醚键中。此时，表征干酪根演化程度的直接证据是可溶有机质的数量迅速增加。据估计，这一温度范围内生成的 C_{15}～C_{40} 烃类占总生成物的 80%～90%。新生的烃类没有特征的结构和特殊的分布，它们的数量不断增加，逐渐稀释了继承性的生物标志化合物。

自从 Tissot 等（1984）提出干酪根热降解生油理论以来，沉积有机质的深成热解作用已经被大量的实验模拟和自然样品的分析所验证。根据石油无例外地产生于沉积盆地和石油中含有卟啉和光学活性物，研究者已普遍认为石油的生成来自有机质的缺氧腐解。一般地说，任何有机质都可能转化为石油。

2）裂解生成凝析油和湿气阶段

温度为 125～200℃，碳碳键断裂更快，剩余的干酪根和已经形成的重烃继续热裂解，轻烃（C_1～C_8）比例迅速增加。在温度和压力超过相态转变的临界值时，这些轻质烃会发生逆蒸发，反溶于气态烃之中，形成凝析气和更富含气态烃的湿气，最终出现干酪根的缩聚大于裂解的趋势。C_2 以上烃超过 5%的石油气称为湿气，而小于 5%的称为干气即天然气。

研究发现，不同类型、不同显微组分的干酪根的热演化的特征存在明显差异。

变质作用阶段下，沉积物埋藏深度超过 4000m、温度达 200℃以上，干酪根已无明显数量的烃类生成，最后从干酪根中释放出来的是少量的 CH_4，干酪根本身发生芳构化、缩聚化、向高碳质的焦沥青和石墨演化。深成热解阶段生成的重质烃，进一步高温裂解为干气。沉积有机质热演化的最终产物是石墨和甲烷。

用元素的变化可以表示有机质的整个演化历史。成岩作用是元素 N 的演化阶段，微生物作用主要是释放肽链中的 N，以胺离子形式脱去，而成岩作用的化学演化过程是元素 O 的演化时期，脱去糖苷和脂类等组成生命的成分。深成热解作用是元素 H 的时期，生成富氢的烃类，直至形成主要呈网状结构的物质。变质作用则是元素 C 的时期，碳芳构化成石墨，沉积有机质演化史终止。

2. 海洋油气生成条件

据统计，世界具有油气远景的海域约有 $2.65\times10^7km^2$，海洋石油储量为 1.3×10^{11}～$1.5\times10^{11}t$。20 世纪 60 年代以来，近海石油产量逐年稳步增加，目前世界海洋石油产量已占世界石油总产量的一半以上，海洋天然气产量也占世界天然气总产量的 1/3 以上。

现有 80 多个国家进行海上石油勘探，已发现油田 2000 余个，已打孔 30000 余眼。

85%的海上油田在浅海大陆架被发现，新发现的油气田也大都在水深 300m 以内海域。目前海洋石油钻探的最大作业水深已超过 2000m。不仅近海陆架区赋存有大量的油气资源，而且陆坡、陆隆以及大洋基底海域也蕴藏着丰富的油气藏。

大陆边缘特有的生油有利条件包括以下几方面。

（1）大陆边缘是地壳拉、张破碎和俯冲消亡作用下发生的特殊坳陷，其中沉积了巨厚的沉积物，一般不少于 5000～10000m。在一些封闭、半封闭内陆海和海湾中沉积厚度可达万米以上，如里海为 1.4×10^4m，其南部可达 2×10^4～2.5×10^4m，孟加拉湾沉积厚度为 1.5×10^4～1.7×10^4m。

（2）沉积速率大，超过 8mm/10^2a，有利于有机质的埋藏、聚集和保存。

（3）两大地块在构造碰撞期所产生的热，伴随板块俯冲的岩浆活动热以及埋藏自热一起可造成地热梯度的增高（大于 3.5℃/100m），从而能加速沉积物和沉积岩中石油的形成。

（4）在大陆边缘坳陷中普遍发育有生油、储油的地质构造，如边缘地槽、外缘裙、边缘断层、边缘海沟、横越边缘的海岭、地层不整合、超覆和尖灭，以及半闭海中的三角洲沉积层、浊积层、礁源沉积层等良好储油构造。

全世界 89%的石油储量和 69%的天然气储量在大陆边缘区（张本等，1997）。

中国陆架面积为 1.2×10^6km^2（杨光庆等，1994），其中含油气远景的沉积盆地约为 8.0×10^5km^2，估计石油地质储量为 1.5×10^{10}～2.0×10^{10}t（张宽等，2007）。渤海、南海部分海域已进入试生产阶段。

3.3　生物标志化合物的种类

由于生物标志化合物代表着原始生物体中的特殊分子组分，因此，可据以推断所在地质体的成因、提供生物源的类型和地质年龄，指示沉积和成岩作用阶段的物理化学条件，提供成岩成矿方面的多种信息。

地质体中的有机质包括：不溶于有机溶剂的约占有机质总量 95%的干酪根和可溶的约占有机质总量 5%的有机分子。后者主要来源于生物体中原生烃类和其他类脂化合物，由它们构成了生物标志化合物。

随着鉴定技术和方法的不断更新，大量的新生物标志化合物被识别出来，研究者对不同生物体中各种生化组分的特征及其可能的演化机理有了进一步的认识，从而对生物标志化合物的来源认识也越来越明确。

几种常见的生物标志化合物及其初步应用介绍如下。

1. 正构烷烃

正构烷烃是通式 C_nH_{2n+2} 的饱和直链烷烃。因其含 C—C 键能高，较稳定，所以一定程度上可保留它原有的结构。

正构烷烃的碳数分布范围、主峰碳数、分布曲线峰型和奇数碳分子与偶数碳分子的相对丰度都具有指示成因的意义。

研究发现，大多数生物体中只含有微量的正构烷烃，并且含量变化很大。现代生物总体以奇数碳正构烷烃占优势。陆生高等植物中，C_{27}、C_{29}、C_{31}、C_{33}等高奇数碳正构烷烃优势特别明显，一般认为这些烃主要来源于高等植物的蜡。蜡可以水解为含偶数碳的酸和醇，在还原环境中，通过脱羧基和脱羟基转化为长链奇数碳正构烷烃。海相生物中低碳数正构烷烃的丰度较高，主峰以C_{15}、C_{17}为主。蓝绿藻来源的以C_{14}～C_{19}占优势。细菌合成的正构烷烃特征多变，但碳数范围比植物蜡的要低。正构烷烃的奇碳优势，一般随埋藏深度、演化程度或变质程度的增高而降低。

2. 无环的类异戊二烯烃

这是一类具有规则的甲基支链、由多个异戊二烯单元组成的链状萜类。按其中单元连接顺序可分为两类。

（1）规则的类异戊二烯烷烃是各单元间首尾相连而成的链状分子。它们常以烯、酸、醇的形式广泛存在于各种生物体及现代沉积物之中。在古代沉积岩、原油和煤中则以饱和烃形式存在，其中最常见的或含量最高的为姥鲛烷和植烷。其结构如图 3.1 所示。

规则的类异戊二烯烷烃来自于叶绿素的植醇侧链，还与细菌（主要是古细菌）有关。高等植物中的叶绿素、藻菌中的藻菌素，在微生物的作用下都会分解，游离出植醇。在成岩过程中，植醇进一步转化，可以形成植烷和姥鲛烷。一般在强还原条件下以形成植烷为主，在弱氧化条件下以形成姥鲛烷为主；在偏碱性条件下有利于形成植烷，在酸性条件下则易于形成姥鲛烷。因此，沉积有机质和原油中的姥鲛烷和植烷的相对含量，可以指示原始有机质成岩的环境。

（2）不规则的类异戊二烯烷烃是首首相连和尾尾相连的链状分子，两端有时连有饱和环或芳香环。常见的有角鲨烷、番茄红素和胡萝卜素等，其化学结构如图 3.8 和图 3.3 所示。它们的存在一般可指示藻菌的成因及强还原环境。尾尾相连的异戊二烯的碳数为 30～40。首首相连的异戊二烯的碳数为 32～40，但在沉积岩和原油中，多见到的是其降解产物，为C_{14}～C_{30}，一般认为这类烃来自古细菌膜的类脂组分。

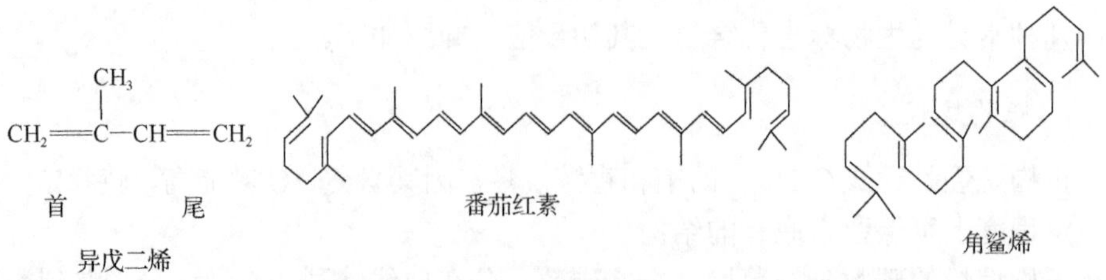

$CH_2{=}C(CH_3){-}CH{=}CH_2$

首　　尾

异戊二烯

番茄红素

角鲨烯

图 3.8 不规则的类异戊二烯烃结构

3. 甾萜化合物

1）萜类化合物

萜类是环状类异戊二烯化合物。在地质体中分布比较广泛的是三环二萜类和五环三萜类。前者在褐煤、土壤、现代海相沉积物、石油和古代沉积物中都已检测到，主要源自陆生高等植物，尤其是松柏，其树脂中的主要成分，如松香酸就含有这类物质。后者在生物体中主要以酸、烯、醇的形式出现，普遍存在于各种沉积物中，典型代表化合物是藿烷（其结构见图 3.3）$C_{30}H_{52}$。当某碳位置上减少 1 个 CH_2 时，称为降藿烷，反之，某碳位置上增加 1 个 CH_2 时，则为升藿烷。也存在 CH_2 数目增减不止 1 个的情形，因此藿烷的碳数为 27～35，其中 C_{28} 较为少见。

藿烷的前驱物主要来源于细菌和蓝绿藻。沉积物和原油中常出现的 C_{27}～C_{35} 完整系列的地质藿烷类，可能来源于细菌细胞壁。

2）甾族化合物

甾族化合物是具有 3 个六元环和 1 个五元环的四环化合物。一般为 C_{27}～C_{30}，在活生物体中主要以醇、酸、酮形式存在，如胆甾醇、胆酸（胆汁酸）、麦角甾醇（图 3.9）等，但不含甾烷，而在古代沉积物和原油中，检测出胆甾烷、麦角甾烷等饱和与不饱和烃类，说明了在还原条件下，甾族化合物可以脱去羧基、羟基或者发生分子重排，形成稳定的烃类。

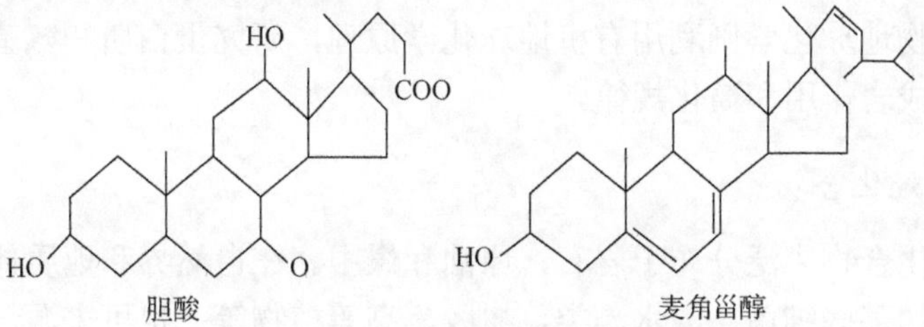

HO COO HO O 胆酸 HO 麦角甾醇

图 3.9 胆酸、麦角甾醇结构

研究认为：陆生植物主要含 C_{29}，其次是 C_{28} 甾醇，动物则主要含 C_{27} 胆甾醇。水生浮游动植物（主要是藻类）以 C_{27} 为主，其次是 C_{28} 甾醇。这种分布特征同样保留在甾烷之中。因此，这种碳数分布可作为有机质来源指示。

4. 卟啉化合物

卟啉是卟吩与金属的配合物（图 3.4），是最早被鉴定出来的一种生物标志化合物，是由含卟啉的色素演变而来的。常见的含卟啉的色素有叶绿素、血红素和其他细胞色素。卟吩的 4 个吡咯环上有 5～8 个不同的取代基（如 H、CH_3、C_2H_5、$CH{=}CH_2$、COOH 等），因而卟啉化合物有很多种，多数为 C_{27}～C_{33}。在沉积物和石油中主要是 V、Ni 配合物。叶绿素向卟啉的演化过程已简述于 3.1.1 节中。

原油、沥青、煤、黑色页岩和沉积岩中的卟啉，绝大部分是以金属配合物形式存在，其地球化学意义如 3.1 节所述。

5. 脂肪酸和氨基酸

这两类酸是天然水体和地质体中普遍存在的性质较稳定的有机酸。

1）脂肪酸

生物体中正构脂肪酸分布为 C_4～C_{36}，其中 C_{14}、C_{16}、C_{18} 的丰度最高。现代沉积物中的正构脂肪酸保留有生物体的某些特征，分布为 C_{12}～C_{34}，以 C_{16} 的丰度最高，其次是 C_{24}。古代沉积物中的正构脂肪酸，分布为 C_{16}～C_{24}。因此，脂肪酸的碳数分布可以表征有机质演化的成熟度。脂肪酸是一种重要的配合剂，能从沉积物和地层水中萃取大量金属元素，使之活化迁移。

2）氨基酸

从寒武纪到现代，沉积物中几乎都有氨基酸分布。氨基酸在低温热分解反应中，失去 CO_2 生成胺盐，热反应进一步脱去氨基，可以生成烃类。

20 世纪 70 年代以来，对地质体中氨基酸的光学异构体的研究进展为进一步研究生命起源、地质年代学、石油地质学和古生物学等学科开创了新的局面。比如氨基酸地质年代学是利用物理化学方法，根据地质体中氨基酸外消旋作用的原理，测定化石地质年龄、估算古温度，在地学各个领域中得到应用。另一分支学科氨基酸生物地球化学则利用有机地球化学原理，研究蛋白质和氨基酸在地质体中的分布、成岩作用和演化规律。

6. 芳香烃化合物

芳香烃化合物广泛分布于岩石、原油和煤中。在自然界和地质体中，可来源于生物体，如某些细菌、淡水藻类、树胶、高等植物等；也可来源于非生物体，包括各种有机化合物在地质条件下的热裂解、催化裂化、异构化、氢化以及有机质燃烧产物。芳香烃化合物以苯、萘、菲及其衍生物为主。

生物体中缺乏低分子量的芳香烃化合物。地质体中低分子量的芳香烃多为甾萜类热裂解和链烃芳构化的产物，而高分子量多环结构直接与生物体中甾、萜类、色素有关。高等植物的木质素就是一种高分子量的芳香烃化合物。

芳香烃化合物在指示有机质来源、沉积环境、有机质演化程度等方面具有重要意义。如苝是在快速堆积和还原环境下，由色素转化而来的。有机质成熟度越高，芳构化程度就越高。

现代沉积物中，广泛分布的多环芳烃及其烷基同系物是一种很好的环境污染指标，医学上认为这一类有机物中某些是致癌物质，如苯并[a]芘。苝和苯并[a]芘的结构式如图 3.10 所示。

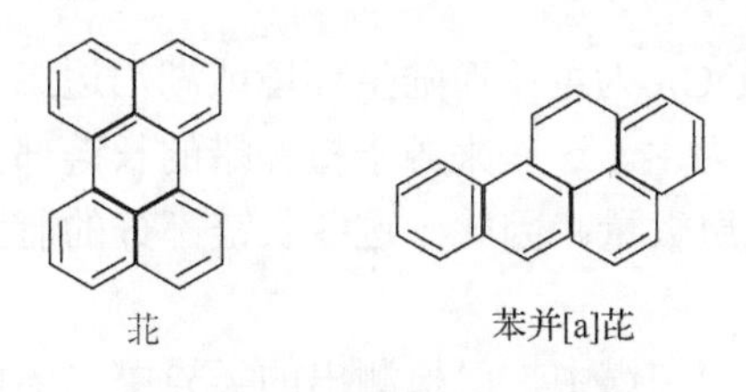

图 3.10　两种多环芳烃结构

3.4　生物标志化合物在古环境中的应用

近年来，全球环境变化研究引起各国政府和科学界的广泛关注，要了解全球环境的现状和预测其未来前景，就需要了解它的过去，即了解全球环境在地球历史上的演化特点与规律、当前地球环境在全球环境变迁中的位置，才能准确预测将来的变化趋势。因此，对古环境的研究日益受到广泛的重视，古环境成为环境地球化学的重要研究内容。

研究表明，地质体中有机质的丰度、代表有机质组成及其演化的生物标志化合物的变化都与原始生物的种属、类型、环境、气候及区域分布变化密切相关。这既可以表现在其正构烷烃、脂肪酸、酮、醇、甾、萜等分子生物标志化合物的差异上，又可以表现在分子精细结构变化和同位素组成变化上。因此，可利用生物标志化合物的分布特征、结构演化模式及其参数变化研究地质体中有机质的生物输入源、古生态、沉积古环境和古气候等。探索用于恢复古气候、古环境的有机分子指标及其参数的研究，已成为当今分子有机地球化学研究中的前沿课题之一。

3.4.1　生物标志化合物与古环境

沉积物中检测出的生物标志化合物，有的是直接从生物继承来的未曾变化的结构，另有一些则经历了成岩变化，但仍然保留其结构或立体化学的主要特征，可据此确定它们的生物来源。某些生物标志化合物具有较狭隘的生物产出，或只来自某些特定的生物，是特定生物输入沉积物的标志物，如甲藻甾醇及其甾烯衍生物是甲藻输入沉积物的标志物。另一些生物标志化合物产出比较广泛，可能指示某种广义的生物输入，如高等植物、菌、藻类等。在低温低压的地质环境中，一些生物标志化合物，如甾、萜类可以保存长达十几亿年，说明分子信息可以在长期地质历史中幸存下来，而成为古生物输入和古气候、古环境研究的重要标志。

正构烷烃与脂肪酸的长链部分主要来自高等植物，而短链部分主要来源于细菌和藻类。它们的相对含量即可反映古生物的输入和古生态特征。

对湖相环境而言，水生藻类和光合细菌的正构烷烃以 C_{17} 为主，它们的丰度可以反映湖泊古生产力。湖泊边缘被淹没或营漂浮的较大型维管植物，其正构烷

烃的分布以 C_{21}、C_{23} 或 C_{25} 为主；而陆生环境或湖泊边缘的维管植物的正构烷烃分布以 C_{27}、C_{29} 和 C_{31} 为主。这些来源于植物蜡的长链部分的丰度，反映了周围环境输入湖泊中的有机质数量。因此，这些长链部分的脂肪烃可以进一步区别为不同的来源。

在沉积有机质、原油和煤中，已检测出的类异戊二烯烷烃分布十分广泛。叶绿素的植醇侧链是≤C_{20} 的类异戊二烯结构的主要来源，其中姥鲛烷和植烷形成于不同的地球化学环境。叶绿素的植烷基侧链，在微生物作用下分解形成植醇；在强还原条件下，加氢形成二氢植醇，然后加氢脱羟基形成植烷（Ph）；而在氧化条件下，植醇氧化为植烷酸，然后脱羧基加氢形成姥鲛烷（Pr）。因此，沉积物中 Pr 和 Ph 的相对含量可以标志原始有机质形成的氧化还原环境。淡水环境中，Pr/Ph≈1；而淡水-半咸水环境中，Pr/Ph＞1；在高盐环境沉积物中，Pr/Ph 值异常低或植烷的优势异常高，可能代表着甲烷成因菌和喜盐细菌的输入，或高盐度强还原的沉积环境。

甾醇及其衍生物是重要的古环境生物标志化合物。一般的，浮游生物以 C_{27} 和 C_{28} 甾醇为主，浮游植物常含有丰富的 C_{28} 甾醇（但硅藻中 C_{27}、C_{28} 和 C_{29} 甾醇的含量接近），而浮游动物常含有丰富的 C_{27} 甾醇，特别是胆甾醇。相反，高等植物中的甾醇主要是 C_{29}，真菌含有 C_{27}～C_{29} 甾醇，常以 C_{28} 的麦角甾醇为主。C_{27} 和 C_{29} 甾醇的相对含量可以反映海相和湖泊沉积物中藻类和高等植物的贡献。

长链不饱和酮类已应用于古海水温度的研究。微生物培养实验已证明，长链不饱和酮的产生与赫胥黎颗石藻的生长温度直接相关。这种藻是目前在开阔海域中长链不饱和酮唯一已知的生物源。Brassell 等（1986）根据对宽纬度内第四纪沉积物中，长链不饱和酮的不饱和指数（U_{37}^{K}）与上覆海水表面温度（SST）之间的相关研究，得出

$$U_{37}^{K} = 0.033 \times \mathrm{SST} + 0.043 \tag{3.2}$$

这一较好的线性关系式。

对加利福尼亚圣巴巴拉盆地层状沉积物的研究揭示了 20 世纪的气候变化，说明可以用不饱和酮的不饱和指数来研究厄尔尼诺事件。不饱和酮地层学正在迅速发展成一个极为重要的重建海面古温度的工具。尤其是它已经把古气候研究的范围延伸到了因缺少碳酸盐而无法完成 $\delta^{18}O$ 和有孔虫分析的沉积物环境。

研究木质素的氧化降解产物如芳香醛、酮、酸类的分布与结构，可以鉴别木质素与非木质素、被子植物和裸子植物的输入，从而提供古植被信息。

关于氨基酸在古环境研究中的应用，下面单独介绍。

3.4.2　利用氨基酸测定地质年龄和古温度

氨基酸在化石中被发现，后来 Hare 等（1968）指出，地质上有可能利用其外消旋反应来测定地质年龄。美国加州大学斯 Scripps 海洋研究所的 Bada 等（1979）系统研究了利用氨基酸测定地质年龄和古温度的课题。

自然界中已发现有 200 多种氨基酸，分布广泛的有 20 多种。氨基酸是地质体中较稳定的一种有机物，在沉积物、沉积岩、海洋、大气、陨石和土壤中都发现其存在。

旋光性或光学活性是指某物质具有使所通过光的偏振面发生向左或向右（逆时针或顺时针）旋转一个角度的性质。具有旋光性的有机物的分子结构特征是含有连接 4 个不相同基团的碳原子，称其为不对称碳原子或手性碳原子，并以 C^*表示。例如 2-氨基丙酸，因为饱和碳原子所连 4 个基团位于四面体的 4 个顶点方向，因而存在两种空间相对位置，分别称为 D 型、L 型，如图 3.11 所示。这两种空间构型分子的物质的旋光角度相同，方向相反，是旋光异构体或光学异构体。二者的等量混合物彼此旋光性能相抵消，称为外消旋体。

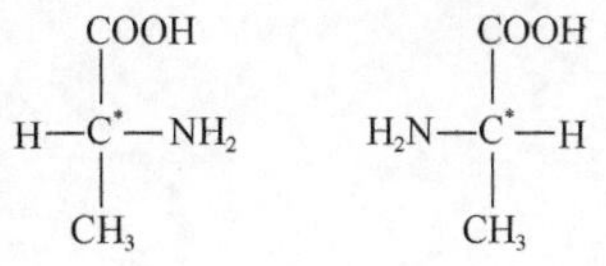

D型	L型
COOH	COOH
|	|
$H—C^*—NH_2$	$H_2N—C^*—H$
|	|
CH_3	CH_3

图 3.11　不对称碳与旋光异构体

石油中存在氨基酸，是石油为有机成因的重要证据之一。经研究发现，生物产出的氨基酸皆为 L 型结构，但随着时间推移，逐渐向 D 型转化，直至形成等量的 D 型和 L 型氨基酸混合物为止，从而失去旋光性能，这种现象称为外消旋作用。外消旋作用是一级反应，即反应速率与反应物浓度成正比。以[L]、[D]分别表示 L 型、D 型某氨基酸的浓度，则反应速率为

$$-\mathrm{d}[\mathrm{L}]/\mathrm{d}t = k_{\mathrm{L}}[\mathrm{L}] \tag{3.3}$$

式中，k_{L}为 L 型氨基酸的一级反应速率常数，是温度的函数，由阿伦尼乌斯公式 $k = A\cdot \mathrm{e}^{-E_a/(RT)}$ 所描述，其中，A 为待测常数，R 为摩尔气体常数，T 为热力学温度，E_a 由氨基酸种类和取样地质体而定。

因此，可利用氨基酸的外消旋程度测定其所经历的时间和样品形成温度。经数学处理，可得外消旋程度（$[\mathrm{D}]/[\mathrm{L}]$表示）所相应经历的时间 t 为

$$t = \frac{1}{k_{\mathrm{L}}}\ln(1+[\mathrm{D}]/[\mathrm{L}]) \tag{3.4}$$

显然，一级反应开始时刻，$[\mathrm{D}]/[\mathrm{L}]=0$，$t$=0；反应达平衡时，$[\mathrm{D}]/[\mathrm{L}]=1$，

$t=\dfrac{\ln 2}{k_L}$。已知某氨基酸的 k_L 值，只要测得地质体中某氨基酸的 D 型和 L 型的浓度比，即可求出该地质体的年龄。利用阿伦尼乌斯公式则可求出该地质体形成时的温度 T，即古温度：

$$\ln k=\ln A-E_a/(RT) \tag{3.5}$$

一般将达到[D]/[L]=0.33 所需经历的时间称为半外消旋期。在 0℃时几种氨基酸的半外消旋期有下列次序：

天门冬氨酸＜丙氨酸≈谷氨酸＜异亮氨酸≤缬氨酸

4×10^5a　　1×10^6a　　5×10^6a

现在用于测年的主要是天门冬氨酸和异亮氨酸，它们为第四纪年代学提供了测年手段。如果时代再老，比如到中新世，则化石中氨基酸的外消旋作用已经完成，不能再用于测年。天门冬氨酸的有效测年范围为 1×10^4～10×10^4a，样品用量一般为 200mg。

由于深海环境具有稳定的温度，尤其适合于利用氨基酸进行地质年龄和古温度的测定。

思考题

1. 说明有机物的来龙去脉。如何判断其来源为海洋内部还是陆地？
2. 陆源和海源有机物有什么区别？
3. 成岩阶段有哪些特点？
4. 试述沉积物中有机质的演化史及其各阶段的特点。
5. 海洋油气生成需要哪些条件？
6. 什么叫生物标志化合物？地质体中有哪些生物标志化合物？
7. 生物标志化合物为什么能标志古环境？

第4章 同位素海洋地球化学

原子核内质子数相同而中子数不同的一类原子称为同位素。它们位于元素周期表中的同一位置。同位素可分为稳定同位素和放射性同位素两种。放射性同位素的原子核是不稳定的，它通过自发地放出粒子而衰变成另一种同位素。稳定同位素是不具有放射性的同位素，其中一部分是由放射性同位素通过衰变后形成的稳定产物，称为放射成因同位素，如 ^{87}Sr 是由放射性同位素 ^{87}Rb 衰变而来的；另一部分是天然的稳定同位素，是原子核合成以来就保持稳定，迄今为止还未发现它们能够自发衰变形成其他同位素，如氢同位素（^{1}H 和 ^{2}H）、氧同位素（^{16}O 和 ^{18}O）、碳同位素（^{12}C 和 ^{13}C）等。自然界中共有1700余种同位素，其中稳定同位素有260余种。

作为计时剂和示踪剂的放射性同位素，广泛应用于沉积地层、铁锰结核和生物介壳测年、沉积速率测定、海洋循环、洋盆历史、各种组分输入输出通量以及生物对沉积层的扰动作用等的研究中，而稳定同位素对于物质来源、演化、古气候、古海洋以及地质历史研究具有重要意义，二者都在海洋地球化学研究中得到了广泛的应用。

4.1 放射性同位素衰变原理及分析方法

不稳定的原子会自发地射出粒子和能量，而转变为另一种原子，这一过程称为放射性衰变。发射出粒子和能量的现象称为放射性。各种不稳定原子的衰变有几种不同的方式，一些原子可以同时以2～3种方式衰变，多数原子则以一种特有的方式衰变。衰变的结果是原子核的质子数和/或中子数发生变化，从某一元素的同位素（母体）转变为另一元素的同位素（子体）。子体同位素如果仍是放射性的，则将进一步衰变，直至转变为稳定的原子为止。

4.1.1 放射性衰变方式

α 粒子由 2 个质子和 2 个中子组成，带电荷+2，即氦原子核${}_{2}^{4}\mathrm{He}$。放射出 α 粒子这种衰变方式称为 α 衰变。α 衰变发生在原子序数等于或大于 58（Ce）的核素（同位素）和${}_{2}^{6}\mathrm{He}$、${}_{3}^{5}\mathrm{Li}$、${}_{4}^{6}\mathrm{Be}$上。例如，

$$ {}_{92}^{238}\mathrm{U} \longrightarrow {}_{90}^{234}\mathrm{Th} + {}_{2}^{4}\mathrm{He} + Q $$

式中，Q 代表衰变能。

β^- 衰变发射出带负电的β^-粒子（电子）和中微子（ν），并伴以 γ 射线的辐射能。相当于 1 个中子转变为 1 个质子和 1 个电子。例如，

$$ {}_{19}^{40}\mathrm{K} \longrightarrow {}_{20}^{40}\mathrm{Ca} + \beta^- + \bar{\nu} + Q $$

式中，$\bar{\nu}$为反中微子。

β^+衰变发射出带正电的电子，相当于母体的 1 个质子转变为 1 个中子、1 个正电子和 1 个中微子。

电子捕获衰变是母体捕获 1 个核外电子，减少 1 个质子，形成 1 个中子（${}_{0}^{1}\mathrm{n}$）的衰变。例如，

$$ {}_{19}^{40}\mathrm{K} + \mathrm{e} \longrightarrow {}_{18}^{40}\mathrm{Ar} + {}_{0}^{1}\mathrm{n} + Q $$

这一反应在地球化学中，有钾-氩计时方面的应用。

核裂变。用中子、质子、氘、α 粒子、γ 射线、X 射线轰击${}_{92}^{235}\mathrm{U}$、${}_{92}^{238}\mathrm{U}$或${}_{90}^{232}\mathrm{Th}$，可以引发这些同位素的裂变，许多其他重元素原子，也能通过高能量（50～450 MeV）的原子核粒子轰击而诱变裂变。核裂变产生两种核素，并发射出 α 粒子、中子和约 200MeV 能量。当可裂变的核素浓度足够高时，可导致像超新星或原子弹那样的热核爆炸。

上述衰变方式中，子体与母体的质量数相同而原子序数不同的衰变类型，称为同量异位衰变。该类型中的衰变母体与子体是同量异位素，如${}_{19}^{40}\mathrm{K}$和${}_{18}^{40}\mathrm{Ar}$。一种放射性原子同时衰变为两种稳定子体原子的衰变类型，称为分支衰变。例如，${}_{19}^{40}\mathrm{K}$可部分地β^-衰变为${}_{20}^{40}\mathrm{Ca}$，同时部分地电子捕获衰变为${}_{18}^{40}\mathrm{Ar}$。

4.1.2 放射性衰变定律

1. 放射性母体衰变为稳定子体

放射性母体核素衰变为稳定子体核素的衰变速率，在任意时刻（t）都与放射性原子数目（N）成正比：

$$ -\mathrm{d}N / \mathrm{d}t = \lambda N \tag{4.1} $$

式中，λ 为衰变常数。若 $t = 0$ 时，母体原子数为 N_0，则

$$ N = N_0 \mathrm{e}^{-\lambda t} \tag{4.2} $$

放射性母体原子数衰变一半（$N=N_0/2$）所经历的时间，称为半衰期（$T_{1/2}$）。可得

$$T_{1/2} = \frac{\ln 2}{\lambda} \tag{4.3}$$

$T_{1/2}$ 越大，或 λ 越小，表示母体衰变所经历的时间越长。

放射成因子体原子的数目（D^*）应等于衰变掉的放射性母体原子的数目：

$$D^* = N_0 - N \tag{4.4}$$

及

$$D^* = N_0(1-e^{-\lambda t}) = N(e^{\lambda t}-1) \tag{4.5}$$

如果体系中 $t=0$ 时，子体原子数为 D_0，则 t 时刻子体原子总数为

$$D = D_0 + D^* = D_0 + N(e^{\lambda t}-1) \tag{4.6}$$

该方程是同位素地质学的基础。若 D_0 已知，则通过测定体系中目前的母体及子体的各自原子总数，可求得体系封闭以来所经历的时间 t 为

$$t = \frac{1}{\lambda}\ln\left(\frac{D D_0}{N}+1\right) \tag{4.7}$$

2. 衰变系列

一些放射性母体（如 ^{238}U 等）的直接衰变子体仍是放射性的，该放射性子体的衰变速率是其从母体衰变而来的产率与其自身衰变速率之差：

$$dN_2 / dt = \lambda_1 N_1 - \lambda_2 N_2 \tag{4.8}$$

式中，N_1、λ_1 及 N_2、λ_2 分别是在 t 时刻时母体及子体的原子数目、衰变常数。

对于很大的 t 值，并且 $\lambda_1 \ll \lambda_2$（铀衰变系列即如此），有

$$N_1 / N_2 = \lambda_2 / \lambda_1 \text{ 或 } \lambda_1 N_1 = \lambda_2 N_2 \tag{4.9}$$

式（4.9）称为长期平衡条件，这时子体衰变速率等于母体衰变速率，体系达到了放射性平衡。

由于铀系这样的衰变系列，各衰变常数满足 $\lambda_1, \lambda_2, \lambda_3, \cdots, \lambda_n$ 条件，经过足够长的时间，可达到长期平衡条件：

$$\lambda_1 N_1 = \lambda_2 N_2 = \lambda_3 N_3 = \cdots = \lambda_n N_n$$

最终衰变产生的稳定子体数为

$$D^* = N_0 - N_1 - N_2 - N_3 - \cdots - N_n \tag{4.10}$$

代入 $N_2 = \frac{\lambda_1}{\lambda_2} N_1, N_3 = \frac{\lambda_1}{\lambda_3} N_1, \cdots, N_n = \frac{\lambda_1}{\lambda_n} N_1$，则

$$D^* = N_0 - N_1\left(1 - \frac{\lambda_1}{\lambda_2} - \frac{\lambda_1}{\lambda_3} - \cdots - \frac{\lambda_1}{\lambda_n}\right) \tag{4.11}$$

式中，$\lambda_1 / \lambda_2, \lambda_1 / \lambda_3, \cdots, \lambda_1 / \lambda_n$ 都远远小于 1，所以

$$D^* \approx N_0 - N_1 = N_0(1-e^{-\lambda_1 t}) = N_1(e^{\lambda_1 t}-1) \quad (4.12)$$

这意味着，长期平衡下积累起来的放射成因子体的数目，可以当作初始母体直接衰变为稳定子体来对待。在达到放射性平衡后，母体衰变的原子数就等于最终稳定子体生成的原子数，与其所经历的中间衰变过程无关。

4.1.3 放射性同位素分析程序和方法

各种放射性核素的分析方法都是成熟的。该程序和方法同样适用于放射性废液排放控制区周围的放射性核素的测定，包括 ^{60}Co、^{65}Zn、^{89}Sr、^{90}Sr、^{95}Zr、^{95}Nb、^{103}Ru、^{106}Ru、^{134}Cs、^{137}Cs、^{141}Ce、^{144}Ce。放射生态研究中低水平放射性核素分析的一般程序和方法如图 4.1 所示，测定的放射性核素包括 ^{90}Sr、^{137}Cs、^{144}Ce、^{60}Co、^{65}Zn 等。

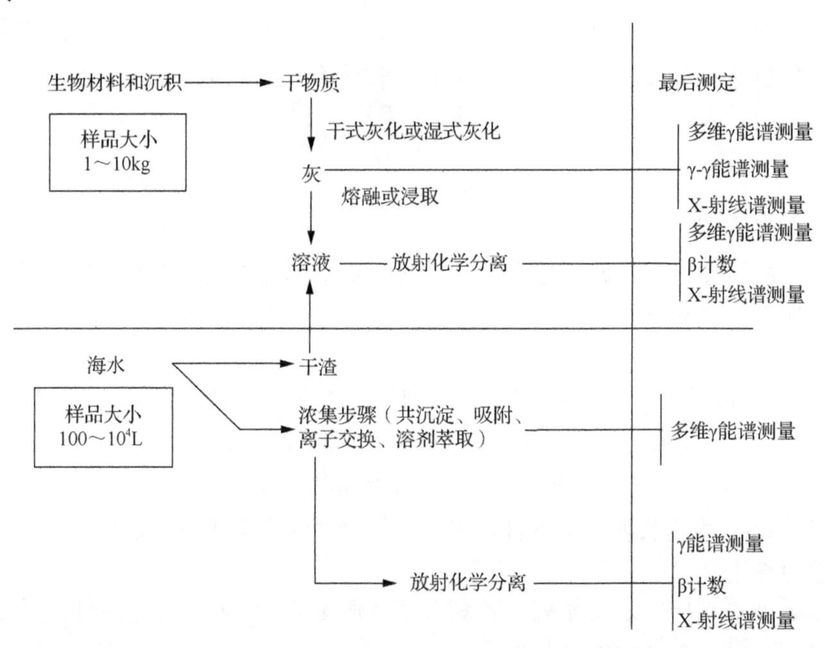

图 4.1 放射生态研究中低水平放射性核素分析的一般程序和方法

我国海洋监测规范中对若干放射性核素的分析方法作了具体的规定，如表 4.1 所示。放射性核素的放射性单位往往用放射性活度或居里表示，其换算单位关系如表 4.2 所示。

表 4.1 放射性核素分析方法

项目	分析方法	方法适用范围	探测限（水）/(Bq/dm^3)
^{90}Sr	HDEHP 萃取-β 计数法	水、生、沉	1.8×10^{-3}
	离子交换-β 计数法	水、生、沉	2.2×10^{-3}

续表

项目	分析方法	方法适用范围	探测限（水）/(Bq/dm^3)
^{137}Cs	磷钼酸铵-碘铋酸铯-β 计数法	水、生、沉	3.7×10^{-3}
	亚铁氰酸铜-硅胶现场富集-γ 能谱法	水	1.0×10^{-3}
^{60}Co	离子交换-萃取-电沉积法	水、生、沉	2.2×10^{-3}
^{106}Ru	四氯化碳萃取-镁粉还原-β 计数法	水、生、沉	3.0×10^{-3}
^{144}Ce	氢氧化铁沉淀-HDEHP①萃取-β 计数法	水	5.0×10^{-4}
^{2}H	电解富集-液体闪烁计数法	水	—
	碳式电解富集-液体闪烁计数法	水	—
^{226}Ra	硫酸钡镭沉淀-α 计数法	水、生、沉	7.0×10^{-4}
^{238}U	TRPO②萃取-Br-PADAP③分光光度法	水、生、沉	1.0×10^{-7}
钍	N-235 萃取-偶氮胂Ⅲ分光光度法	沉	—
总 β	铁明矾-氯化钡法（直接铺样法）	水（生、沉）	—
^{239}Pu	离子交换-电沉积-α 能谱法	生、沉	—
联测	^{90}Sr 和 ^{137}Cs	水	—
	^{54}Mn、^{60}Co、和 ^{65}Zn	水、生、沉	—
	^{238}U、^{232}Th 和 ^{226}Ra	生、沉	—
	^{54}Mn、^{59}Fe、^{60}Co 和 ^{65}Zn	水、生、沉	—

注：水、生、沉分别表示海水、海洋生物、海底沉积物。

① HDEHP 为二（2-乙基已基）磷酸酯。

② TRPO 为三烷基氧膦。

③ PADAP 为二甲基氨基酚。

表 4.2　放射性单位换算表

放射性强度单位	与 dpm 换算关系	与 dps 换算关系	与 Bq 换算关系
居里（Ci）	$1Ci=2.22\times10^{12}dpm$	$1Ci=3.70\times10^{10}dps$	$1Ci=3.70\times10^{10}Bq$
微居里（μCi）	$1\mu Ci=2.22\times10^{6}dpm$	$1\mu Ci=3.70\times10^{4}dps$	$1\mu Ci=3.70\times10^{4}Bq$
皮居里（pCi）	$1pCi=2.22dpm$	$1pCi=3.70\times10^{-2}dps$	$1pCi=3.70\times10^{-2}Bq$
氚单位（TU）	$1TU=7.2dpm$	$1TU=0.12dps$	$1TU=0.12Bq$

4.2　海洋中放射性同位素来源

海洋环境中放射性同位素有多种来源，来自大气的有 ^{5}Be、^{3}H、^{32}Si、^{14}C、^{26}Al、^{10}Be、^{210}Pb 等，多具有宇宙成因，随降水降落地表和海洋，并通过水柱最终进入海底沉积物。陆源放射性同位素由于岩石风化作用，通过地表径流输送入海，最终也会进入海底沉积物。同时自海底玄武岩、海底沉积物及海底喷口，也可释放放射性同位素到海水中。

陆源放射性同位素向海洋的输入通量可这样估计：世界范围内的河水通量为 $3.23\times10^{16}\sim3.65\times10^{16}$L/a，大洋底总面积为 3.6×10^{18}cm^2，并取河水通量为 3.6×10^{16}L/a，则每年进入每平方厘米海底的河水为 10cm^3；又据文献报道，世界河流的平均溶解铀浓度约为 0.3μg/L，则可算出河流向海洋的铀输入通量为 3μg/(cm$^2\cdot10^3$a)（王文建等，1992）。^{238}U 在海洋中的浓度实际上为常数，即在盐度 35 时为 3.3μg/L。对于河流，任何组分都可按此方式由浓度换算为通量。

放射性同位素通过水柱进入沉积物的途径：或者先为生物所摄取，如 ^{14}C、^{32}Si，生物死亡后，随生物介壳沉向海底；或者为颗粒物质所吸附，然后共同沉向海底，如 ^{232}Th、^{210}Pb 等。海洋，特别是河口和近海地区，富含胶体，胶体吸附对于放射性同位素向海底的输送具有重要意义。

海洋环境中天然放射性核素来自宇宙射线辐射与大气中氮和氧相互作用而产生的氚、^{14}C 及原生的 ^{40}K、^{87}Rb 和以 ^{238}U、^{232}Th 为首的三个放射系。海洋中的氚还来自 ^{235}U 和 ^{239}Pu 重核裂变的产物，反应堆冷却剂和慢化剂中 ^{2}H、^{6}Li、^{10}B 的热中子活化产物及轻核氘的聚变产物；宇宙射线产生的 ^{14}C 溶于海水碳酸氢盐中，海洋中 ^{14}C 还来自反应堆中石墨或 CO_2 中 ^{13}C 的热中子活化产物；海水中放射性 ^{40}K 总放射性的绝大部分，其体积浓度约为 300μμCi/dm^3（1A=1μμCi/dm^3），世界上天然 ^{14}C 的储存量估计为 51t，其中 90%以上存在于海洋中；天然放射性的铀、钍、镭研究资料较多，海洋中铀的体积浓度不高，为 $2\times10^{-6}\sim3.7\times10^{-6}$g/dm^3，海水中 ^{234}U/^{238}U 放射性比值为 1.15±0.05，深海底含 $CaCO_3$ 的沉积物中 ^{234}U/^{238}U 平均放射性比值为 0.925±0.06；海洋中钍同位素（^{238}Th、^{232}Th、^{230}Th）含量通常极低，由于 ^{232}Th 的半衰期（1.41×10^{10}a）较长，因此，它在钍同位素中的丰度最高，太平洋海水中 ^{232}Th 的体积浓度为 $5\times10^{-10}\sim5\times10^{-8}$g/dm^3，平均值为 2.2×10^{-9}g/dm^3，海水中 ^{228}Th/^{232}Th 的放射性比值为 1.8～36，^{230}Th/^{232}Th 则为 0.5～5.4；海洋中镭的体积浓度变化范围为 $0.2\times10^{-10}\sim1.6\times10^{-13}$g/dm^3，镭同位素中，半衰期较长的有 ^{226}Ra（1622a）和 ^{228}Ra（6.7a），在海洋表层水中 ^{226}Ra 的体积浓度低且相对稳定，其值为 0.05μμCi/dm^3；^{222}Rn 为 ^{226}Ra 的衰变产物，是一种放射性稀有气体；海洋环境中 ^{210}Pb 及其衰变产物 ^{210}Po 主要来自 ^{222}Rn，^{210}Pb 半衰期为 138.4d。

海洋环境中人工放射性核素的裂变产物主要有 ^{90}Sr、^{137}Cs、^{144}Ce、^{95}Zr、^{95}Nb、^{106}Ru、^{131}I、^{85}Kr 等，是核武器试验、核电站及核燃料的产物。表层海水中 ^{90}Sr 的体积浓度为 0.07～0.71μμCi/dm^3，^{137}Cs 的体积浓度为 0.11～1.10μμCi/dm^3。

海洋环境中人工放射性核素的活化产物有 ^{33}P、^{35}S、^{45}Ca、^{51}Cr、^{54}Mn、^{60}Co、^{65}Zn 等，主要来源于沿海地区核电站及核潜艇反应堆冷却水的大量排放。与裂变产物相比，这些核素的半衰期短、毒性低。从 20 世纪 40 年代中期开始，随着原子能工业的发展，核燃料后处理工厂、核电站和核潜艇反应堆产生的大量低水平放射性废水排放到海洋，放射性固体废弃物深海处理，以及苏联、美国在大气层和海上曾进行数百次核武器试验，给全球海洋带来显著的人工放射性污染。核电站事故时有发生，1979年美国三里岛核电站核泄漏事件，1986年乌克兰切尔诺贝利核电站核泄漏事故，以及2011年3月日本福岛核电站核泄漏事故，都对海洋造成严重污染。

我国科研部门自1970年以后陆续开展了海洋放射性核素的调查研究，如总β强度测定，U、Ra、Th、^{40}K、^{137}Cs、^{90}Sr等含量测定及其有关研究。我国部分海域放射性总β强度列于表4.3。

表4.3　中国部分海域放射性总β强度　（单位：Bq/kg）

项目	海水		沉积物	
	范围值	平均值	范围值	平均值
渤海	81.08～97.30	86.49	100.00～151.35	118.92
东海	51.35～202.70	83.78	40.54～100.00	70.27
南海	43.24～154.05	59.46	148.65～489.19	191.89
胶州湾	11.61～171.45	58.32	—	—
海州湾	35.10～131.22	66.69	—	—
厦门港	37.84～89.19	48.65	86.49～143.24	108.11

渤海海水放射性总β强度平均值高于东海，东海高于南海；沉积物中放射性总β强度平均值东海最低（70.27Bq/kg），南海最高（191.89Bq/kg）；南海沉积物中放射性总β强度远高于海水；渤海与东海的沉积物与海水放射性总β强度相差较小。

4.3　放射性同位素测年

4.3.1　测年同位素体系及条件

（1）常用的测年同位素体系。

放射性同位素地质年龄测定原理，即上述放射性衰变定律。目前，地质上常用的测年同位素体系主要有Rb-Sr、Sm-Nd等，如表4.4所示。

（2）放射性同位素测年的条件。

放射性同位素测年的条件主要有：①应保持封闭体系。自岩石或矿物形成后，没有因后期地质作用（如变质、热液蚀变、风化等）的影响而发生母体、子体同位素的带入或迁出。②用作年龄测定的放射性母体同位素的半衰期应与所测地质体的年龄大致相当，并且半衰期和衰变常数已知或能精确测定。③必须准确知道放射性母体同位素的相对丰度，并有精确测定岩石或矿物中母体、子体同位素含量的实验室方法。④必须准确知道或能有效校正岩石或矿物形成时，就已经存在的子体同位素的初始含量。

表 4.4 地质上常用的放射性测年同位素体系及其衰变常数 λ

母体同位素	子体同位素	λ/a^{-1}
^{87}Rb	^{86}Sr	1.42×10^{-11}
^{147}Sm	^{143}Nd	6.54×10^{-12}
^{238}U	^{206}Pb	1.55125×10^{-10}
^{235}U	^{207}Pb	9.8485×10^{-10}
^{232}Th	^{208}Pb	0.49475×10^{-10}
^{40}K	^{40}Ar	5.81×10^{-11}
^{40}K	^{40}Ca	4.962×10^{-10}
^{187}Re	^{187}Os	1.66×10^{-11}
^{176}Lu	^{176}Hf	1.94×10^{-12}
^{138}La	^{138}Ce	2.30×10^{-12}

1. 铀钍的系列衰变

铀钍系列衰变在自然界有 3 个衰变系，即 ^{238}U 系、^{235}U 系和 ^{232}Th 系。它们的衰变过程，即系列衰变如图 4.2 所示。图中“↓”表示α^-衰变，每经一次α^-衰变，核中质子和中子数各减少 2，质量数共减少 4，并转变为原子序数减少 2 的新同位素。“↗”代表β^-衰变，每经一次β^-衰变，核中有 1 个中子转变为质子，而质量数不变，并转变为原子序数增大 1 的新同位素。

由于 ^{238}U、^{235}U、^{232}Th 的半衰期比它们子体的半衰期长得多，即其衰变常数比子体的衰变常数小得多，符合建立长期平衡的条件，表 4.5 给出了应用于铀系测年的同位素半衰期及衰变常数。经过数百万年以上的地质时代，并且样品保持封闭体系，就能达到长期平衡状态：$\lambda_1 N_1 = \lambda_2 N_2 = \cdots = \lambda_n N_n$，即最终稳定子体的产率等于源头母体的衰变率，中间子体衰变过程可以忽略。因此，可将 ^{206}Pb、^{207}Pb、^{208}Pb 分别视为 ^{238}U、^{235}U、^{232}Th 的直接衰变产物来对待：

$$^{238}_{92}U \longrightarrow {}^{206}_{82}Pb + 8\,{}^{4}_{2}He + 6\beta^- + Q$$

$$^{235}_{92}U \longrightarrow {}^{207}_{82}Pb + 7\,{}^{4}_{2}He + 4\beta^- + Q$$

$$^{232}_{90}Th \longrightarrow {}^{208}_{82}Pb + 6\,{}^{4}_{2}He + 4\beta^- + Q$$

在实际测量中，测量的是母体及子体的（比）放射性活度。（比）放射性活度（A）指单位质量样品中放射性同位素在每分钟的衰变数，它与放射性同位素的浓度成正比。通常以放射性元素的（比）放射性活度代表其衰变速率。以 C 表示计数器的计数率，N_λ 为衰变速率，则有

$$A = C \cdot N_{\lambda} \tag{4.13}$$

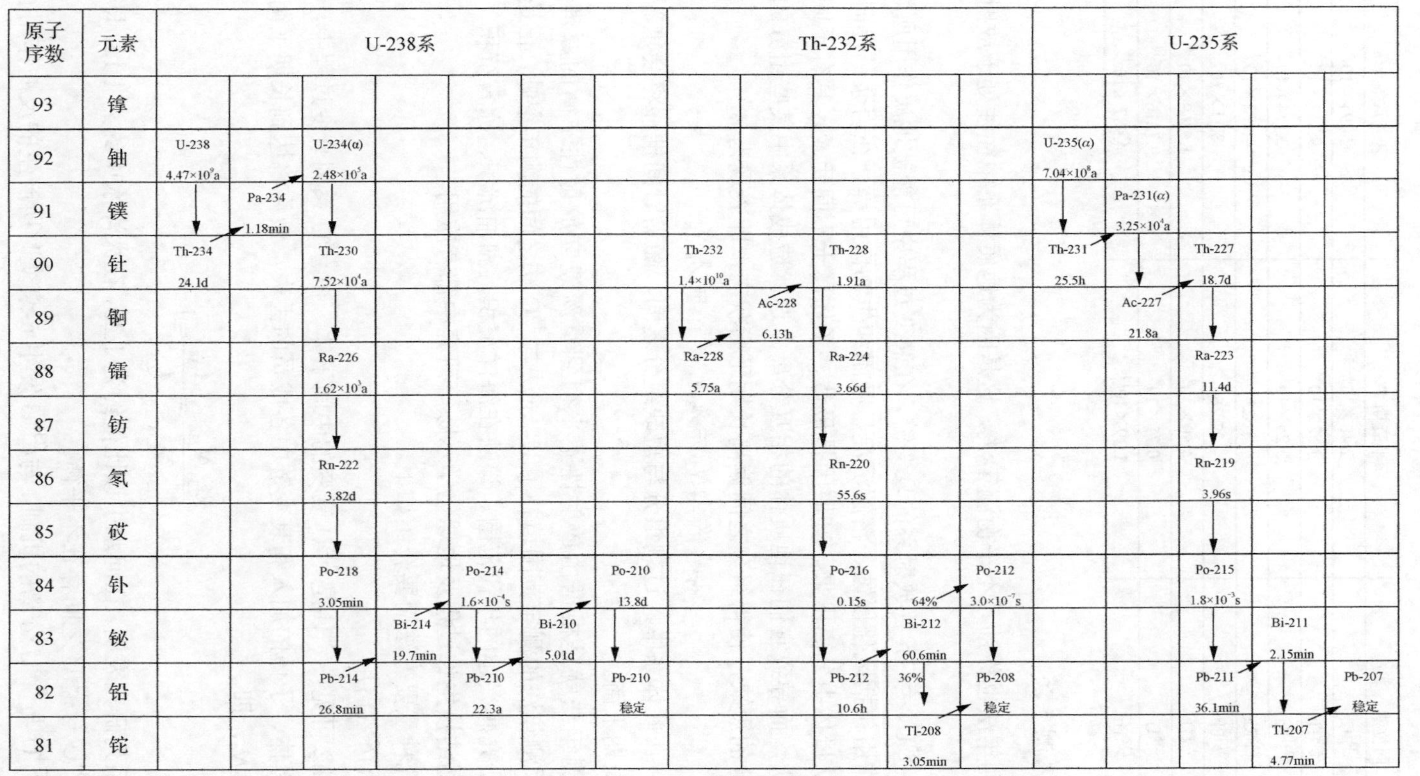

图 4.2　^{238}U、^{235}U 和 ^{232}Th 放射系

表 4.5 应用于铀系测年的同位素半衰期及衰变常数

同位素	半衰期 T/a	衰变常数 λ/a^{-1}
^{234}U	2.48×10^{5}	2.794×10^{-6}
^{230}Th	7.52×10^{4}	9.217×10^{-6}
^{231}Pa	3.25×10^{4}	2.134×10^{-5}
^{238}Ra	1622	4.272×10^{-4}
^{210}Pb	22.26	3.11×10^{-2}
^{238}U	4.50×10^{9}	1.5369×10^{-10}
^{235}U	0.71×10^{9}	9.7216×10^{-10}
^{232}Th	1.39×10^{10}	4.987×10^{-11}

2. 铀系测年法

铀系测年法也称铀系不平衡测年法。这是因为地质体系中往往处于放射性不平衡状态。

^{238}U、^{235}U、^{232}Th 各放射系的衰变链，在衰变过程中可能被地质作用所切断。这类地质作用包括风化侵蚀、溶解沉淀、吸附和生物作用等。在岩浆结晶时，也会有子体从母体中分离出来。其原因是母体、子体属于不同元素，具有不同的物理化学性质，而导致它们在地质体的相互分离。这就造成体系中某些组分的过剩和另些组分的短缺，使得组分之间偏离长期平衡状态，即表现为

$$\lambda_1 N_1 \neq \lambda_2 N_2 \neq \lambda_3 N_3 \neq \cdots \neq \lambda_n N_n$$

其次，在此体系中，过剩组分与短缺组分之间，随着时间推移将会重新建立起放射性长期平衡。

铀系测年法就是根据由放射性不平衡到重新建立放射性平衡的原理而设计的。铀系测年法的测年范围填补了 K-Ar 法与 ^{14}C 法之间的测年空缺，正是海洋地球化学研究感兴趣的年代范围。该法在海洋沉积、湖泊沉积、冰雪沉积、沉积速率、铁锰结核生长过程及地球化学示踪等研究中都有应用。

现对几种重要方法简要介绍如下。

1）$^{234}U/^{238}U$ 法

由图 4.2 可见，^{234}U 是 ^{238}U 衰变的中间子体。在 ^{238}U 系列衰变过程中，如果没有外来母体、子体的加入和衰变链中各成员的丢失，最终将达到长期平衡，这时 $\lambda_1 N_1 = \lambda_4 N_4$，即

$$\frac{\lambda_{234} N_{234}}{\lambda_{238} N_{238}} = \frac{A_{234}}{A_{238}} = 1 \qquad (4.14)$$

但一系列研究表明，在河水中该比值约为 1.20，在大洋水中约为 1.15，即 ^{234}U 有过剩，^{234}U 与 ^{238}U 之间存在不平衡。

造成 ^{234}U 与 ^{238}U 分离的机制，与 ^{238}U 发生 α-衰变时所产生的反冲作用有关。

由此，反冲作用使产生的直接子体 ^{234}Th 被逐出晶格，并可被矿物表面所吸附。此 ^{234}Th 通过短半衰期的 ^{234}Pa（1.18min）很快衰变为 ^{234}U。^{234}U 处氧化条件将被氧化为铀酰配阳离子 UO_2^{2+}或铀酰碳酸根配阴离子$[UO_2(CO_3)_3]^{4-}$进入液相。而占据矿物晶格位置的 ^{238}U 则较难脱离晶格。因此，不论地表水、地下水及大陆上的次生铀矿物其 $A(^{234}U)/A(^{238}U)$（A 指放射性活度）值一般都大于 1，而原生铀矿物的此值可能小于 1，溶于河水中的铀最终要进入海洋，并均匀化。已证明海水中此值的变化范围很窄，平均为 1.15。

自海水形成的碳酸盐介壳（如珊瑚）和碳酸盐沉积（如鲕状岩）也同样含有过剩 ^{234}U，并衰变为 ^{230}Th，如果该碳酸盐保持封闭状态，则最终将在 ^{234}U-^{238}U、^{230}Th-^{234}U 和 ^{234}Pa-^{235}U 等同位素对之间建立长期平衡，如图 4.3 所示。

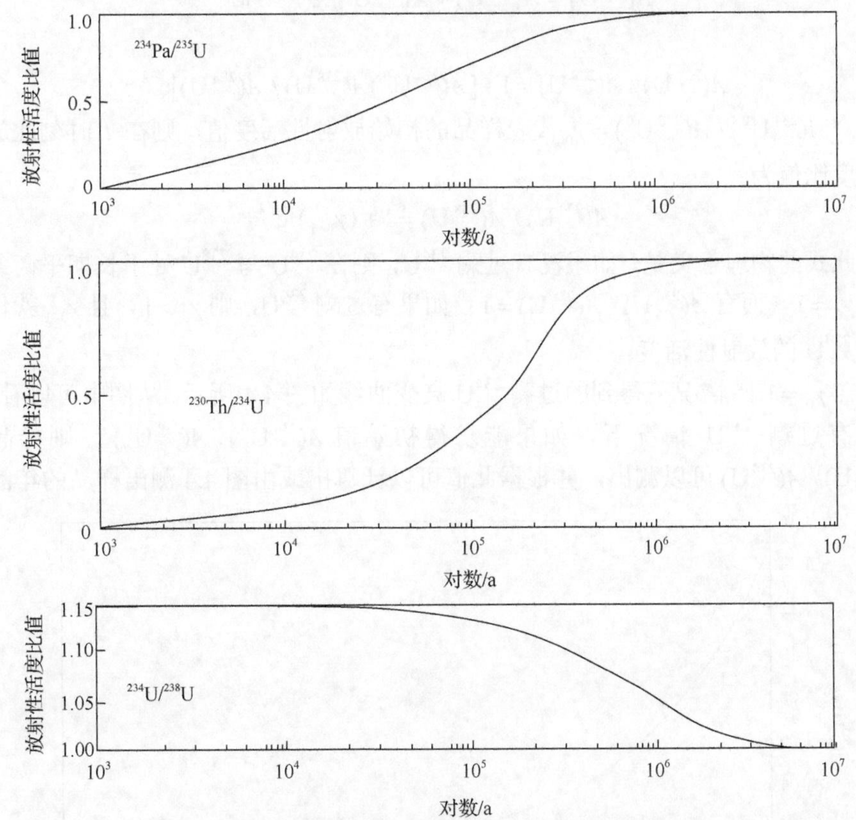

图 4.3 $A(^{234}U)/A(^{238}U)$ 封闭系统中 $^{234}Pa/^{235}U$、$^{230}Th/^{234}U$ 和 $^{234}U/^{238}U$ 放射性活度比值随时间变化关系（Broecker et al., 1968）

初始 $A(^{234}U)/A(^{238}U) = 1.15$ ，这对于海水中铀和海洋中生成的含铀矿物是特征性的。

对于封闭体系，碳酸盐中 ^{234}U 在 t 时刻的放射性活度 $A(^{234}U)$ 应等于来自母体

^{238}U 的“有供给”的 ^{234}U 放射性活度 $A(^{234}U_S)$ 与过剩的“断供给”的 ^{234}U 放射性活度 $A(^{234}U_X)$ 之和，即

$$A(^{234}U) = A(^{234}U_S) + A(^{234}U_X) \tag{4.15}$$

在碳酸盐中铀及其子体达到长期平衡条件下，将有

$$A(^{234}U_S) = A(^{238}U)$$

$$A(^{234}U_S) = A(^{234}U^0)A(^{234}U_S)e^{-\lambda_{234}t}$$

式中，$A(^{234}U^0)$ 为表层样品中 ^{234}U 放射性活度（初始值），$A(^{234}U^0)$ 与 $A(^{234}U_S)$ 之差即为过剩 $A(^{234}U_X^0)$（过剩 ^{234}U 放射性活度初始值），因此 $A(^{234}U) = A(^{234}U_S) + A(^{234}U_X)$ 可改写为

$$A(^{234}U) = A(^{238}U) + A(^{234}U^0)A(^{238}U)e^{-\lambda_{234}t}$$

或

$$A(^{234}U)/A(^{238}U) = 1 + [A(^{234}U^0)A(^{238}U)/A(^{238}U)]e^{-\lambda_{234}t}$$

令 $A(^{234}U^0)/A(^{238}U^0) = \gamma_0$ 代表样品的初始放射性活度值，则在 t 时刻此放射性活度比值为

$$A(^{234}U)/A(^{238}U) = 1 + (\gamma_{0-1})\ e^{-\lambda_{234}t}$$

此式的物理意义是，如果没有过剩 ^{234}U，则在 ^{234}U 与 ^{238}U 处于长期平衡条件下，$\gamma_0 = 1$，而有 $A(^{234}U)/A(^{238}U) = 1$；如果有过剩 ^{234}U，则 $\gamma_0 > 1$，且 γ_{0-1} 就代表过剩 ^{234}U 的放射性活度。

在 $\gamma_0 = 1.15$ 情况下得到的过剩 ^{234}U 衰变曲线如图 4.4 所示。从图中可以看出，在含有过剩 ^{234}U 情况下，如果能求得初始值 $A(^{234}U^0)/A(^{238}U^0)$，则样品中 $A(^{234}U)/A(^{238}U)$ 可以测出，并根据此值可以计算出或由图 4.4 测出样品的年龄。

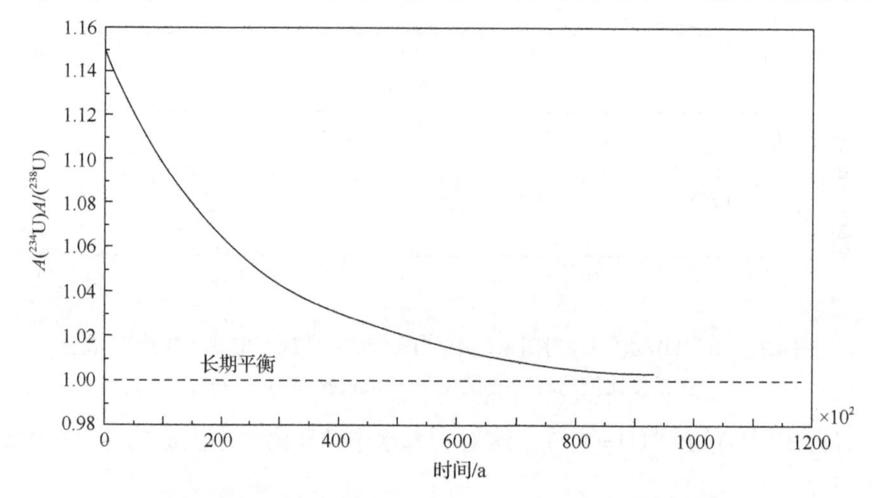

图 4.4 过剩 ^{234}U 通过衰变趋于和 ^{238}U 建立长期平衡

$^{234}U/^{238}U$ 法已用于测定海洋和非海洋的碳酸盐（生物和非生物成因的）年龄，特别对于珊瑚测年最为成功，此法也作为示踪剂用于研究水团之间的混合过程等。一般来说，用 $^{234}U/^{238}U$ 法测得的年龄精确度不够高。

对于不含初始 ^{230}Th 的体系（如珊瑚和鲕状岩），以 $A(^{234}U)/A(^{238}U)$ 对 $A(^{230}Th)/A(^{234}U)$ 作图，如图4.5所示，可借以得到唯一的年龄数值。

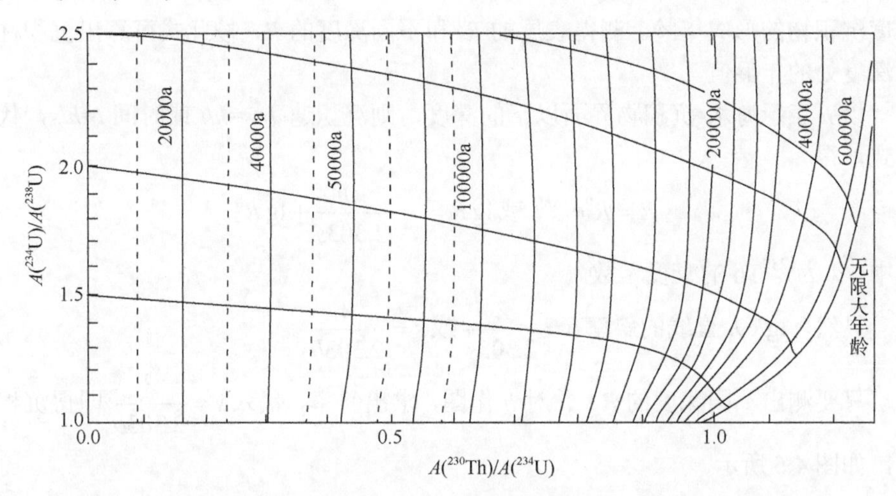

图4.5　$A(^{234}U)/A(^{238}U)$ 与 $A(^{230}Th)/A(^{234}U)$ 的关系（Kaufman，1986）

竖向曲线代表等时线，横向曲线代表具有不同 $A(^{234}U)/A(^{238}U)$ 初始值和不含 ^{230}Th 的样品放射性活度比值的变化

2）$^{230}Th/^{232}Th$ 法

^{230}Th 由 ^{238}U 衰变而来，其直接母体为 ^{234}U，其直接子体为 ^{226}Ra。由于 ^{230}Th 与其母体U属于不同元素，化学性质不同，在海洋环境中二者易于发生分离。如前述，UO_2^{2+}或$[UO_2(CO_3)_3]^{4-}$易溶于海水中，铀在海水中的停留时间长（5×10^5a），在海水中的丰度比在岩石圈中的高；Th氧化数为+4，易为颗粒物质所吸附而自海水移出，进入沉积物，在海水中的停留时间短（几十年），在悬浮物浓度很高的海岸带更易被吸附、“清扫”，停留时间更短。

在进入沉积物的钍中，除同位素 ^{230}Th 外，就是 ^{232}Th，其余的同位素半衰期都极短，无法保存。^{230}Th 和 ^{232}Th 的半衰期分别为 7.5×10^4a 和 1.39×10^{10}a，两个数值相差6个量级。因此在海洋沉积柱的形成时限内，可认为 ^{232}Th 的数量保持不变，而 ^{230}Th 则随时间推移在逐渐减少，所以可将 $A(^{230}Th)/A(^{232}Th)$ 作为测时计，以测定海洋沉积物和海洋自生矿物的年龄测定沉积和矿物生长的速率。测定前提是：①近几十万年来近海底水的 $A(^{230}Th)/A(^{232}Th)$ 保持恒定，且沉积速率不变；②没有沉积后的 ^{230}Th 和 ^{232}Th 的带入、迁出；③在分析中，没有晶格中Th的参与（即只提取吸附态 ^{230}Th 和 ^{232}Th）。

在分析时，用热盐酸提取沉积物中被吸附的 Th，纯化后，测定 ^{230}Th 与 ^{232}Th 放射性活度比值，即 $A(^{230}\mathrm{Th})/A(^{232}\mathrm{Th})$，以 R 表示；海水-沉积界面上新鲜沉积物的放射性活度比值以 R^0 表示，即 $R^0 = A(^{230}\mathrm{Th}^0)/A(^{232}\mathrm{Th}^0)$，则

$$R = R^0 \mathrm{e}^{-\lambda_{230} t}$$

式中，λ_{230} 为 ^{230}Th 的衰变常数（9.217×10^{-6}/a）；R 为沉积柱某一深度的 R；t 为该深度沉积物的形成年龄。测得表层的 R^0 和不同深度的 R，按此式可算出沉积柱不同深度处的年龄值。

以 h 表示海水-沉积物界面以下的深度，则沉积速率 $s=h/t$ 或时间 $t=h/s$，代入上式，得

$$R = R^0 \mathrm{e}^{-\lambda h/s} \text{ 或 } \lg R = -\frac{\lambda h}{2.303s} + \lg R^0$$

式中，λ 为 ^{230}Th 的衰变常数。

显然，$\lg R$-h 直线的斜率 $b = \dfrac{\lambda}{2.303s}$ 或 $s = \dfrac{\lambda}{2.303b}$。

只要测出不同深度的 R，并对 h 作图，求出斜率，代入 $s = \dfrac{\lambda}{2.303b}$ 即得沉积速率，如图 4.6 所示。

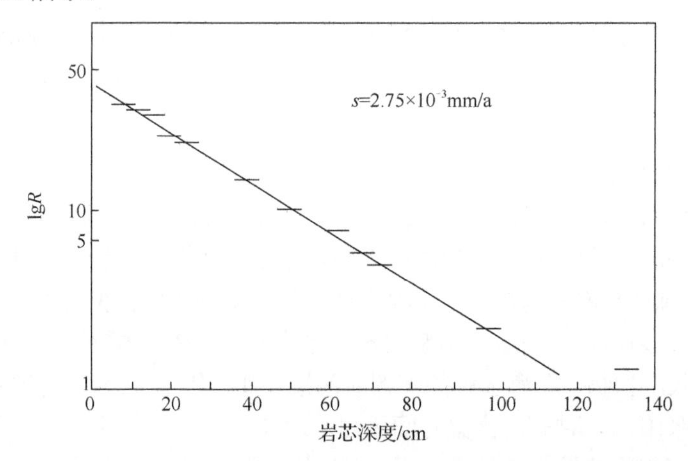

图 4.6 印度洋（73°05′E，14°27′S）活塞岩芯 lg$R$ 与岩芯深度的关系（Goldberg et al.，1963）
顶部 6cm 内上述比值保持一定（因生物扰动而均一化的结果），下部 130cm 处有来自 ^{234}U 的子体 ^{230}Th 的影响，中部呈线性关系。按直线斜率得到沉积速率为 2.75cm/10^3a，表层 R 为 42

海洋沉积速率取决于①河流碎屑的输入通量；②冰山和冰川融化；③大气输入；④生源 SiO_2 和碳酸盐沉淀；⑤海底喷发。经 R 测定，深海沉积物的沉积速率为 0.5～50mm/10^3a（在除去样品中 SiO_2 和碳酸盐的基础上），例如，南太平洋为 0.3～0.6mm/10^3a，大西洋为 0.8～17mm/10^3a。

按照 Goldberg 等（1963）的见解，R 随沉积物深度的变化，全世界可归纳为

4 种类型，如图 4.7 所示。其中，图 4.7（a）说明 lg*R* 随岩芯深度呈线性下降，即具有恒定的沉积速率；图 4.7（b）说明沉积速率有阶段性改变；图 4.7（c）上部的水平线段说明在沉积物顶部有掘穴生物或海流的混合作用；自折线拐点向上外推可得到海水-沉积物界面处的 *R*；图 4.7（d）表明有来自 ^{234}U 的衰变子体 ^{230}Th，开始时 *R* 呈指数上升，最后趋于恒定。

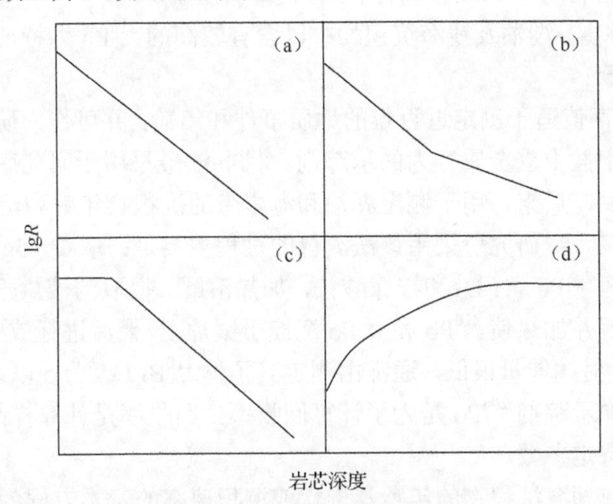

图 4.7 lg*R* 与岩芯深度的关系

3）^{210}Pb 法

在 ^{238}U 的衰变子体中，^{222}Rn 为气体，可从地面逸向大气层。^{222}Rn 经一系列短寿命子体衰变为寿命较长、半衰期为 22.3a 的 ^{210}Pb。^{210}Pb 可随大气降雨、降雪返回大地和海洋。降回大地的 ^{210}Pb 大部分为土壤有机质所配合和为颗粒表面所吸附，部分与碎屑颗粒一同进入河流，并最终进入冰雪沉积和海洋、湖泊沉积。另外，来自海底的 ^{222}Rn 衰变，也不断产生 ^{210}Pb。表 4.6 提供了不同洋区所测得的 ^{210}Pb 大气降落率及水柱中产率。如果 ^{210}Pb 的大气降落率在海区、陆区大致相同，则由表 4.6 可看出，大气供给约占海洋总 ^{210}Pb 的 20%。

表 4.6 ^{210}Pb 的大气降落率及水柱中产率（Broecker，1982b）

地理位置	水柱中产率/[原子个数/(cm^2·min)]	大气降落率/[原子个数/(cm^2·min)]	总计/[原子个数/(cm^2·min)]
北大西洋西海盆	54	24	78
北大西洋东海盆	60	24	84
南大西洋西海盆	66	12	78
南大西洋东海盆	72	12	84
南冰洋	78	<5	80
中南太平洋	90	12	102
中北太平洋	120	24	144

在悬浮物浓度高的近岸带，海水中 ^{210}Pb 基本被“清扫”或进入海底沉积物。如长岛海峡、生巴巴多斯海盆以及加利福尼亚湾的海水中的 ^{210}Pb 浓度接近于零，几乎完全进入了沉积物。因此，^{210}Pb 浓度由大洋中部向大陆边缘方向是逐渐降低的。在深大洋垂直剖面中，^{210}Pb 浓度随着深度增加而有所增加，但增加幅度低于 ^{226}Ra，也与颗粒物对 ^{210}Pb 的“清扫”有关。

因此，在冰雪、湖泊及浅海沉积物中以含有较高的 ^{210}Pb 为特征，并成为 ^{210}Pb 测年的良好对象。

^{210}Pb 半衰期值适于测定近百年的地质事件和年龄，并可作为研究海底生物扰动作用和地表水盆中重金属行为的示踪剂。^{210}Pb 法最早用于研究南极冰雪和阿尔卑斯冰川的年龄，后来，用于测定湖泊和海岸带的沉积物年龄和沉积速率。

中国科学院海洋研究所采用该法测量的过程主要是：取 1～5g 样品烘干，研细，滴入示踪剂 ^{208}Po、H_2O_2 和柠檬酸铵，加热溶解。提取清液烘干，然后加盐酸和抗坏血酸溶解并加热使 ^{210}Pb 和 ^{208}Po 沉淀于银片上，最后进行放射性活度测量。由于 ^{210}Pb 的 β-射线能量很低，通常由测定其子体 ^{210}Bi 或 ^{210}Po 以确定 ^{210}Pb 的放射性活度。所加示踪剂 ^{208}Po 是为了计算回收率。回收率是计算样品 ^{210}Pb 放射性活度所必需的待定参数。

测定冰雪或湖海沉积物的年龄及堆积或沉积速率的基本方程为

$$A(^{210}\mathrm{Pb}) = A(^{210}\mathrm{Pb}^0)\mathrm{e}^{-\lambda t} \tag{4.16}$$

$$t = \frac{2.303}{\lambda}\lg[A(^{210}\mathrm{Pb}^0)/A(^{210}\mathrm{Pb})] \tag{4.17}$$

式中，$A(^{210}\mathrm{Pb})$ 为冰雪或沉积物某深度 h 处单位质量样品的 ^{210}Pb 放射性活度；$A(^{210}\mathrm{Pb}^0)$ 为表层样品的 ^{210}Pb 放射性活度；t 为样品该深度处的年龄。仍以 s 表示冰雪堆积或沉积物沉积的速率，则

$$\lg A(^{210}\mathrm{Pb}) = -\frac{\lambda h}{2.303s} + \lg A(^{210}\mathrm{Pb}^0) \tag{4.18}$$

仍以 $\lg A(^{210}\mathrm{Pb})$ 对 h 作图，则由直线斜率

$$b = -\frac{\lambda}{2.303s} \text{或} \quad s = h/t = -\lambda/(2.303b) \tag{4.19}$$

可得堆（沉）积速率。

海洋沉积物 ^{210}Pb 测定的典型曲线如图 4.8（a）所示。岩芯顶部 0～10cm（A 点以上），样品受掘穴生物的混合作用，^{210}Pb 含量得以均一化。由 A 点向上外推，交纵坐标轴于 C 点，为海水-沉积物界面或沉积柱顶部应有的 ^{210}Pb 放射性活度（初始值）。AB 之间曲线表明样品 ^{210}Pb 放射性活度随岩芯深度呈指数衰减，是求沉积样品的年龄及沉积速率的有效线段。至 B 点，沉积物的 ^{210}Pb 放射性活度趋于定值，表明过剩 ^{210}Pb 至此衰变完毕，母体、子体即 ^{226}Ra 和 ^{210}Pb 之间的长期平衡

重新建立。作图时，一般将此定值作为背景值自实测值扣除。纵坐标采用对数形式，则相应得到如图4.8（b）所示的直线。

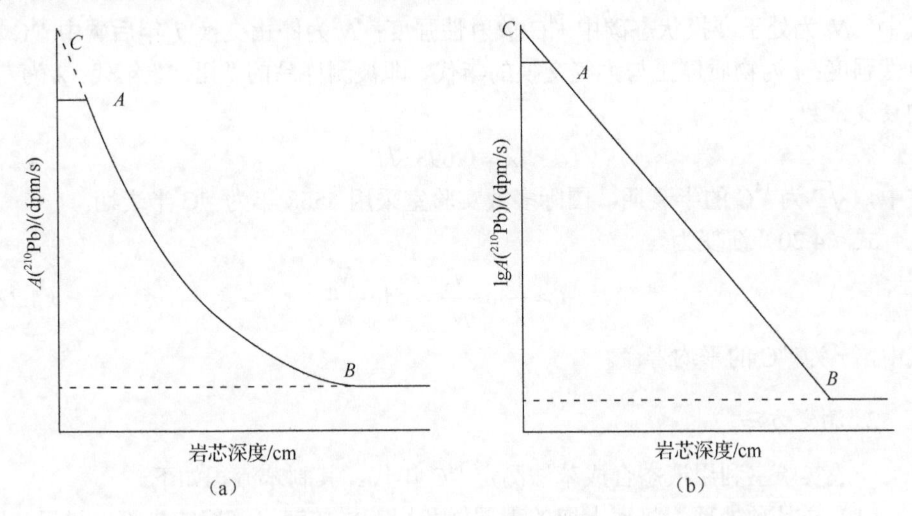

图4.8　海底沉积物 ^{210}Pb 放射性活度与岩芯深度的关系

当纵坐标采用对数尺时，图4.8（a）中的衰变曲线转变为图4.8（b）中的直线

4.3.2　放射性碳同位素测年

^{14}C 法测年是研究200a至$(5\sim6)\times10^4$a自然现象绝对年代的一种不可缺少的实验工具，测量的准确度可达0.5%。由该法可以精确地测量出海底沉积物的绝对年代，从而为研究沉积物的形成机理和结构、沉积化学变迁、海平面升降、陆架形成、古地理、古气候、海岸变迁史提供可靠的年代数据。

1. 测年原理简述

^{14}C 法测年的原理和技术是在核物理的基础上建立和发展起来的。人们通过对宇宙射线和人工核反应的研究，发现宇宙射线中包含大量的热中子，来自宇宙射线的热中子(n)轰击大气圈中的 ^{14}N 原子核，撞击出 ^{14}N 原子核中的一个质子(p)，此时 ^{14}N 原子核就转变为自然放射性 ^{14}C 原子核，其反应式为

$$^{14}N + n \longrightarrow {}^{14}C + p$$

大气圈中的 ^{14}C 原子立即被氧化成 $^{14}CO_2$ 参加自然界中碳的交换。大气中的 CO_2 通过光合作用和生化作用使整个生命圈都含有 ^{14}C。大气中的 CO_2 与海洋中溶解的 CO_2 和碳酸盐类进行交换，使整个水域也同样含有放射性 ^{14}C。这样，^{14}C 便在大气圈、生物圈及水圈（通称 ^{14}C 三大交换储备库）中进行交换和循环。生物一旦“死亡”，便停止了与大气的交换，有机体和碳酸中的 ^{14}C 得不到补充，而

原有的 ^{14}C 则按指数衰变规律减少：

$$N = N_0 e^{\lambda t} \tag{4.20}$$

式中，N_0 为处于交换状态碳中 ^{14}C 放射性强度；N 为停止交换 7 年后碳中 ^{14}C 放射性强度；t 为物质停止与大气交换的年代，即被测样品的“死亡”年代；λ 为 ^{14}C 的衰变常数，

$$\lambda = 0.693\sqrt{T} \tag{4.21}$$

式中，$\sqrt{T}$ 为 ^{14}C 的半衰期，国际多数实验室采用 5568 年为 ^{14}C 半衰期。

式（4.20）演变为

$$t = \frac{1}{\lambda}\ln\frac{N_0}{N} = \tau\ln\frac{N_0}{N} \tag{4.22}$$

式中，τ 为 ^{14}C 的平均寿命。

2. *测定方法*

一般实验室利用液态合成苯法测定 ^{14}C 年代。其制苯流程如下。

（1）样品预处理。将海上取的表层样和岩芯样放在 105℃的烘箱中烘干，除去样品表面被污染部分，将样品研成粉末。

（2）制备二氧化碳（CO_2）。对含 $CaCO_3$ 量多的样品用无机碳酸盐法制备，即把样品用 1∶1HCl 酸化生成 CO_2：

$$CaCO_3 + 2HCl \longrightarrow CaCl_2 + CO_2\uparrow + H_2O$$

对含有机质较多的泥炭样品，先用 1mol/L 的 HCl 酸化去除无机二氧化碳，再用有机碳燃烧法制备：

$$C + O_2 \xrightarrow{800℃} CO_2\uparrow$$

（3）制备碳化锂（Li_2C_2）。将样品反应生成的二氧化碳用干冰、液氮冷阱反复纯化后通入锂反应器，合成碳化锂：

$$10Li + 2CO_2 \longrightarrow Li_2C_2 + 4Li_2O$$

锂的用量要过量 30%，当锂反应器的炉温升至 600℃时，停止抽真空，700℃时开始通入 CO_2，待炉温升至 950℃时，恒温 1h。

（4）制备乙炔气体（C_2H_2）。将合成的碳化锂用二次蒸馏水水解生成乙炔气体：

$$Li_2C_2 + 2H_2O \longrightarrow C_2H_2\uparrow + 2LiOH$$

（5）合成苯（C_6H_6）。首先将载有铬硅铝球催化剂在 550℃下通氧活化 1h，再把干冰、液氮纯化后的乙炔气体通入苯反应器，经催化剂合成苯：

$$3C_2H_2 \xrightarrow{催化剂} C_6H_6$$

（6）测量。把合成的苯放入聚四氯乙烯的测量瓶中，加入 PBD 闪烁剂，在 FJ-353 双道液体闪烁计数器中进行测定。

4.4　稳定同位素分馏

稳定同位素即不自发衰变的同位素。每种元素一般都由数种同位素混合而成。它们之间的相对丰度称为该元素的同位素组成。在外部条件影响下，元素的同位素组成能够发生变化。根据元素的同位素组成的不均匀性和变化，可以解决许多海洋地球化学问题。

4.4.1　基本概念

1. 同位素丰度

同位素相对丰度是指某一元素中各稳定同位素所占的原子百分数，如表 4.7 所示。

表 4.7　某些元素的同位素相对丰度

元素	同位素	相对丰度/%	元素	同位素	相对丰度/%
氢	^{1}H	99.9844	氧	^{16}O	99.759
	^{2}H	0.0156		^{17}O	0.037
锂	^{6}Li	7.52		^{18}O	0.204
	^{7}Li	92.48	硅	^{28}Si	92.18
硼	^{10}B	18.98		^{29}Si	4.71
	^{11}B	81.02		^{30}Si	3.12
碳	^{12}C	98.892	硫	^{32}S	95.018
	^{13}C	1.108		^{33}S	0.750
氮	^{14}N	99.635		^{34}S	4.215
	^{15}N	0.365		^{36}S	0.107

测定发现，各种稳定同位素的相对丰度在不同地质体中是不同的，有一定的变化范围。有 3 种过程造成这一变化：核合成、放射性衰变、同位素分馏。

同位素绝对丰度是指某一同位素在所有各种稳定同位素总量中的相对份额，常以该同位素与 ^{1}H（取 ^{1}H 为 10^{12}）或 ^{28}Si（取 ^{28}Si 为 10^{6}）的比值表示。例如，以 10^{6}Si 原子数为标准的元素宇宙丰度，H 为 2.72×10^{10}，Li 为 59.7，C 为 1.21×10^{7}，O 为 2.01×10^{7}，Si 为 1.00×10^{6}，S 为 5.15×10^{5} 等。

2. 同位素分馏系数

由不同的同位素组成的分子之间存在相对质量差，这种质量差异所引起的分子之间在物理、化学性质上的差异，称为同位素效应。在不同的物理、化学和生物作用过程中，会出现不同的同位素效应，发生某种程度的同位素分馏。

同位素分馏是指体系中某元素的同位素以不同的比例分配到两种物相中的现象。

同位素分馏程度采用同位素分馏系数（α）来量度。α 常以两种物质（相）A、B 中的同位素活度的比值 R_A/R_B 来表示：

$$\alpha_{\text{A-B}} = R_{\text{A}} / R_{\text{B}} \tag{4.23}$$

例如，氧同位素在 $CaCO_3$ 和 H_2O 之间的交换反应：

$$1/3\text{CaC}^{16}\text{O}_3 + \text{H}_2\text{O}^{18} \rightleftharpoons 1/3\text{CaC}^{18}\text{O}_3 + \text{H}_2{}^{16}\text{O}$$

则 $CaCO_3$ 和 H_2O 中的氧同位素比值分别为 $R_{\text{CaCO}_3} = (^{18}\text{O}/^{16}\text{O})_{\text{CaCO}_3}$ 和 $R_{\text{H}_2\text{O}} = (^{18}\text{O}/^{16}\text{O})_{\text{H}_2\text{O}}$，氧在这两种物质之间的分馏系数可表示为

$$\alpha_{\text{CaCO}_3\text{-H}_2\text{O}} = (^{18}\text{O}/^{16}\text{O})_{\text{CaCO}_3} / (^{18}\text{O}/^{16}\text{O})_{\text{H}_2\text{O}} \tag{4.24}$$

在 25℃时，这一 α 值为 1.031。显然 α 值偏离 1.000 越大，表明两种物质间同位素分馏的程度越大。除氢以外，其他元素的 α 值一般接近 1。

同位素分馏系数是温度的函数。当温度趋于热力学温度 0K 时，$\alpha \to 0$ 或∞，相当于同位素完全分离，而当温度无限升高时，$\alpha \to 1$，同位素分馏效应消失。α-T 间的函数关系是设计同位素地质温度计的理论基础。

3. 同位素组成表示——δ 值

物质中一种元素的几个同位素的绝对量的测定通常是十分困难的。实际工作中往往采用相对测量法，即只要知道待测物质中某元素的两种稳定同位素的值与一标准物质中同一元素的这两种同位素的比值之间的差异即可，这就是第 3 章中曾提到的 δ 值：

$$\delta\,(‰) = (\frac{R_{样}}{R_{标}} - 1) \times 1000 \tag{4.25}$$

它是样品与标准物之间同位素比值间的相对偏差，用千分数表示。

选作标准物的物质，它的某元素的同位素组成（两种丰度大的同位素的比值）基本上接近于该元素同位素组成在自然界变化范围的平均值；本身易于化学制备和同位素测定；它的成分均匀；有相当数量可供各实验室测定。美国国家标准局提出一套同位素标准物，国际上已采用，如表 4.8 所示。

例如，用质谱仪测定样品方解石中的氧同位素组成，即 $^{18}\text{O}/^{16}\text{O}$ 比值，可计算该样品的氧同位素 δ 值：

$$\delta^{18}O_{方解石}=\left[\frac{(^{18}O/^{16}O)_{方解石}}{(^{18}O/^{16}O)_{标准}}-1\right]\times1000 \tag{4.26}$$

若得 $\delta^{18}O_{方解石}$ 值为 10‰，表示方解石的 $^{18}O/^{16}O$ 比值较标准大洋水高 10‰。

表 4.8　O、C、H、S 同位素标准

元素	标准	缩写
O	标准大洋水（开阔洋面，深 500～2000m 的洋水）	SMOW①
C	美国南卡罗林纳州白垩系 PeeDee 建造中的箭石	PDB②
H	平均大洋水	SMOW
S	美国亚利桑那州 Canyon Diablo 铁陨石中的陨硫铁（FeS）	CD③

① SMOW（standard mean ocean water），在开阔洋面 500～2000m 水深处所采的水样，它未受大陆雨水、冰川融化水的污染。其 $^{18}O/^{16}O$ 比值为$(1993.4\pm2.5)\times10^{-6}$。

② PDB（pee dee belenmite），同位素成分为 $^{13}C/^{12}C=1123.72\times10^{-5}$，$^{12}C/^{13}C=88.99$。此同位素标准物质已被用完，美国另提出以 Solenhofen 石灰岩作新的同位素标准物质（NBS-20）。

③ CD（canyon diablo triolite），同位素成分为 $^{32}S/^{34}S=22.220$，$^{34}S/^{32}S=0.0450045$。

4. 千分分馏和同位素分馏值

利用数学计算，可知 $1000\ln(1.00n)\approx n$，例如前述 25℃时，$\alpha_{CaCO_3\text{-}H_2O}=1.031$，则 $1000\ln\alpha=31$。因此，将 $1000\ln\alpha$ 称为千分分馏。

对于理想气体，$\ln\alpha$ 与 T^{-2} 和 T^{-1} 分别成正比。因此，利用矿物对或矿物-水之间测定的或理论计算的不同温度下的分馏系数，以 $1000\ln\alpha\text{-}T^{-2}$ 为坐标作图时，通常可获得平滑的直线。

同位素分馏值指某一同位素在 A、B 两种不同的化合物中同位素组成 δ 值之差，以 $\Delta_{A\text{-}B}$ 表示：

$$\Delta_{A\text{-}B}=\delta_A-\delta_B \tag{4.27}$$

对含有同一元素的多种化合物，分馏值 Δ 具有加和性，例如 A、B、C 三种化合物

$$\Delta_{A\text{-}C}=\Delta_{A\text{-}B}+\Delta_{B\text{-}C} \tag{4.28}$$

根据分馏系数 $\alpha_{A\text{-}B}$、同位素组成 δ_A、δ_B 各定义，可导出

$$\alpha_{A\text{-}B}=\frac{1000+\delta_A}{1000+\delta_B} \tag{4.29}$$

$$\Delta_{A\text{-}B}=\left(\frac{R_A}{R_B}-1\right)\times1000=(\alpha_{A\text{-}B}-1)\times1000 \tag{4.30}$$

引入 $1000\ln(1.00n)\approx n$，则 Δ、δ 和 α 之间有如下关系：

$$\Delta_{A\text{-}B}=\delta_A-\delta_B\approx1000\ln\alpha_{A\text{-}B} \tag{4.31}$$

依据式（4.31），可以根据质谱分析获得的 δ 值，直接求出同位素分馏系数 α，

使用式（4.31）的条件是 $\Delta_{A\text{-}B} \leqslant 10‰$。

4.4.2 稳定同位素分馏机理

自然界中，稳定同位素分馏机理可分为以下三种。

1. 热力学平衡分馏

热力学平衡分馏是指体系经过同位素热力学平衡交换反应而达到平衡状态时，同位素在两种分子或化合物间的分馏。这种交换反应只涉及同位素化学键的重组，同位素比值发生一定的改变，其原因是该元素的各同位素在化学性质上的差异，与该化合物的自由能、熵等热力学参数有关。

同位素交换反应的方式有以下三种。

不同的分子间或同一分子的不同相之间的简单同位素交换反应，如

$$^{1}H_2O(l) + {}^{1}H^{2}H(g) \rightleftharpoons {}^{1}H^{2}HO(l) + {}^{1}H_2(g)$$

同种分子中某元素的各种同位素之间的交换反应，又称歧化反应，如

$$^{1}H_2O + {}^{2}H_2O(g) \rightleftharpoons 2{}^{1}H^{2}HO$$

复杂同位素交换反应指在不同的分子间进行同位素交换反应，同时每种分子又因歧化反应有不同的同位素分子。如 NH_3 和 H_2O 之间的氢同位素交换反应：

$$N^{1}H_3 + {}^{1}H^{2}HO \rightleftharpoons N^{1}H_2{}^{2}H + {}^{1}H_2O$$

$$N^{1}H_3 + {}^{2}H_2O \rightleftharpoons N^{1}H_2{}^{2}H + {}^{1}H^{2}HO$$

同位素交换反应的机理有以下两类。

（1）缔合机理，即进行交换的分子先缔合形成中间配合物，而后分解中发生同位素在两种分子间的重新分配。例如，CO_2 和 H_2O 之间的氧同位素交换反应：

$$C^{16}O_2 + H_2{}^{18}O \rightleftharpoons H_2{}^{18}OC^{16}O_2 \rightleftharpoons C^{16}O^{18}O + H_2{}^{16}O$$

（2）电离机理，即参与交换的分子先解离为离子或自由基，再重新组合，同时伴随同位素的分配。例如，有机物和水之间的氢同位素交换反应（R 表示有机基团）：

$$R^{1}H + {}^{1}H^{2}HO \rightleftharpoons R^{1}H^{2}H^{+} + O^{1}H \rightleftharpoons R^{2}H + {}^{1}H_2O$$

影响同位素平衡分馏的因素，主要有

（1）温度，同位素分馏系数 α 是温度 T 的函数。

（2）压力，同位素替代前后分子的摩尔体积变化充分大时，则能引起可测量的同位素分馏。如氢同位素交换中，以 ^{2}H 完全取代 ^{1}H，摩尔体积减小 0.3%，压力效应影响较大。

（3）化学成分，一般重同位素倾向于富集在键强度大的化合物中。例如，因

为 ^1H-O 较 ^1H-S 键强度大，当 H_2O 和 H_2S 之间发生氢同位素交换时，^2H 富集于水分子中：

$$^1H_2O(l) + {}^1H^2HS(g) \rightleftharpoons {}^1H^2HO(l) + {}^1H_2S(g)$$

（4）物质结构，结构的变化能够引起原子间相互作用的变化。例如，在平衡条件下，水的三种物态富集 ^2H 和 ^{18}O 的次序为

冰＞水＞水蒸气

2. *同位素动力学分馏*

动力学分馏是指由于轻同位素、重同位素分子的扩散速率、反应速率不同引起的分馏。这类分馏适用于非平衡过程。例如，分子 AB 与 C 反应生成 D：

$$AB + C \xrightarrow{k} D$$

$$A^*B + C \xrightarrow{k^*} D^*$$

式中，A、D 和 A^*、D^*分别代表轻同位素、重同位素；k、k^*分别为轻同位素、重同位素反应的速率常数，则分馏系数

$$\alpha = k / k^*$$

当 $k > k^*$时，表明不可逆化学反应中轻同位素分子的反应速率比重同位素分子要快，因而在反应生成物中优先富集轻同位素；当 $k = k^*$时，没有同位素分馏作用。

自然界中的蒸发、凝聚、结晶-溶解、吸附-解吸、岩浆去气和结晶分异等过程都存在动力学分馏效应。

根据气体分子运动理论，不同同位素气体分子 A、B 的扩散速率 V_A/V_B 与其质量 m_B/m_A 的平方根成反比：

$$V_A/V_B = (m_B/m_A)^{\frac{1}{2}} \tag{4.32}$$

例如，H_2S 气体在扩散过程产生的动力学分馏系数为

$$V_{H_2{}^{32}S} / V_{H_2{}^{34}S} = \sqrt{(2+34)/(2+32)} = 1.029$$

1.029 即为 $H_2{}^{32}S$ 与 $H_2{}^{34}S$ 气体之间的动力学分馏系数。

3. *与质量无关的同位素分馏*

一般来说，同位素的相对质量差越大，分馏效应越强。例如，对于 O_2 分子（$^{16}O^{16}O$、$^{16}O^{17}O$、$^{16}O^{18}O$）有如下关系：

$$\frac{\delta^{17}O}{\delta^{18}O} \approx \left(\frac{1}{32} - \frac{1}{33}\right) / \left(\frac{1}{32} - \frac{1}{34}\right) = 0.515$$

因此，在$\delta^{17}O$-$\delta^{18}O$ 坐标系中，数据点应分布在斜率为 0.515 的直线上，称为质量相关分馏线。绝大多数地球样品均位于这条分馏线上。

对 Allende 碳质球粒陨石中白色包裹体的氧同位素分析表明，数据点落在一

条斜率为 1 的直线上。对地球大气平流层上部臭氧及大气圈中收集的一些 CO_2、NO_2、CO 和硫酸盐气溶胶样品的分析表明，这类同位素分馏也呈现与质量无关的特征。这类不符合质量相关分馏原则的分馏现象称为非质量同位素分馏。其原因可能与核过程、光化学反应放电作用等有关。

4.5 稳定同位素的应用

本节介绍利用稳定同位素分馏系数确定地质体的形成温度的原理及技术，介绍地球化学中常用的几个天然的稳定同位素体系。

4.5.1 同位素地质温度计

1. 基本原理

依据同位素分馏系数是温度的函数，形成了所谓的地质温度计的概念，即利用碳酸盐与海水之间的同位素交换反应的分馏系数来确定碳酸盐的形成温度。具体的测温步骤如下：

（1）通过实验绘制碳酸盐-海水体系的氧同位素分馏标准曲线，即模拟自然条件（压力、温度、pH 等），使碳酸盐与人工海水（相当现今海水）在不同温度下进行氧同位素交换反应，达到平衡后，分别测定碳酸盐和人工海水的氧同位素比值 $^{18}O/^{16}O$ 值，计算出分馏系数 α，然后绘制 α-T 标准曲线，如图 4.9 所示。

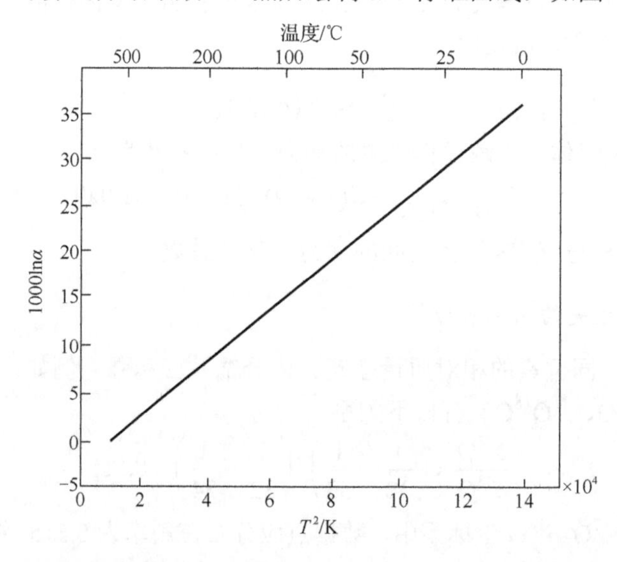

图 4.9 碳酸盐与 H_2O 之间的氧同位素分馏标准曲线

（2）测定所研究样品（形成于古海洋条件下的碳酸盐）的 $^{18}O/^{16}O$ 值，并假定古海水具有相同于现今海水的 $^{18}O/^{16}O$ 值，计算出分馏系数。

（3）根据样品的 α 值，在标准曲线上找出该样品的形成温度，即古海水温度。

碳酸盐 $^{18}O/^{16}O$ 比值的温度变化系数很小，但分析技术已能测到±0.0001 的 $^{18}O/^{16}O$ 变化值，这表明小于 1K 的温度变化可被测定出来。

一般来说，两个矿物（相或分子）A、B 之间的同位素交换平衡分馏系数与平衡温度存在方程：

$$1000\ln\alpha_{\text{A-B}} = a\times10^6/T^2 + b\times10^3/T + c \tag{4.33}$$

式中，a、b、c 为与物质组成和结构有关的常数。

同位素地质温度计测定的是地质体系中同位素平衡的建立并保持时的温度。因此满足下述条件时，才能用作同位素地质温度计：

（1）矿物对必须是共生的，即同时在同一地质体系中形成。

（2）矿物对彼此间要达到化学和同位素平衡，此后同位素平衡不被破坏。

（3）用作同位素测温的矿物对选取需要在自然界中常见，在较大的温度及压力范围内保持稳定，化学成分比较简单，变化较小。

（4）矿物对的同位素分馏值 Δ 越大，即 $1000\ln\alpha$ 越大，测定温度越准确。

（5）矿物对的同位素分馏方程和标准曲线要可靠。

2. 同位素测温方法及常用的测温方程

现在应用最多的为氧同位素地质温度计和硫同位素地质温度计。常用的同位素测温方法有以下三种。

1）外部测温法

此法指测定一种固相矿物的同位素组成，而对与该矿物平衡的另一相（如水溶液）采用某一假定值，根据矿物和水之间的同位素分馏系数来计算其形成温度。例如，假定地质古海水的 $\delta^{18}O$ 值变化不大，则可通过测量海相生物壳体化石碳酸盐矿物或磷酸盐矿物和硅藻等的 $\delta^{18}O$ 值，来估算化石动物生存时的古海水温度。常用的古海水温度测定的氧同位素温度计如表 4.9 所示。

通过实验测得的含氧矿物的 $\delta^{18}O$ 值及与该矿物共生的不含氧矿物中原生流体包裹体水的 $\delta^{18}O$ 值，来估算同位素平衡温度。表 4.10 列出了常用的矿物-水之间氧同位素分馏方程。

2）内部测温法

这种方法是直接测定共生的两个矿物的同位素组成，按已知的分馏方程或标准曲线来计算或找出矿物形成温度。例如，根据岩石或矿床中共生含氧矿物对的氧同位素组成来测定成岩成矿温度，这种方法已经得到广泛应用。

表 4.9 测定古海水温度的氧同位素温度计

矿物-水体系	氧同位素温度计	资料来源
生物成因碳酸盐-海水	$t(℃)=16.45-4.31(\delta_c-\delta_w)+0.14(\delta_c-\delta_w^2)$	Epstein 等（1953）
方解石-海水	$t(℃)=17.04-4.34(\delta_c-\delta_w)+0.16(\delta_c-\delta_w^2)$	Horibe 等（1972）
文石-海水	$t(℃)=13.85-4.54(\delta_c-\delta_w)+0.04(\delta_c-\delta_w^2)$	Horibe 等（1972）
磷灰石-海水	$t(℃)=111.4-4.3(\delta^{18}O_{ap}-\delta^{18}O_w)$	Longinelli 等（1973）

注：δ_c为化石样品中碳酸钙的氧同位素组成，它是 $CaCO_3$ 与 100%H_3PO_4 在 25℃反应时释放出来的 CO_2 气体的 $\delta^{18}O$ 值（PDB 标准）；δ_w为海水的氧同位素组成，它是指 25℃时与水平衡的 CO_2 气体的 $\delta^{18}O$ 值（PDB 标准）；$^{18}O_{ap}$ 指磷灰石中 ^{18}O 的同位素。

表 4.10 常用的矿物-水之间氧同位素分馏方程

矿物-水体系	氧同位素分馏方程	温度范围/℃	资料来源
石英-水	$1000\ln\alpha = 3.38(10^6T^{-2})-3.40$	200～500	Clayton 等（1972）
	$1000\ln\alpha = 2.51(10^6T^{-2})-1.96$	500～750	
磁铁矿-水	$1000\ln\alpha = -1.47(10^6T^{-2})-3.70$	500～800	Bottinga 等（1973）
	$1000\ln\alpha = -1.60(10^6T^{-2})-3.61$	700～800	Anderson 等（1971）
黑钨矿-水	$1000\ln\alpha = 1.04(10^6T^{-2})-2.50$	350～550	丁悌平等（1992）
锡石-水	$1000\ln\alpha = 2.60(10^6T^{-2})-9.91$	270～350	陈振胜等（1989）
	$1000\ln\alpha = 0.20(10^6T^{-2})-4.34$	370～500	
白云母-水	$1000\ln\alpha = 2.38(10^6T^{-2})-3.89$	400～650	O'Neil 等（1969）
	$1000\ln\alpha = 1.90(10^6T^{-2})-3.10$	500～800	Bottinga 等（1973）
角闪石-水	$1000\ln\alpha = 0.95(10^6T^{-2})-3.40$	500～800	Bottinga 等（1973）

在测量岩浆冷凝结晶温度时，石英-磁铁矿对是较理想的氧同位素温度计。在矿床研究中，利用平衡共生的硫酸盐-硫化物矿物对，或不同硫化物矿物对的硫同位素组成，也能计算成矿温度。几个常用的矿物对氧和硫同位素分馏方程分别如表 4.11、表 4.12 所示。

表 4.11 几个常用的共生矿物对氧同位素分馏方程（$1000\ln\alpha=A10^6T^{-2}+B$）

矿物对	A	B	温度范围/℃	资料来源
石英-斜长石	$0.97+0.90\beta$	$-(0.43-0.30\beta)$	400～500	Matsuhisa 等（1979）
	$0.46+0.55\beta$	$0.02+0.85\beta$	500～800	
石英-透辉石	2.08	—	400～800	Matsuhisa 等（1979）
石英-角闪石	3.15	-0.30	—	Javoy（1977）
石英-黑云母	3.69	-0.60	—	Javoy（1977）
石英-绿泥石	5.44	-1.63	—	Javoy（1977）

注：β是长石中钙长石的摩尔数。

表 4.12　几个常用的共生矿物对硫同位素分馏方程（$1000\ln\alpha=A10^6T^{-2}+B$）

矿物对	A	B	温度范围/℃	资料来源
黄铁矿-闪锌矿	0.33	—	150～600	Smith 等（1977）
	0.30	—	200～700	Ohmoto 等（1979）
黄铁矿-方铅矿	1.15	—	150～600	Smith 等（1977）
	1.03	—	200～700	Ohmoto 等（1979）
闪锌矿-方铅矿	0.74	—	150～600	Smith 等（1977）
	0.73	—	50～700	Ohmoto 等（1979）
重晶石-闪锌矿	5.16	6±0.5	＜350	
	7.9	1.0	＞400	
重晶石-黄铁矿	7.6	1.0	＞400	
	4.86	6±0.5	＜350	

3）单矿物测温法

这一方法是通过测量同一矿物不同结构部分的同位素组成，用合适的同位素分馏方程来确定矿物的形成温度。例如，含羟基矿物中一般存在两种结构位置上的氧：羟基氧（如 Al—OH、Mg—OH、Fe—OH）和硅氧四面体氧，两者具有不同的 $\delta^{18}O$ 值，差值大小与形成温度相关。

4.5.2　氢、氧同位素

自然界氢同位素有 ^{1}H、^{2}H（或 D）和 ^{3}H（放射性），前两者的原子百分数分别为 99.9966%、0.0034%。通常以 $^{2}H/^{1}H$（或 D/H）比值表示含氢物质中氢同位素组成。自然界氧同位素有 ^{16}O（占 99.762%）、^{17}O（占 0.038%）和 ^{18}O（占 0.200%），通常只用 $^{18}O/^{16}O$ 比值表示含氧物质的氧同位素组成。

1. 不同水体的氢、氧同位素组成

1）大气降水

大气降水是指海洋、湖泊等经过蒸发、凝聚和降落等大气循环的水，包括雨、雪、冰及河水、湖水和渗入地下的浅层地下水。全世界大气降水总的 δ_D 值变化范围为-440‰～+35‰，$\delta^{18}O$ 值为-55‰～+8‰。仅在赤道附近的沙漠地带出现 δ_D 和 $\delta^{18}O$ 大于 0‰的情况，而 δ_D＜-300‰和 $\delta^{18}O$＜-40‰，仅见于两极地区。

影响大气降水同位素组成的因素包括：①大陆（或海岸线）效应，指从海岸至大陆内部，大气降水的 δ_D 和 $\delta^{18}O$ 值降低。这是因为从大洋表面蒸发的水汽，由大洋上空向大陆内部移动时不断发生凝聚，最先凝聚形成的雨水相对富集较重同位素，而继续向内陆移动的剩余水蒸气，则相对越来越富集较轻同位素。②纬度（或温度）效应，即随着纬度升高（年平均气温降低），大气降水的 δ_D 和 $\delta^{18}O$

值降低。③高度效应，随地形高度增加，大气降水的 δ_D 和 $\delta^{18}O$ 值降低。④季节效应，夏季温度较高，大气降水的 δ_D 和 $\delta^{18}O$ 值较冬季高。

平衡分馏时，D/H 值大致为 $^{18}O/^{16}O$ 的 8 倍，因此大气降水的 δ_D-$\delta^{18}O$ 图（大气降水线）的斜率约为 8。如我国大气降水线方程为

$$\delta_D = 7.9\delta^{18}O + 8.2 \tag{4.34}$$

可见大气降水的氢同位素、氧同位素之间存在密切的相关性。式（4.34）中，7.9 相当于约 25℃时 $HD^{16}O$ 与 $H_2{}^{18}O$ 的蒸气压比值。

2）海水

现代海水的氢同位素、氧同位素组成均为 0‰。但是，因蒸发作用，表层海水的氢同位素、氧同位素组成有一定变化，有如下关系：

$$\delta_D = m\delta^{18}O \tag{4.35}$$

式中，m 值随地区蒸发量与降水量比值的增加而减少，如北太平洋的 m 为 7.5，北大西洋 m 为 6.5，红海 m 为 6.0。

水体的氢同位素、氧同位素组成的许多规律性都可以用“瑞利分馏”来表述。蒸发过程中由于不同同位素化合物的蒸气压不同，因此在蒸发与凝聚过程中会引起同位素动力学分馏。蒸发过程的瑞利分馏是指在开放体系中，反应产物一旦生成后，马上就从系统中分离开，从而实现同位素分馏效应的过程。例如，雨滴从云中陆续形成，并不断移离云层，就是典型的瑞利分馏过程。瑞利分馏过程可表示为

$$N = N_0(V_0 / V)^{\frac{\alpha-1}{\alpha}} \tag{4.36}$$

式中，V_0、V 分别为蒸发前后混合物的量（体积）；N_0、N 分别为难挥发（重同位素）组分在蒸发前后混合物的含量；α 为分馏系数。式（4.36）成立的前提是假定任一时刻的体系中蒸气与残余部分都处于同位素平衡状态。利用式（4.36），由某一温度下的 α 值及体系的初始值 V_0 和同位素组成，可求出蒸馏到任一时刻（即体积为 V 时）的同位素组成：

$$\delta = 1000(f^{\alpha-1} - 1) \tag{4.37}$$

式中，f 为该时刻体系中剩余蒸气的分数；α 为液体-蒸气间的同位素分馏系数。

2. 海相沉积岩的氢、氧同位素组成

海相化学沉积的硅质岩和燧石的 δ_D 值为−95‰～−78‰，$\delta^{18}O$ 值为+11.4‰～+41.4‰。随地质年代变老，燧石的 $\delta^{18}O$ 降低，显生宙为+20.1‰～+41.4‰，元古宙为+16.5‰～+27.7‰，太古宙为+11.4‰～+20.8‰。

现代海相灰岩的 $\delta^{18}O$ 值为+28‰～+30‰。随地质年代变老，海相灰岩的 $\delta^{18}O$ 值降低，由新近纪和古近纪时的+30‰降至太古宙时的+10‰。表 4.13 为相关地质年代划分。

表 4.13　地质年代划分

年龄/Ma	纪	代	宙
2.58	第四纪	新生代	显生宙
23.03	新近纪		
66.0	古近纪		
145.0	白垩纪	中生代	
201.3	侏罗纪		
252.17	三叠纪		
298.9	二叠纪	古生代	
358.9	石炭纪		
419.2	泥盆纪		
443.8	志留纪		
485.4	奥陶纪		
541.0	寒武纪		
2500	—	—	元古宙
4000	—	—	太古宙
4600	—	—	冥古宙

3. 氧同位素的应用

氧同位素作为地质温度计得到广泛应用，前文已有介绍。根据氧同位素分馏与温度的关系，在测定第四纪以来气候变化和冰期（寒冷期）、间冰期（较温暖期）演变历史方面也得到了许多应用，并取得主要成果。在冰盛期，由海面蒸发的水汽迁移到陆地，下降为冰雪后不再返回海面，即蒸发量大于淡水入海量，使海水 ^{16}O 贫化、^{18}O 增多（即海水中 $H_2{}^{18}O$ 分子增多，$\delta^{18}O$ 增大）。这时形成的海洋沉积物 $CaCO_3$ 也将具有较高的 $\delta^{18}O$ 值。进入间冰期，天气转暖，冰雪融化，淡水入海量大于蒸发量，这将使海水和海洋沉积物的 $\delta^{18}O$ 值降低。图 4.10 是对西赤道太平洋岩芯（V28-238）的 $\delta^{18}O$ 测定结果。从图中可以看出，最后一次冰期的结束期约在 11000 年前，而开始期约在 126000 年前。曲线形态表明，冰期开始时以缓慢速率（具有缓慢的曲线斜率）达于冰盛期，而后以较快速率进入冰后期。这样的气候变动可向后延伸到百万年以前。冰期、间冰期的波动周期经研究约为 10^5a。对加勒比海岩芯的 $\delta^{18}O$ 测定也得到了类似结果。

将 $\delta^{18}O$ 测定与岩芯中 $CaCO_3$ 含量结合起来，可收到相互佐证、配合之效。冰期时海水蒸发量大于淡水注入量，造成海平面降低；间冰期则相反，海平面升高。因此，同一海底位置，冰期时所处水深减少，$CaCO_3$ 溶解度小，将有较多的 $CaCO_3$ 沉积下来，沉积物的 $CaCO_3$ 含量较高；间冰期则所处水深增加，$CaCO_3$ 溶解度大，沉积物中 $CaCO_3$ 含量减少。图 4.11 反映了这种情况，即冰期沉积物 $CaCO_3$ 含量高，而间冰期含量低。

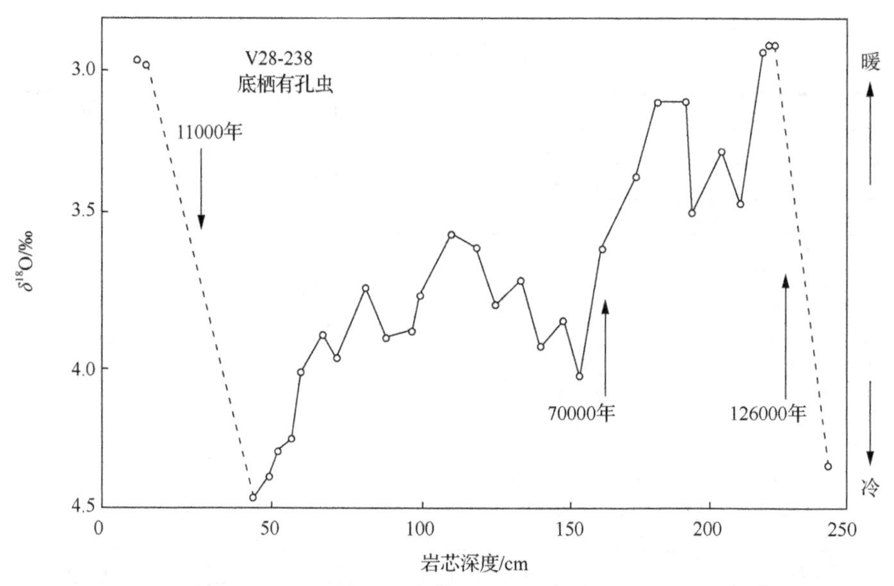

图 4.10 赤道太平洋底栖有孔虫 $\delta^{18}O$ 测定（Shackleton et al.，1973）

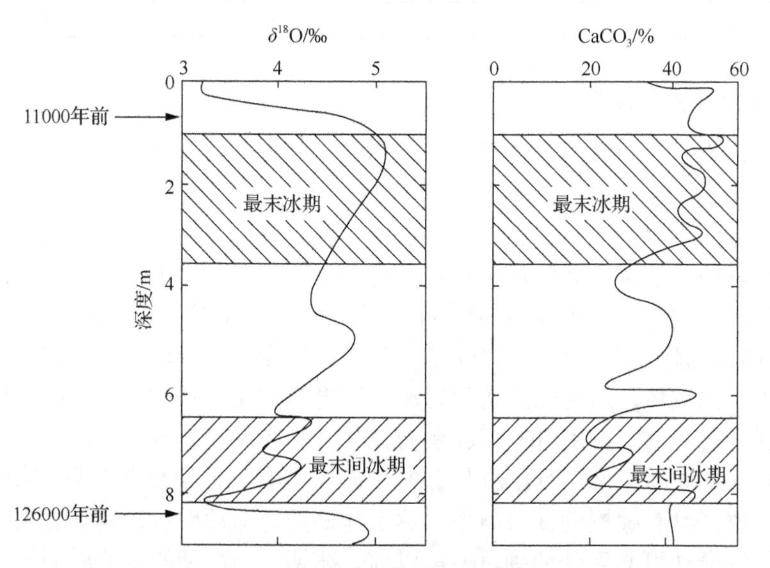

图 4.11 东赤道太平洋岩芯（4°S，84°W，水深 3.2km）$\delta^{18}O$ 和 $CaCO_3$ 记录（Shackleton，1977）

4.5.3 碳同位素

自然界碳同位素有 ^{12}C（原子分数 98.9%）、^{13}C（原子分数 1.1%）和 ^{14}C（放射性）。通常以 $^{13}C/^{12}C$ 比值表示含碳物质中碳同位素组成。某些重要含碳物质的 $\delta^{13}C$ 值范围如图 4.12 所示。

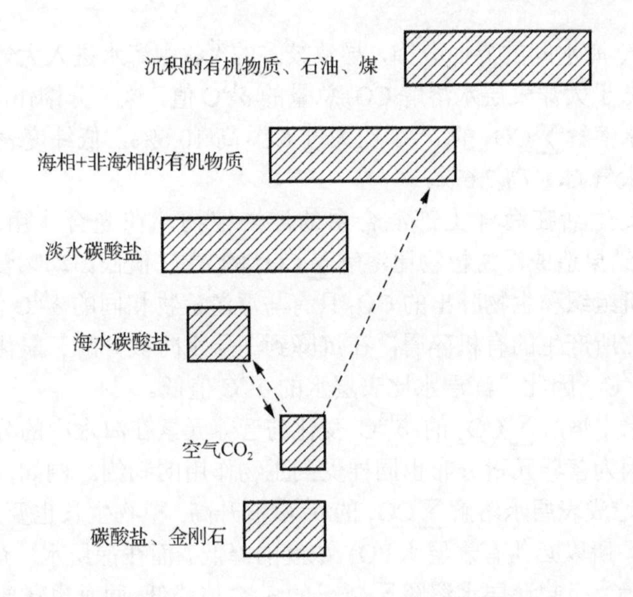

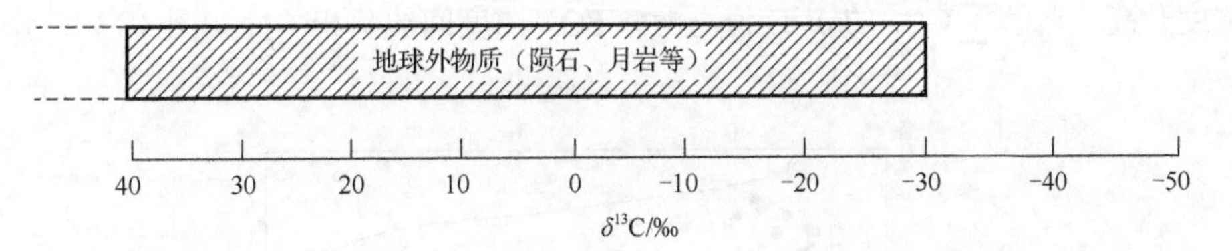

图 4.12　某些重要含碳物质的 $\delta^{13}C$ 值（POB 标准）
（武汉地质学院地球化学教研室，1979）

光合作用是引起碳同位素分馏的重要因素，它使 ^{12}C 在有机体得到富集，同时使较多的 ^{13}C 留于大气中。煤、石油、天然气等与生物有机质有关的产物都富集 ^{12}C。

在气态 CO_2 与溶解态 HCO_3^-、CO_3^{2-} 之间发生的同位素交换反应有

$$^{13}CO_2 + H^{12}CO_3^- \rightleftharpoons {}^{12}CO_2 + H^{13}CO_3^-$$

$$^{13}CO_2 + {}^{12}CO_3^{2-} \rightleftharpoons {}^{12}CO_2 + {}^{13}CO_3^{2-}$$

25℃时，前后反应的分馏系数 α 分别为 1.014、1.012，都有利于正向进行，从而导致了在重碳酸根、碳酸根中相对富集 ^{13}C，因而沉积碳酸盐（石灰岩、生物介壳）中相对富集 ^{13}C。

利用碳同位素组成可以判断海洋沉积中有机质的形成环境。中纬区海洋浮游生物 $\delta^{13}C$ 值约为-20‰，一般陆地植物的 $\delta^{13}C$ 为-30‰～-25‰。系列研究表明，海洋沉积中有机质的 $\delta^{13}C$ 与海洋浮游生物一致。

海洋中溶解 CO_2 总量（$\sum CO_2$，指 CO_2、HCO_3^- 和 CO_3^{2-} 各量之和）的 $\delta^{13}C$ 分布，取决于大气-海水间的界面分馏作用和海洋内部的生物光合-呼吸分馏作用。

大气-海水间的界面分馏，导致较多的 ^{12}C 由海水进入大气，即大气 CO_2 中的 $\delta^{13}C$ 值低于大洋表层水溶解 CO_2 总量的 $\delta^{13}C$ 值。这一分馏作用与温度有关，高纬度表层水溶解 $\sum CO_2$ 的 $\delta^{13}C$ 比大气 CO_2 高 10.6‰，低纬度表层水溶解 $\sum CO_2$ 的 $\delta^{13}C$ 比大气 CO_2 高 7.6‰。

主要生活在海洋上部混合层的浮游植物，在光合作用中优先自海水摄取 $^{12}CO_2$，结果造成浮游植物比溶解 $\sum CO_2$ 的 $\delta^{13}C$ 值低。动物食取植物，因而动物体内有机组织和生物呼出的 CO_2 具有与浮游植物相同的 $\delta^{13}C$ 值。由于生物新陈代谢和死亡所产生的有机碎屑，在沉降到深层水时被分解、氧化，重新带入深层水较多的 ^{12}C，因此，深层水比表层水的 $\delta^{13}C$ 值低。

海水中溶解 $\sum CO_2$ 的 $\delta^{13}C$ 变化与营养元素在海水中的分布也存在一定的相关性，因为营养元素分布也同样受到生物作用的制约。例如，植物生长时优先摄取 ^{12}C，造成表层水溶解 $\sum CO_2$ 的 $\delta^{13}C$ 值升高，植物生长也要摄取其他营养成分，如 PO_4^{3-}，所以必伴有表层水 PO_4^{3-} 浓度的降低。而在深层水，有机碎屑分解，释放较多的 ^{12}C，引起深层水溶解 $\sum CO_2$ 的 $\delta^{13}C$ 值降低，同时也释放 PO_4^{3-}，使水中 PO_4^{3-} 浓度升高。溶解 $\sum CO_2$ 的 $\delta^{13}C$ 值与溶解 PO_4^{3-} 浓度间的负相关性如图 4.13 所示。

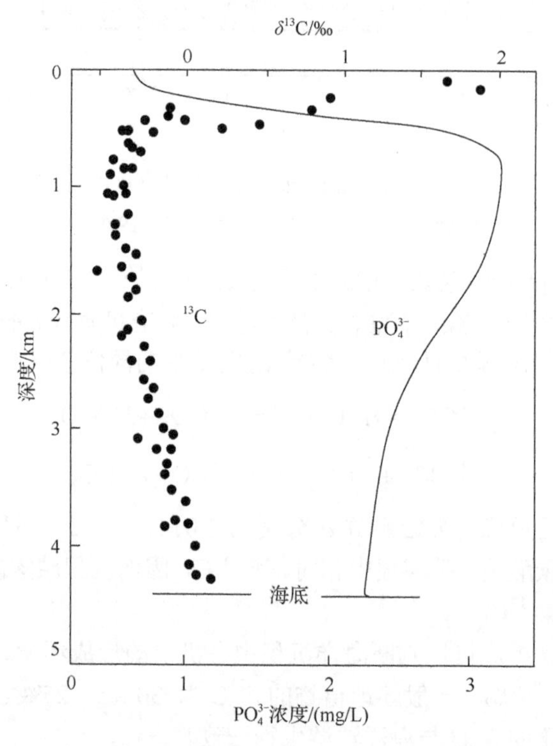

图 4.13 海水溶解 $\sum CO_2$ 的 $\delta^{13}C$ 与 PO_4^{3-} 浓度剖面（站位 28° N，121° E，北太平洋）

（Bainbridge et al.，1976；Kroopnick et al.，1970）

因此，生物介壳（如浮游和底栖有孔虫）中 $\delta^{13}C$ 的变化，可作为当时海水中 $^{13}C/^{12}C$ 变化的指示剂，而后者又可作为海水中营养元素浓度变化的指示剂。这方面的成果已应用于重建冰期、间冰期海洋地球化学的研究中。图 4.14 是对北大西洋东部边缘岩芯底栖有孔虫 $\delta^{18}O$ 和 $\delta^{13}C$ 的测定结果。结果表明，冰期生长的底栖有孔虫具有高的 $\delta^{18}O$ 和低的 $\delta^{13}C$，而间冰期生长者则相反。对其他营养成分也可进行类似的研究。

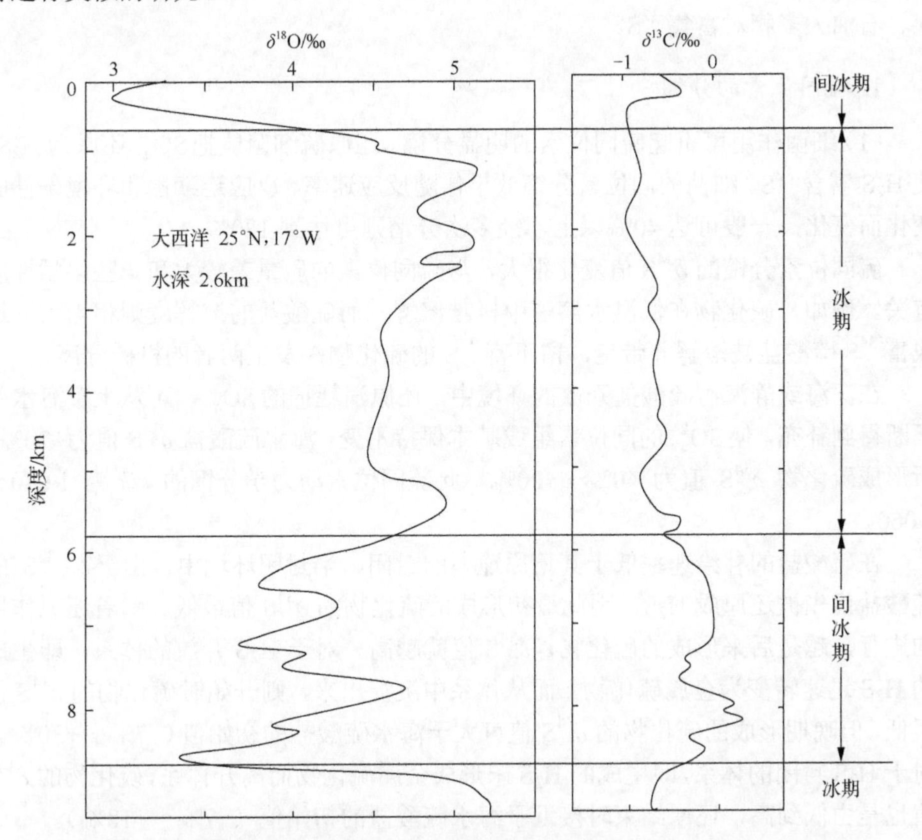

图 4.14　对北大西洋东部边缘岩芯底栖有孔虫 $\delta^{18}O$ 和 $\delta^{13}C$ 的测定结果以及它们与岩芯深度的关系（Shackleton，1977）

碳同位素分馏方面的研究还表明，淡水沉积物的 ^{13}C 相对含量值较海水沉积物低。海成石灰岩比淡水碳酸盐岩具有较高的 $\delta^{13}C$ 值，平均值分别为 0.56‰ ± 1.55‰、−4.93‰ ± 2.57‰。

4.5.4　硫同位素

硫的稳定同位素有 ^{32}S、^{33}S、^{34}S 和 ^{36}S，以 ^{32}S 和 ^{34}S 为主（表 4.7）。含硫化合物的硫同位素组成以 $^{34}S/^{32}S$ 比值或 $\delta^{34}S$ 值表示。

随着介质氧化还原条件的不同，硫的氧化数可以由（−II）～（+VI）。硫的同位素分馏除受前述各种因素影响外，氧化还原电势还具有重要作用。该电势能够增强同位素分馏效应，因为随着硫氧化数的不同，化学键强度也有很大变化，因而分子振动能的差异也较大。一般来说，重同位素总是优先分配在具有强化学键的化合物中。在SO_4^{2-}中的键强度远大于硫化物中的键强度，所以当硫化物部分地氧化为硫酸盐时，将导致^{34}S在硫酸盐中的富集。而H_2S和硫化物一般富集^{32}S，煤、石油大多相对富集^{32}S。

1. 硫同位素的分馏

（1）细菌作用可引起硫同位素的明显分馏。还原硫细菌能把SO_4^{2-}还原为H_2S，使H_2S富含^{32}S。细菌的同位素分馏效果伴随反应速率、反应连续性和环境条件的变化而变化，一般可达40‰以上，经多次分馏则可达到120‰。

硫同位素分馏的$\delta^{34}S$值变化很大，与硫同位素的质量差较大和一些化学性质有关。例如，硫化物在低温水溶液中极难溶解，而硫酸盐的溶解度则相当大，造成富^{34}S硫酸盐被溶解并带走，留下富^{32}S的硫化物，发生两者的机械分离。

在深海或静海对硫酸盐开放的环境中，还原消耗掉的SO_4^{2-}，可从上覆海水中不断得到补充，使SO_4^{2-}的同位素组成基本保持不变。海水硫酸盐$\delta^{34}S$值为+20‰，所形成硫化物$\delta^{34}S$值为−40‰～−20‰。此硫同位素动力学分馏的k/k^*为1.040～1.060。

在硫酸盐的补给速率低于其还原速率的封闭、半封闭环境中，由于富^{32}S的硫酸盐优先被还原成H_2S，因此最初形成的硫化物的$\delta^{34}S$值最低。随着还原作用的进行，越是后来形成的硫化物，$\delta^{34}S$值就越高。对于H_2S开放的体系，即生成的H_2S迅速转变为金属硫化物，而从体系中沉淀出来，则开始时硫化物的$\delta^{34}S$值很低，但晚期形成的硫化物的$\delta^{34}S$值可大于海水硫酸盐的初始值（−7‰～+30‰）；对于H_2S封闭的体系，即生成的H_2S未形成金属硫化物而离开体系，硫化物的$\delta^{34}S$值也是由低到高，还原结束时接近于海水硫酸盐的初始值（−7‰～+18‰）。

（2）在温度超过50℃时，含硫有机质发生热分解，生成H_2S，产生硫同位素动力学分馏，k/k^*为1.015。如硫有机质的$\delta^{34}S$为+20‰时，热分解产物H_2S的$\delta^{34}S$值为0‰～+10‰。

（3）还原作用。例如，温度高于80℃，水中硫酸盐可被有机物还原：

$$SO_4^{2-} + CH_4 \longrightarrow H_2S + CO_2 + H_2O$$

这时的反应速率一般较快，硫同位素分馏很小，生成H_2S的$\delta^{34}S$值为+16‰～+22‰。

硫酸盐还原形成硫化物，也包括无机还原过程。例如，海水硫酸盐与玄武岩相互作用：

$$2SO_4^{2-} + Fe^{2+} + 8H_2 \rightleftharpoons FeS_2 + 8H_2O$$

$\delta^{34}S$ 值为+20‰的海水与反应产物黄铁矿（FeS_2）的 $\delta^{34}S$ 值为−5‰～+20‰，即硫同位素动力学分馏，k/k^*为 1.000～1.025。

以上各作用过程都属于硫同位素动力学分馏，也存在热力学平衡分馏过程。在热力学平衡状态下，不同氧化数的硫同位素分馏特征的 $\delta^{34}S$ 值存在次序：S^{2-} < S_2^{2-} < S < SO_2 < SO_4^{2-}。硫同位素分馏过程产生含硫的矿物，该矿物仍具有硫与金属之间化学键越强、越易富集重硫同位素的规律。例如，平衡状态下，硫酸盐矿物的 $\delta^{34}S$ 值存在次序：铅矾（$PbSO_4$）<重晶石（$BaSO_4$）<天青石（$SrSO_4$）<石膏（$CaSO_4 \cdot 2H_2O$）。

2. 海洋生物和海洋沉积物的硫同位素组成

生物体中的硫主要存在于蛋白质中。生物体通过同化硫酸盐还原作用来合成有机硫化合物。因此，无论是淡水植物，还是海洋生物，其 $\delta^{34}S$ 值都比水中溶解的硫酸盐低一些，因为生物体内硫酸盐还原过程存在−4.5‰～+0.5‰的同位素分馏。

海洋沉积物中硫化物的 $\delta^{34}S$ 值，一般比海水硫酸盐低 20‰～60‰。现代大洋沉积物中 FeS_2 的 $\delta^{34}S$ 值变化平均为−20‰～−10‰。个别样品 $\delta^{34}S$ 值可低至−50‰以下，或者高达+20‰以上。黄铁矿、酸挥发性硫化物、干酪根、硫酸盐和单质硫等都可以是沉积物中硫的存在形式。相对于海水硫酸盐，黄铁矿通常是最贫 ^{34}S 的，而酸挥发性硫化物和干酪根中硫的 $\delta^{34}S$ 值稍高于黄铁矿。单质硫主要赋存于表层沉积物中，很可能是通过沉积物-水界面扩散上来的 H_2S 氧化的结果。

硫同位素地质温度计在矿床学研究中得到了广泛的应用。例如，火成岩岩石成因研究中发现，喷发到陆地上的火山岩与海底熔岩的硫同位素组成明显不同：大陆玄武岩的 $\delta^{34}S$ 值为−0.8‰，硫酸盐/硫化物值低；而海底玄武岩 $\delta^{34}S$ 值为+0.7‰，硫酸盐/硫化物值也高，这说明大陆玄武岩经历了 SO_2 的快速去气作用。岩浆上升中去气反应式之一为

$$FeS + CaO + H_2S + 3.5O_2 \rightleftharpoons FeO + CaSO_4 + SO_2 + H_2O$$

因而产生硫同位素的分馏。

在热液矿床研究中探明，含硫矿物的硫同位素组成，不但与成矿溶液的硫同位素组成及成矿温度有关，而且与成矿溶液的 pH 和 P_{O_2}（氧气的分压）有关，并受矿物形成时体系的开放或封闭性质所控制。

在研究地质历史时期一些重要的地层界线事件中，硫同位素地层学也发挥了重要作用。例如，在波兰的东欧地台上，寒武纪-元古宙界线（深 2816m）附近（深度 2780～2830m）黄铁矿 $\delta^{34}S$ 值由+4‰突跃至+47‰。寒武纪地层中 $\delta^{34}S$ 值平均为+23.3‰，明显低于元古宙地层的平均值+32.6‰。

4.5.5 锶同位素

锶的稳定同位素有 ^{84}Sr、^{86}Sr、^{87}Sr 和 ^{88}Sr。^{87}Rb 经 β^- 衰变生成 ^{87}Sr，因此 ^{87}Sr 在地质历史中是逐渐增多的。通常以 $^{87}Sr/^{86}Sr$ 比值表示含锶化合物的锶同位素组成。

1. 锶同位素用于研究有关物质来源

地质体年代越久远，其中 ^{87}Sr 积累越多，$^{87}Sr/^{86}Sr$ 比值越高。因此，古老硅铝岩石具有最高的 $^{87}Sr/^{86}Sr$ 比值，平均 0.720；年青玄武岩该比值最低，平均 0.704；显生宙以来海洋碳酸盐平均为 0.708。显生宙以来海水的 $^{87}Sr/^{86}Sr$ 比值在 0.7065～0.7090，受上述三种锶来源所占分数所决定，即

$$R_{海水} = R_{玄}X_{玄} + R_{硅}X_{硅} + R_{碳}X_{碳} = 0.704V + 0.720S + 0.708m$$

式中，$X_{玄}$、$X_{硅}$、$X_{碳}$ 分别为三种锶来源所占分数；R 为锶同位素比值，即 $^{87}Sr/^{86}Sr$；玄、硅和碳分别指年青玄武岩、古老硅铝岩和显生宙以来海洋碳酸盐。

各时代未蚀变的化石介壳 $^{87}Sr/^{86}Sr$ 的测定结果如图 4.15 所示。

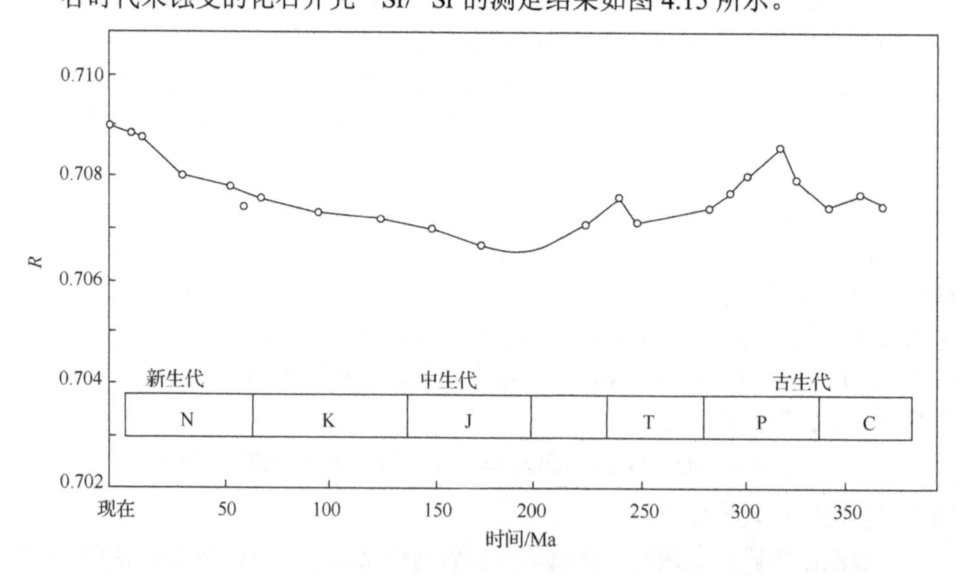

图 4.15 未蚀变化石介壳所显示的显生宙以来海水 $^{87}Sr/^{86}Sr$ 比值的系统变化

（Peterman et al.，1970；Harland et al.，1964）

因为各时代化石介壳与当时海水应具有相同的 $^{87}Sr/^{86}Sr$ 比值，所以该图实际上反映了各时代海水锶同位素组成的波动。曲线自晚古生代以来，在海水 $^{87}Sr/^{86}Sr$ 比值的下降总趋势中，有两个高值峰，一个发生于石炭纪，另一个出现于早三叠

纪。二者反映了当时大陆冰川作用的增强，由于冰川对大陆的侵蚀作用，向海洋输入了较多的古老硅铝岩石组分（具有高 $^{87}Sr/^{86}Sr$ 比值）。而自古生代末期以来，$^{87}Sr/^{86}Sr$ 比值的下降总趋势，则与火山作用的增强有关，这时有较多的含有低 $^{87}Sr/^{86}Sr$ 比值的年青玄武岩组分进入海洋。

2. 锶同位素用于研究地层划分和沉积历史

利用 $^{87}Sr/^{86}Sr$ 比值可有效地对深海沉积岩芯的地层进行划分和查明沉积历史，研究这些内容的学科被称为锶同位素地层学。其出发点是深海沉积物由自生组分和外生组分所构成。自生组分形成于海洋环境中，与海水具有相同的锶同位素成分，所以深海沉积物的锶同位素组成差异来自外生组分。在外生组分中，又可分出两种端元组分：具有高 $^{87}Sr/^{86}Sr$ 比值（0.720）的古老硅铝岩质组分和具有低 $^{87}Sr/^{86}Sr$ 比值（0.704）的年青玄武岩质组分，所以深海沉积物在用盐酸溶解了自生碳酸盐后，即可认为由上述两种端元组分混合而成。引入混合系数 $f = m_A/(m_A + m_B)$，m_A、m_B 分别表示两端元组分的质量。如果已知 m_A、m_B 及某元素在两组分中的质量浓度 X_A、X_B，则该元素在混合物中的质量浓度为

$$X_M = fX_A + (1-f)X_B \text{ 或 } X_M = f\left(X_A - X_B\right) + X_B$$

可导出双曲线方程为

$$R_M = \frac{a}{\rho_{\mathrm{Sr}_M}} + b \tag{4.38}$$

式中，

$$a = \rho_{\mathrm{Sr}_A} \cdot \rho_{\mathrm{Sr}_B} \cdot \left(R_B - R_A\right) \Big/ (\rho_{\mathrm{Sr}_A} - \rho_{\mathrm{Sr}_B})$$

$$b = \left(\rho_{\mathrm{Sr}_A} R_A - \rho_{\mathrm{Sr}_B} R_B\right) \Big/ (\rho_{\mathrm{Sr}_A} - \rho_{\mathrm{Sr}_B})$$

其中，ρ_{Sr_A}、ρ_{Sr_B} 和 ρ_{Sr_M} 分别为组分 A、B 和混合物的总锶浓度；R_A、R_B 和 R_M 分别为组分 A、B 的混合物的锶同位素比值 $^{87}Sr/^{86}Sr$。在给定 A、B 条件下，a、b 为常数。

对取自红海中央裂谷的一个溶塞岩芯进行锶同位素测定，得到方程：

$$R_M = 0.8156 \frac{1}{\rho_{\mathrm{Sr}_M}} + 0.70294 \tag{4.39}$$

其玄武岩组分 A 的 R_A 为 0.704，X_A 为 772，硅铝岩组分 B 的 R_B 为 0.715，X_B 为 68。式（4.39）对于每个单元组分也适用。

已知 X_A、X_B 及 X_M，即可计算混合系数为

$$f = \left(X_M - X_B\right) \Big/ \left(X_A - X_B\right) \tag{4.40}$$

f 是玄武岩组分在混合物样本中的混合系数。图 4.16 中，左图为锶浓度随岩芯深度变化的曲线；中图为玄武岩质组分质量分数随深度变化的曲线；右图为岩

芯柱状图，表明整个岩芯，由二层玄武岩质火山碎屑层和四层硅铝岩质层组成，它们被正常沉积分开，反映了沉积条件的多次变化。

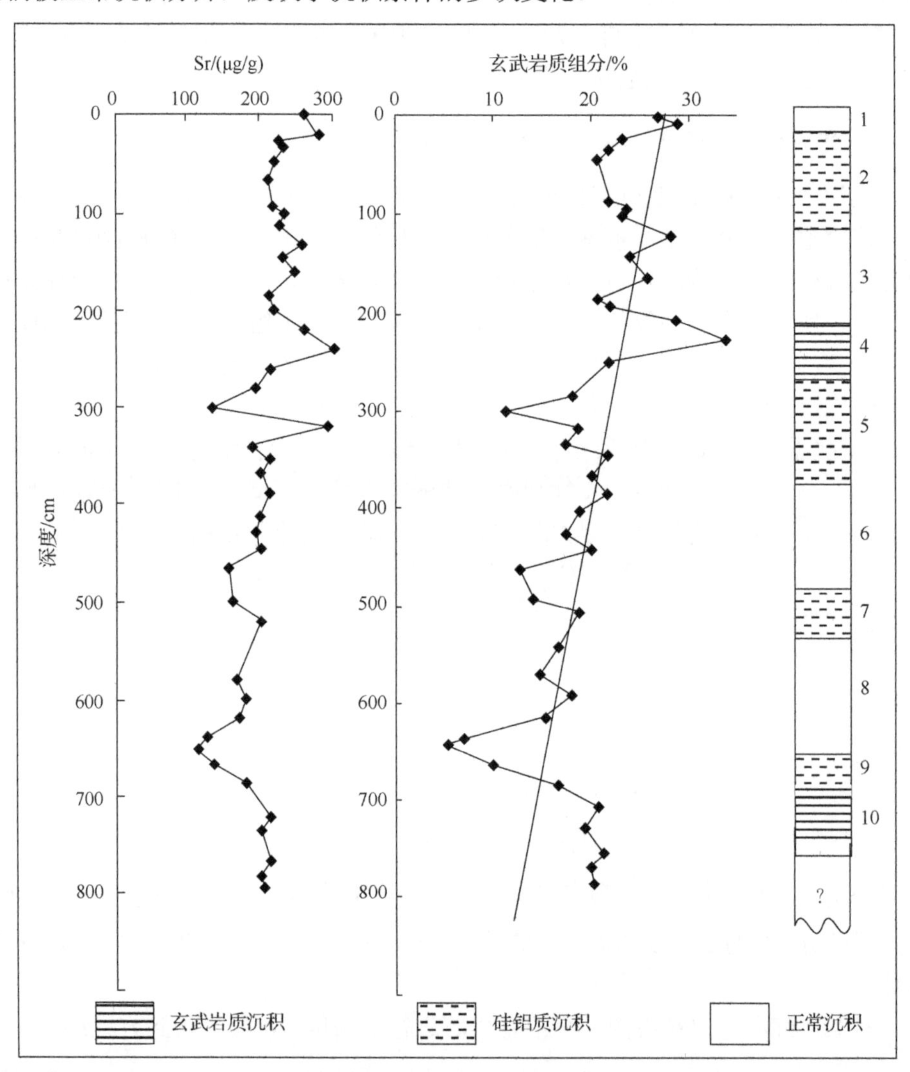

图 4.16　岩芯非碳酸盐部分锶浓度和玄武岩质组分质量分数的深度剖面（Boger et al.，1974）

"？"表示这个浓度的沉积类型没有勘测

思考题

1. 描述放射性同位素的衰变方式。
2. 放射性同位素测年需要具备什么条件？

3. 简述海洋中放射性同位素的来源。
4. 什么是放射性不平衡状态？
5. 海洋沉积速率取决于哪些因素？
6. 什么叫同位素分馏？其对大气组成有何影响？
7. 简述稳定同位素的应用。

第5章

海洋沉积作用概论

海洋相对作为剥蚀区的大陆而言，是地球表面最广阔的沉积区。海洋沉积作用是海洋地球化学研究的重要内容之一。

海洋沉积的物质来源分为两类：一类是外源，指来自海洋外部，且以来自大陆（陆源碎屑）为主，还有大气尘埃及溶解组分，陨石、陨尘等地外或宇源物质是次要的。另一类是内源，产生自海洋内部，其中来自海洋生物碎屑的称为生源沉积，来自海底基岩蚀变和冷水沉淀的称为自生沉积。内源物质也包括海底火山和热液作用以及海底玄武岩的物质供给。

外源物质首先借助水动力（如河流）、大气动力和冰川动力被搬运入海，而后在海洋水动力作用下最终沉向海底。外源物质和内源物质在海底的堆积和共生状况是物理、化学和生物化学综合作用的结果，包含了元素的活动性、迁移、分散和富集等丰富内容。

沉积作用是指不同来源的物质在液体或气体（如地球的水圈或大气圈）圈层与固体圈层界面上，通过重力沉降与堆积，或通过化学、胶体、生物沉降与凝聚而形成层状沉积物的地质过程。沉积作用地球化学通过研究沉积物（岩），获得其中有关化学元素及其同位素的地球化学信息，并以此阐明沉积物（岩）的物质来源、分异机制及其环境变化和相关地质过程的发生条件与演化规律。

本章讨论海洋沉积作用的一些基本规律，为本书后面内容提供必要的基础。

5.1 物质入海的搬运介质

陆源物质是海洋沉积的最主要外源物质，其向海洋的输入始于大陆基岩的风化剥蚀作用。大陆风化剥蚀及其产物搬运的主要营力是水力（河流和地下水）、风力、冰川作用和重力。海洋则是各种风化剥蚀产物的最终归宿。

据估算，海洋中约87%的无机沉积物是由河流搬运的，如表5.1所示。其他来源所占比例很小，如大气降尘和火山作用带入海洋的物质，占其输入总量的

0.5%。因此，水是地球表面化学元素迁移的最主要搬运介质。

表 5.1 由不同营力搬运到海洋中的无机沉积物质和比例

搬运类型	营力类型	质量/10^{15}g	搬运比例/%	总比例/%
机械搬运	河流	16.0	87.0	70.5
	冰川	2.07	11.3	9.1
	海洋风化	0.26	1.4	1.1
	风力	0.06	0.3	0.3
	合计	18.4	100	81.0
溶液搬运	河流	3.9	91	17.2
	地下水	0.4	9	1.8
	合计	4.3	100	19.0
合计		22.7	—	100

注：设沉积物密度为 2.8g/cm^3（Garrels et al.，1971；Milliman et al.，1983）。

水在海洋、大气、湖泊、河流、土壤和地下水等各储库之间的运动称为地表水文循环。水在储库中的停留时间 τ_W 定义为

$$\tau_W = \text{储库中的水量/储库水通量} \tag{5.1}$$

式中，水量为水的体积或质量；水通量为单位时间流入（或流出）的水量。海洋含有地球上 94%的水，为 13700×10^{20}g。如果将海洋作为一个稳定系统，则水在海洋储库中的停留时间为

$$\tau_W = 13700\times10^{20}\,\text{g} / [(0.36\times10^{20} + 3.5\times10^{20})\,\text{g/a}] = 3550\text{a}$$

式中，0.36×10^{20}g/a 为河流和地下水的入海水通量；3.5×10^{20}g/a 为大气降水的入海水通量。

大气圈水储量为 0.13×10^{20}g，海洋蒸发量为 3.8×10^{20}g/a，湖泊和河流蒸发量为 0.63×10^{20}g/a（图 5.1），同样可求得水在大气中的 τ_W 为 11d。

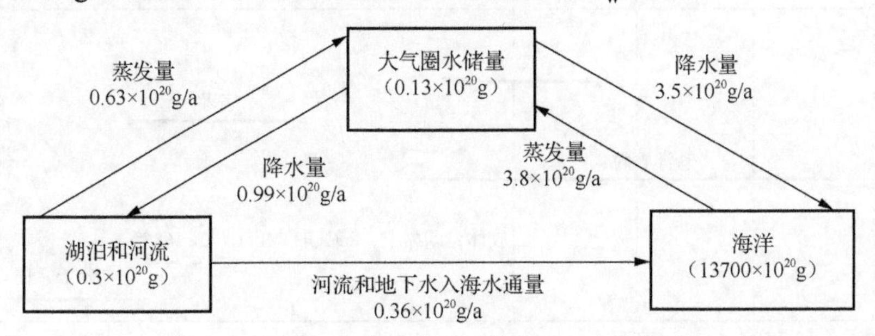

图 5.1 地球表面的水文循环及水通量

水在其他储库中的 τ_W 大致是：湖泊和水库为 10a，河流为 14d，冰帽和冰川为 10～1000a。这些数值对研究元素的表生作用地球化学循环有重要意义。

5.2 元素的表生迁移形式

元素在地表的迁移可分为溶解、胶体和机械三种形式。迁移形式的制约因素主要包括：迁移物质的分散度（粒径大小）、元素性质和迁移的条件。在搬运过程中，这三种形式总是相互转化：岩石矿物碎屑和岩块不断粉碎、溶解而进入大气和水体，溶解物质在一定条件下会凝聚成胶体，而胶体又可以吸附在悬浮物和碎屑表面。

溶解于水体的物质形态主要有无机配合物、低分子有机配合物（如可溶有机质，指能通过 0.45μm 孔径滤器的有机物质）、分子（如 O_2、$CdCl_2$ 等）和简单离子（如 K^+、Cl^-等），其粒子直径大多小于 10^{-9}～10^{-8}m，通常称这种系统为真溶液。元素的胶体迁移主要是粒径为 10^{-8}～10^{-5}m 的大分子、聚合物、固（液）相粒子，真溶液中的离子、分子等粒子或被吸附在这些粒子上，以水溶胶、气溶胶形式被搬运。水悬浮颗粒的直径在 10^{-6}～10^{-3}m，它们与碎屑、岩块一起以机械方式被搬运。其中粒径为 10^{-6}～10^{-5}m 的悬浮颗粒在水中相当稳定。实际研究中，可用不同的过滤方法分离不同粒径的粒子。一些天然物质粒子的大小常见过滤器孔径如图 5.2 所示。下面讨论与水溶液有关的元素表生迁移。

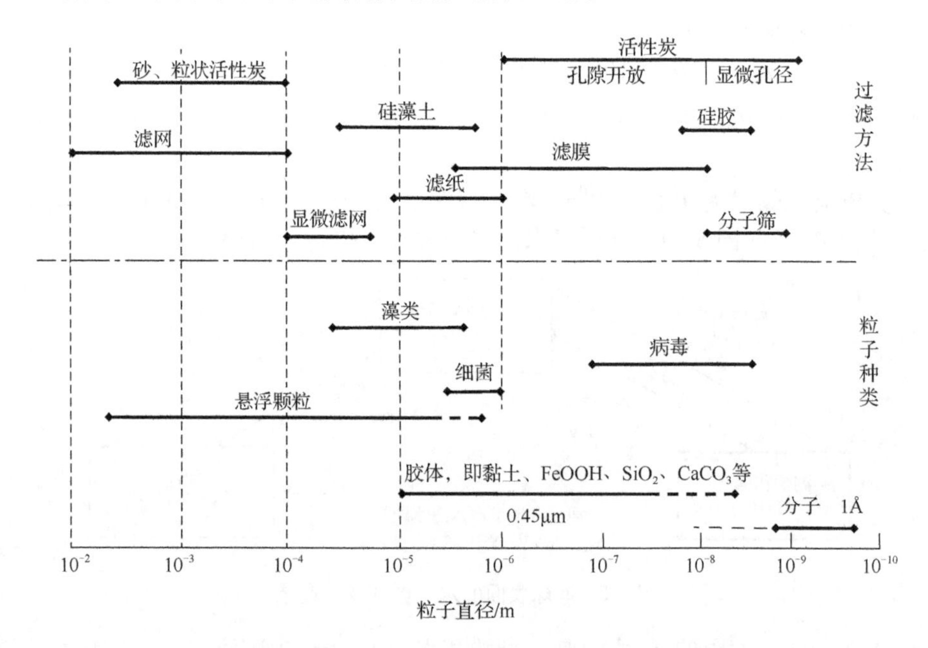

图 5.2 地表水和地下水中的一些天然物质粒子的大小和常见过滤器的孔径（Stumm et al.，1981）

5.2.1　机械迁移——尤斯特罗姆图解

海洋中 70%的沉积物来源于大陆，通过河流以机械搬运的方式进入海洋。岩石及矿物碎屑的表生迁移主要依赖于流体运动。颗粒的迁移距离和沉降速率取决于流体的密度、黏度、流速及雷诺数（决定其是层流，还是紊流）等流体动力条件和颗粒的密度、形状及大小等颗粒物理性质。由于研究的是大量碎屑颗粒运动的统计行为，所以每个颗粒的具体性质并不重要，因此可以用等效的理想粒子代替实际的碎屑颗粒，来研究其在流体中的机械运动和沉降规律。在一定水力条件下，如果所研究颗粒与一种有单位密度的球形粒子活动行为相同，则这种球形粒子被定义为所研究颗粒的水力等效颗粒。

河流中泥沙的机械迁移过程可用流速-粒度关系图（尤斯特罗姆图解）来描述，如图 5.3 所示。图中“搬运”区中，碎屑颗粒以翻滚、跳跃和悬浮三种方式随水流机械迁移，而当流速降低时，在“沉积”区沉淀到河床上。小颗粒可以在流速很慢时呈悬浮状态运动，而大粒度的碎屑则需要较高的流速，才能处在被搬运的状态。当流速增大到“剥蚀”区时，河床可以被冲刷剥蚀，而使沉积物重新被搬运。例如，0.1mm 的颗粒在 10cm/s 流速中位于图 5.3 的“搬运”区，它会随水流运动。当流速低于 1cm/s 时，它将在河床中沉淀。一旦 0.1mm 的颗粒沉淀后，

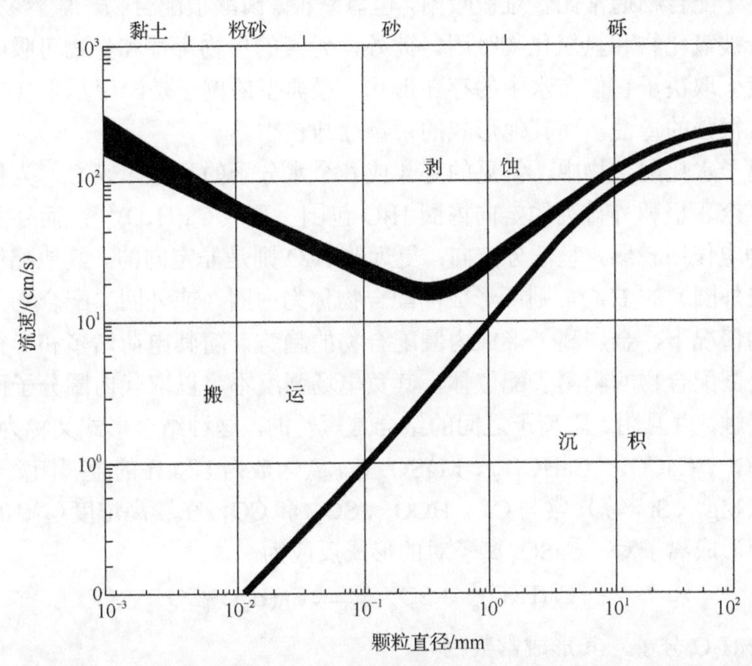

图 5.3　在水深约 1m 的平坦均匀河床上，碎屑颗粒被搬运、沉积和剥蚀的尤斯特罗姆图解

在约不小于 30cm/s 流速下，它将被重新剥离河床，由河水携带而继续迁移。由图 5.3 可见，该图解中“剥蚀”和“搬运”区的界线在细颗粒部分呈较宽的带状。这是因为沉积的黏土和粉砂颗粒之间的黏结力比砂粒大，且易于压实和固结，而更难以剥蚀，而且黏土和粉砂质的沉积表面，比砂质的更致密而光滑，从而更有利于层流的发育。显然，沉积物固结程度越高，孔隙率越小，表面越光滑致密，使其被剥离所要求的流速就越大。而在该图解右侧的粗砂和砾石范围内，剥蚀-沉积界线与粒度和流速则成正比关系。

5.2.2 溶液迁移——水化配合物

在水溶液中，许多阳离子都以水化（合）配合物形式存在，如 $Cu(H_2O)_4^{2+}$ 、$Ni(H_2O)_6^{2+}$ 、$Ti(H_2O)_6^{3+}$ 、$Cr(H_2O)_6^{3+}$ 等，也存在含氧配合离子形式，如 UO_2^{2+} 、SO_4^{2-} 等。高氧化数元素与配合剂的配合，能够明显增大这些元素在水中的溶解度。例如，方解石（$CaCO_3$）在纯水中的溶解度只取决于其溶度积 K_{sp}（$10^{-8.5}$, 25℃），而当水中含物质的量分数分别为 1%的 SO_4^{2-} 和 1%的 HCO_3^- 时，由于形成溶解态的 $CaSO_4$ 和 $CaHCO_3^+$，水中钙含量将增加 2 倍。配合作用也对某些离子的吸附性能有很大影响。例如，氧化物和氢氧化物矿物能够强烈吸附铀酰 UO_2^{2+} 的氢氧配合物，但对铀酰碳酸根配合物的吸附能力却很弱。在表生条件下，金属的碳酸根、硫酸根和氟离子配合物通常比较难被吸附，但氢氧根、磷酸根配合物一般容易被吸附，尤其易于被氧化物和氢氧化物吸附。此外，元素的生物毒性和生物可吸收性，在很大程度上取决于它们在水中的存在形式。最典型的例子是，甲基汞（CH_3Hg^+）对生物有很强的毒性，而其他形式的汞毒性却较小。

阳离子水化配合物中，常见的是 4 或 6 个水分子的配位。以 Ca^{2+}为例，水中直接被 6 个正极朝外排列的定向内圈 H_2O 包围，形成 $Ca(H_2O)_6^{2+}$ ；而外圈的 H_2O 受 Ca^{2+}静电作用较弱，呈部分定向；更远的 H_2O 则是非定向的。其他配位体取代内圈（或外圈）的 H_2O，则所形成的配合物称为内圈（或外圈）配合物。在给定配位体的情况下，金属离子形成内圈配合物的趋势，随其电荷增多和半径减小而增强。外圈配合物的阴离子配位体，其负电场强度不足以取代内圈分子而直接与阳离子接触，并且阴、阳离子之间的结合是短暂的。这种结合形式又称为离子对，如 $NaHCO_3$ 、$CaCO_3$ 、$CaHCO_3^+$ 、$MgSO_4$ 等。氧化数为 I 和 II 的金属阳离子（Na^+、K^+、Ca^{2+}、Mg^{2+}、Sr^{2+}等），常与 Cl^- 、HCO_3^- 、SO_4^{2-} 和 CO_3^{2-} 在较高浓度（$>10^{-4}$mol/L）的溶液中形成离子对。$CaSO_4$ 离子对的形成反应为

$$Ca(H_2O)_6^{2+} + SO_4^{2-} \rightleftharpoons Ca(H_2O)_6SO_4$$

略去 H_2O 分子，其形成常数为

$$K = [CaSO_4] / ([Ca^{2+}][SO_4^{2-}]) \tag{5.2}$$

Ca^{2+}、Mg^{2+}、Ni^{2+}、Zn^{2+}、Co^{2+}、Cd^{2+}、Mn^{2+}、Fe^{2+}、Cu^{2+}与SO_4^{2-}形成 1∶1 离子对的形成常数相当接近，为 $10^{-2.35}$～$10^{-2.28}$。在海水中有明显含量的离子对如表 5.2 所示。

表 5.2　海水中硫酸盐、碳酸盐和重碳酸盐各种存在形式的分布

阴离子	质量摩尔浓度/（mol/L）	游离离子/%	CaL/%	MgL/%	NaL/%	KL/%	其他离子对/%
SO_4^{2-}	0.0291	39.0	4.0	19.5	31.7	0.4	—
HCO_3^-	0.00213	81.3	1.5	6.5	10.7	—	—
CO_3^{2-}	0.000171	8.0	21.0	43.9	16.0	—	11.1

注：4～7 列中 L 表示呈离子对形式的有关阴离子（Pytkowicz et al.，1974）。

在海水中，离子对和活度系数效应都能使物质的质量摩尔浓度超过矿物的溶解度限制。例如纯水中方解石的 K_{sp} 为 $10^{-8.5}$，而在海水中为 $10^{-6.1}$。如果CO_3^{2-}浓度不变，在海水中被溶解的Ca^{2+}浓度就比纯水中增加了 250 倍。

内圈配合物的离子有HCO_3^-、AgS^-、HgI^+、$CaSH^+$、UOH^{3+}等。Ag^+、Cd^{2+}、Zn^{2+}、Hg^{2+}与Se^{2-}、Te^{2-}、S^{2-}、SH^-形成强的内圈配合物。通常，氧化数为 III 以上的金属阳离子，倾向于形成以内圈性质为主的配合物。

实际的配合物大多呈内、外圈配合物的中间状态。光谱、电导率和化学动力学，都可以用来测定配合物的内圈和外圈配合性质。例如，$CaSO_4$ 离子对形成硫酸钙的常数 K 为 $10^{-2.3}$，属外圈配合；$BeSO_4$ 的 K 为 $10^{1.95}$，研究认为其具有 10%的内圈配合性质；$PbSO_4$ 的 K 为 $10^{2.69}$，内圈配合物比例大于 10%；$CrSO_4$ 的 K 为 $10^{4.8}$，具有 73%内圈配合性质和 27%外圈配合性质。

5.2.3　胶体迁移——吸附作用和表面反应

元素在水或大气中呈粒径为 10^{-8}～10^{-5}m 的颗粒，或被吸附在这类颗粒上被搬运，这个过程称之为胶体（水溶胶或气溶胶）迁移。在胶体尺度的颗粒上，有相当多的原子位于颗粒表面，因而具有特殊的表面性质，其中对元素的沉积作用地球化学行为有重要影响的是：①固体表面自由能的增加，使小颗粒的溶解度增大，从而增强了元素的地球化学活动性。②胶体粒子具有悬浮稳定性，能携带元素在水和大气中长距离迁移。③胶体粒子能吸附水中的可溶组分，从而可使元素在未饱和的低浓度溶液中高度富集。④表面静电荷吸引是产生表面反应的主导因素，因此，吸附作用可能形成多种元素的共同富集。

固体-水界面反应起因于水中固体粒子的表面电荷，及其从溶液中吸引带相反电荷的其他粒子而达到电荷平衡的过程，如图 5.4 和图 5.5 所示。表面反应产生的机理有三种：固体表面带有被吸附分子或官能团（如羟基、羧基、磷酰基等）的剩余电荷，水特有的性质所形成的分子极性，带电荷的水中离子和水介质中的动

力学过程（如生物过程驱动的反应等）。

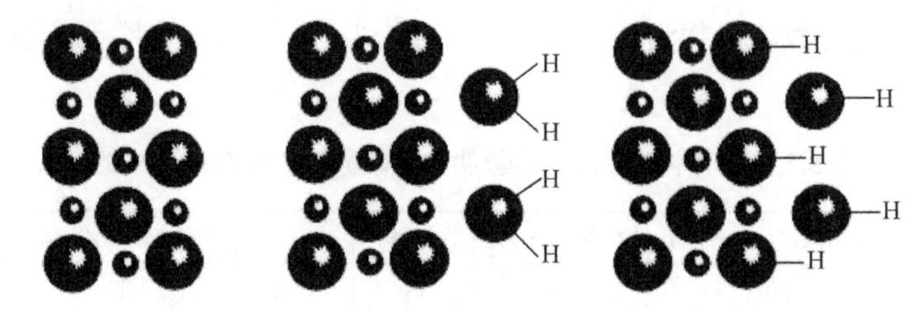

（a）干燥的氧化物表面 （b）有水存在时，表面金属离子可与H_2O分子结合 （c）离解的化学吸附形成羟基化的表面

图 5.4 金属氧化物表面反应的剖面示意图（Warren et al., 1993）

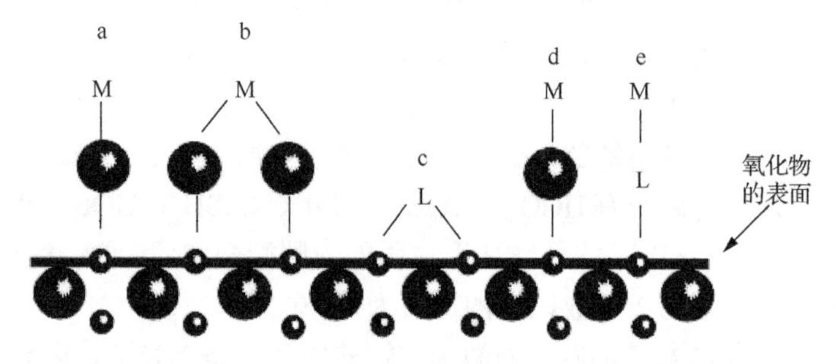

图 5.5 水合氧化物表面配合反应的剖面示意图（Warren et al., 1993）

M.溶液中的金属离子；L.溶液中的配位基：a.表面羟基（—OH）中的一个氧原子提供电子与溶液中的一个金属离子配合；b.两个提供电子的表面氧原子与一个金属离子配合；c.溶液中的配位基置换氧化物表层金属离子（Fe、Mn、Al、Si 等）的表面—OH；d.提供电子的氧原子与溶液中的一个金属-配位基配合物相结合；e.与氧化物表层金属离子配合的—OH 被溶液中的金属-配位基配合物置换

当溶液的 pH 增大时，表面官能团向溶液释放质子，使表面带负电荷：

$$M(OH)_n(s) \longrightarrow M(OH)_{n-1}^-(s) + H^+$$

这种表面官能团能与溶液中的金属阳离子键合；当溶液的 pH 减小时，质子化过程使表面带正电荷：

$$M(OH)_n(s) + H^+ \longrightarrow M(OH)_{n-1}(H_2O)^+(s)$$

获得质子的表面官能团则能与溶液中的阴离子发生表面反应。因此，许多矿物的表面是两性的，表面电荷的正、负性最终取决于溶液的 pH。

微生物细胞也具有胶体的性质，同样带有相应于 pH 的表面电荷。这种电荷变化是由细胞表面羧基、氨基等的质子化或去质子化而产生的：

$$^+H_3N\text{（中性细胞）}COO^- + H^+ \longrightarrow {}^+H_3N\text{（正电性细胞）}COOH$$

$$^+H_3N\text{（中性细胞）}COO^- \longrightarrow H_2N\text{（负电性细胞）}COO^- + H^+$$

固体表面产生负的或正的表面电荷所相应的 pH，主要取决于其表面官能团的离解常数 K_a。固体表面电荷为零时的 pH 称为零电荷点 ZPC。如果表面电荷符号

改变完全是由吸附 H^+或 OH^-造成的，则电荷符号反转时的 pH，称为零质子电荷点 PZNPC 或等电点。表 5.3 列出了一些常见矿物和有机质的零质子电荷点 PZNPC 的 pH。显然，溶液 pH＞pH_{PZNPC}时，固体表面净电荷是负的，反之，则是正的。有机质和主要黏土矿物的 pH_{PZNPC} 很小，因此，它们通常带负电荷。零质子电荷点是固体矿物本身的性质。

表 5.3　一些常见矿物和有机质零质子电荷点 PZNPC 的 pH

（Stumn et al.，1996；Sverjensky，1994）

固体	pH_{PZNPC}	固体	pH_{PZNPC}
SiO_2（石英）	1～3(2.91)	MnO_x	1.5～3.7
SiO_2（非晶质）	3.5(3.9)	α-MnO_2（隐钾锰矿）	4.5
钠长石	6.8(5.2)	β-MnO_2（隐晶软锰矿）	4.6～7.3(4.8)
钾长石	(6.1)	CuO（黑铜矿）	9.5(8.6)
蒙脱石	≤2～3	MgO（方镁石）	12.4(12.24)
高岭石	≤2～4.6(4.66)	α-$Al(OH)_3$（三水铝石）	10.0(9.84)
白云母	(6.6)	$CaCO_3$（方解石）	8.5,10.8
镁硅酸盐	9～12	$Ca_5(PO_4)_3F$（氟磷灰石）	4～6
α-Fe_2O_3（天然赤铁矿）	4.2～6.9	$Ca_5(PO_4)_3(OH)$（羟磷灰石）	≤8.5
$Fe(OH)_3$（非晶质）	8.5～8.8	$FePO_4·2H_2O$（红磷铁矿）	2.8
α-FeOOH（针铁矿）	5.9～6.7	$AlPO_4·2H_2O$（磷铝石）	4
Mn(Ⅱ)（水锰矿）	1.8	藻类	2
σ-MnO_2（水钠锰矿）	1.5～2.8	下水道污水（细菌等）	2

通常吸附作用是指溶液中的离子与固体颗粒表面官能团之间的结合反应。吸附作用所形成的结合，可以是共价键，也可以是离子键。共价键结合时形成内圈配合物，称为内圈配合作用。离子键维系的水合物或离子对，即外圈配合物的吸附强度，远比内圈配合物弱得多，因此也更容易被解吸。

5.3　元素的表生地球化学相对活动性

水是表生作用过程中最重要的搬运介质。元素在地球表面的迁移主要是由水溶液对地表岩石和沉积物的侵蚀淋滤造成的。因此，可以通过对比共存的地表固体（岩石、沉积物）与水溶液中的元素相对含量，即水迁移系数和水-岩分配系数，来度量元素在表生条件下的相对活动性或迁移强度。

5.3.1 水迁移系数

元素 x 的水迁移系数 K_x 被定义为 x 在水中的浓度 m_x（mg/L）与其在水系流经的矿质残渣中的浓度 an_x 之比，即

$$K_x = m_x \times 100/(an_x) \tag{5.3}$$

式中，a 是水中矿质残渣浓度（mg/L）；n_x 是元素 x 在岩石中的质量分数。显然，K_x 值越大，元素 x 水中迁移能力越强。几种元素的 K_x 计算值见表 5.4。

表 5.4 据元素在河中的浓度 m_x 和岩石圈质量分数 n_x 计算水迁移系数 K_x 的实例

相关系数	单位	Si	Ca	Zn	Cu	Fe
m_x	mg/L	10	50	5×10^{-2}	3×10^{-3}	1
n_x	%	29.5	2.96	8.3×10^{-3}	4.7×10^{-3}	4.65
K_x	—	0.07	3.3	1.2	0.12	0.04

确定了 K_x 值，也就确定了各元素在指定水迁移环境中的相对活动性，如表 5.5 所示。

表 5.5 化学元素在地表水中的活动性

<table>
<tr><th>元素类型</th><th>水迁移系数</th><th>包含的元素</th><th>地表水性质</th><th colspan="2">地表水中共存元素</th></tr>
<tr><td rowspan="2">强活动性元素</td><td rowspan="2">$K_x=n_x\times10$～$n_x\times100$</td><td rowspan="2">S,Cl,B,Br</td><td rowspan="2">氧化环境中活动（$K_x=n$～$0.n$）而强还原环境中呈惰性（$K_x<0.1$）元素</td><td>酸性、弱酸性水</td><td>酸、碱性水</td></tr>
<tr><td>Zn,Ni,Cu,Pb,Cd,Hg,Ag</td><td>V,U,Mo,Se,Re</td></tr>
<tr><td rowspan="2">活动性元素</td><td>$K_x=n_x$</td><td>Ca,Na,Mg,Sr,Ra,F</td><td>强还原环境中活动（$K_x=n$～$0.n$）而氧化环境中呈惰性的（$K_x=0.0n$）元素</td><td colspan="2">Fe,Mn,Co</td></tr>
<tr><td>$K_x=0$~n_x</td><td>K,Ba,Rb,Li,Be,Cs,Tl,Si,P,Sn,As,Ge,Sb</td><td>多数环境中难迁移的元素</td><td colspan="2">Al,Ti,Zr,Cr,REE,Y,Ga,Nb,Th,Sc,Ta,W,In,Bi,Te,Au,∑Pt</td></tr>
</table>

元素在不同环境中迁移强度的差别称为迁移相对性，以其在不同环境中的迁移系数之比来量度。例如，在硫化物矿床氧化带和湿润气候的风化壳中，Zn 强烈迁移，其水迁移系数超过 1（$K_{Zn}=n$）；但在硫化物形成过程中 Zn 形成不溶物 ZnS，其水迁移系数小于 1（$K_{Zn}=0.0n$）。锌在不同环境的水迁移系数之比称为迁移相对性系数 C。对 Zn 而言，C_{Zn} 约为 100。元素的地球化学相对性系数越大，越可能形成该元素的富集，包括形成其矿床。元素的迁移形态、迁移系数及迁移相对性系数是其表生地球化学活动性分类的依据。

5.3.2 元素的水-岩分配系数和海洋停留时间

元素 y 的水-岩分配系数 K_y^{sw} 是其在天然水和上部大陆地壳中含量的比值，即

$$K_y^{sw}=C_y^w/C_y^{cu} \tag{5.4}$$

式中，C_y^w 是元素 y 在天然水中的浓度；C_y^{cu} 是元素 y 在上部大陆地壳中的浓度。海洋是大多数溶解物质的最终归宿，因此，海水和上部大陆地壳的水-岩分配系数 K_y^{sw} 是衡量表生条件下元素活动性的重要参数。

如果将海洋看作一个输入与输出达平衡的稳态体系，则某元素在海洋中的停留时间为

$$\tau=M/F \tag{5.5}$$

式中，M 和 F 分别为某元素在海洋中的总质量和海洋年平均通量。τ 对研究元素及其同位素在海水及其自生矿物和沉积物（岩）中的分布有重要意义。

通常根据携带元素进入海洋的河流输入量计算元素的海洋通量和停留时间，也可以根据远洋沉积物的元素含量，即元素从海洋中沉淀出来的量计算元素的停留时间。研究表明，这两种方法的计算结果不完全一致，但具有高度的相关性。

1985年泰勒等根据远洋沉积物，主要是深海黏土，估算出元素海洋通量及相应的水-岩分配系数。结果表明，停留时间和水-岩分配系数值的变化范围达 8 个数量级，并呈显著的正相关性。

表生过程中，活动性较强的元素具有较长的 τ 和较大的 K_y^{sw} 值，即元素活动性越强，它在海洋中的停留时间越长，在海水中相对于在上部大陆地壳中的浓度也越大。根据这两个参数，可定量地将元素的表生活动性分为三类。

（1）强活动性元素。其 $\lg K_y^{sw}>-2.5$、$\lg\tau_y>6$，包括 Li、Na、K、Mg、Ca、Sr、Cl、Br、I、B 等，它们强烈趋于在水溶液中富集，在海水中均匀分布，停留时间达上百万年，在海水中的质量浓度高出河水几十倍，甚至千倍以上。

（2）低活动性元素。其 $\lg K_y^{sw}<-6$、$\lg\tau_y<3$，包括 Ti、Zr、Hf、Al、Ga、Y、Sc、Fe、Mn、Co、Th、Nb、Sn、Be 等，它们在海水中的质量浓度极低（10^{-14}～10^{-10}），海洋停留时间很短（<1000a，海水均匀混合时间）。

（3）中等活动性元素。其 $\lg K_y^{sw}=-6\sim-2.5$，$\lg\tau_y=6\sim3$，包括上述两类元素之外的其他元素，它们在海水中具有中等浓度和停留时间，海水中均匀分布。其中，K_y^{sw} 和 τ_y 较大的可称为"较活动元素"（$\lg K_y^{sw}=-4\sim-2.5$，$\lg\tau_y=6\sim5$），是典型的低温成矿物质，如 U、Au、Sb、As、Se 等；K_y^{sw} 和 τ_y 较小者，可称之为"难活动元素"（$\lg K_y^{sw}=-6\sim-4$，$\lg\tau_y=5\sim3$），如 V、Ni、Cr、Ge、In、W、Cu、Zn 等属于高-中温热液成矿元素。低活动性元素 Nb、Sn、Be 等则是高温气形成的热液作用中的典型成矿元素。

因此，基于水-岩分配系数和海洋停留时间的元素表生活动性分类，不但能确定元素的表生地球化学活动系列，而且也部分反映了元素在热液条件下的相对活动性。

5.4 沉积作用的地球化学分异

元素的地球化学分异是指元素在地球化学过程中的分散、集中作用。沉积作用是地壳中元素分异的重要过程。大面积成层分布的几乎是由一种矿物组成的岩石，即单矿物岩类，包括碳酸盐岩、硅质岩、磷块岩、石英砂岩和可燃性生物岩等，都是只有通过沉积-成岩作用，才能形成典型的分异产物。在只考虑搬运介质流体动力学的情况下，元素在水盆地中的沉积分异大致是按机械堆积→胶体凝聚→溶解沉积的顺序，在时空上逐渐演进的。根据沉积中元素分异的主要机制，可分为机械分异、化学分异和生物分异三个类别。机械分异只与沉积作用有关，化学分异和生物分异则包括元素的起始沉积分异和成岩作用的再分配。

5.4.1 机械分异

在搬运过程中，表生碎屑因其密度、硬度和溶解度差异，按其机械强度高低和密度大小而造成先后分选沉积的过程，称为机械分异。在沉积物搬运、沉积过程中总是细粒比粗粒搬运得远、密度小的较密度大的搬运得远，因此，黏土级物质被搬运到远洋，而砂粒级物质主要沉积在近海区。机械分异所形成的典型岩石系列是：砾岩→砂岩→粉砂岩→页（泥）岩。与砂粒级物质密切相关的是造岩元素和重矿物（如钛铁矿、磁铁矿、锆石、石榴子石、角闪石等）组成元素，而和黏土级物质密切共生的有稀土元素和分散元素。

粒度大小是制约表生碎屑机械分异的重要因素，而颗粒的粒度又直接与其机械强度有关。通常重矿物具有较高的硬度。有些矿物，如石英、电气石、磷灰石、金刚石等，因其高硬度和节理不发育，而具有很高的机械强度，也常通过机械分异形成相关元素的富集。

河流悬浮物，尤其是极细小的颗粒，是微量元素的主要携带者。研究表明，河流中90%以上的 Ti、Sc、Nb、Ga、V、Cr、Co、Ni、Rb、Y、Zr、Ba 和 Th 存在于悬浮物中。即使水迁移系数和水-岩分配系数较高的元素，如 Cu、Zn、Mo、Ag、Sr 等，在悬浮物中的比例也高达 70%～80%。因此，机械分异使碎屑沉积物（岩）中微量元素的总体含量明显高于化学沉积和生物沉积。

在平静的水柱中（雷诺数≤0.5），直径＜0.1mm 的球形粒子的沉降速率遵循斯托克斯定律：

$$v=\left[\left(\rho_s-\rho_w\right)g/(18\mu)\right]\cdot d^2 \tag{5.6}$$

式中，v 是受阻沉降速率，cm/s；ρ_s 和 ρ_w 分别是颗粒和水的密度，g/cm^3；g 是重力加速度，cm/s^2；μ 是水在指定温度下的黏度，P（$1P=10^{-1}Pa\cdot s$）；d 是颗粒直

径，cm。对更大颗粒，水的黏度对颗粒沉降不再有明显影响，惯性成为重要因素。砂砾大小的粗颗粒的沉降速率近似地符合碰撞定律：

$$v=\sqrt{4gd/3\left(\rho_s-\rho_w\right)}/\rho_w \tag{5.7}$$

悬浮物一般是能透过孔径为0.45μm的微孔径滤膜的粒子。悬浮物的组成有生物组分和陆源组分。生物组分包括各种浮游生物的遗骸和碎屑物；陆源组分包括造岩矿物碎屑（石英、长石、辉石等）、黏土矿物、火山灰、污染物微粒（纤维塑料颗粒、重油滴、尘埃、炉灰）等，可燃有机物颗粒占较大比例。悬浮物在海水中的浓度随距岸距离和水深条件而变化，在沿岸海区悬浮物的浓度变化受暴雨、洪水之类的气候条件所控制，近海浅海悬浮物浓度分布受海流能量、河流注入、海水生化条件影响。从大陆以悬浮物形式供给海洋的沉积物量高达 200×10^8t/a，我国2004年黄海、东海调查表明，黄海悬浮物浓度为0.1～138.4mg/L，东海测量值为0.1～326mg/L，长江口以东海域最高。

悬浮物沉积有机械重力沉降，有絮凝沉淀。对辽河河口悬浮物做的沉降实验得出：悬浮物粒度＞32μm，凝絮作用不明显（以机械重力沉降为主），故凝絮的临界值为32μm；而粒度＜8μm的悬浮粒子稍遇电解质明显絮凝。

当盐度为13.23时，絮凝体沉降速率最大；当盐度为26.46时，絮凝的时间较长，可将26.46作为盐度的临界值。

5.4.2 化学分异

元素以自由离子、配合离子和胶体粒子在水中被搬运过程中，随时间和距离发生顺序沉淀而分离的现象，称为化学分异。化学分异作用取决于元素性质和外界条件。在地壳风化侵蚀作用下，易溶组分转入溶液被搬运，难溶组分残留原地，形成风化壳，或受水冲刷，为水流所搬运。

按照距离蚀源区由近至远和沉淀时间从先到后，矿物沉淀顺序大致为：氢氧化物和氧化物→磷酸盐→硅酸盐→碳酸盐→硫酸盐及卤化物，其中许多矿物是在成岩阶段形成的。在成岩作用中，也能形成重要的硫化物富集。现代海洋和中生代、新生代盆地中，由海水沉淀和成岩作用形成自生矿物的分带演化如图5.6所示。图中的鳞绿泥石和海绿石都属于硅酸盐。

元素在表生条件下的化学分异，主要受它们在水溶液中的化学和胶体性质所控制，而这两种性质均与元素水中配合作用有关。元素离子沉淀顺序大致是：高氧化数金属（+III、+IV）→过渡金属（+II）→似金属（如As、Se、Sb、Ge等）→碱土金属（+II）→碱金属（+I）和卤素。但Be例外，因其离子半径很小，离子电势很高，是最小的金属原（离）子，其电负性和离子电势与许多高氧化态金属和过渡金属相当。因此，Be 和它们有相似的地球化学性质。

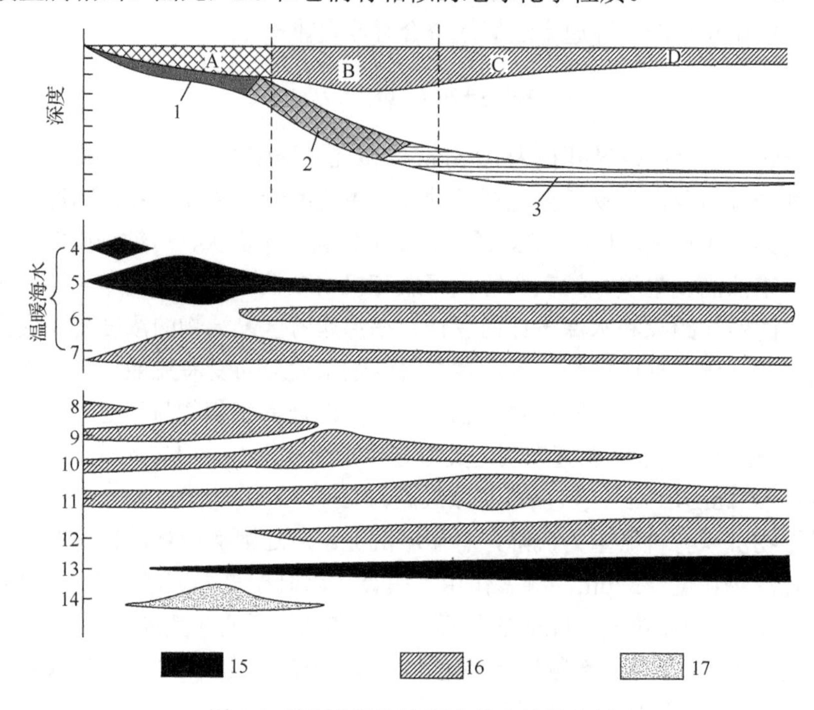

图 5.6 海洋沉积和主要自生矿物的分带

A.近海滨的细粒混浊带；B.海流区；C、D.表面搅动和风成海流；E.远洋深部弱水动力带（客观存在，未标出）；1.砂；2.粉砂；3.泥质沉积；4.缅状 $CaCO_3$；5.生物和化学沉淀的 $CaCO_3$；6.成岩成因的 $CaCO_3$（细菌作用）；7.各种形式成岩成因的白云岩；8. Fe_2O_3，氧化锰，Al_2O_3；9.鳞绿泥石；10.海绿石；11. Fe、Mn 碳酸盐（产于不含 $CaCO_3$ 或 $CaCO_3$ 含量很低的泥质沉积中）；12.高 $CaCO_3$ 含量泥质沉积中的 Fe、Mn（Cu 等）硫化物；13.生物成因的 SiO_2；14.沉积和成岩成因的磷酸盐；15.直接从水中沉淀的矿物；16.成岩作用中形成的矿物；17.部分沉积和部分成岩成因的矿物

在河口海岸带，一些易迁移元素如 Cl、Br、I、S、Na、Mg、Ca 被分发向远洋，成为海洋盐分的主要组成部分；被迁往远洋的微量元素经清扫作用，也逐渐加入海底沉积物；由于淡水、咸水混合、电解质和反电荷其他胶体的增加，促成了胶体的聚沉，$Fe(OH)_3$、$Al(OH)_3$（二者属于正电荷胶体）、MnO_2（负电荷胶体）等首先在这里发生大量沉积，因而相对于迁往远洋的元素而言，Fe、Al、Mn 为典型的近迁移元素，并可形成相应的工业矿床。自然界常见的正胶体还有 $Ti(OH)_4$、$Cr(OH)_3$、$CaCO_3$、$MgCO_3$、CaF_2 等，负胶体还有硫化物、黏土质、腐殖质、SiO_2 等。胶体的吸附作用使得胶体沉积矿物中富含多种元素。

5.4.3 生物分异

地球生命物质总量约为 6.25×10^{18}g，脱水后约为 2.5×10^{18}g，而地壳质量为

2.3×10^{24}g，因此，研究地球和地壳体系时，生物地球化学作用常被忽略。但在地球表面局部过程的研究中，生物作用是必须考虑的重要因素。对比地球与其他类地行星的表面特征，以及元古宙与生命大量涌现后的显生宙，容易发现，生物活动对物质分异产生着显著而重要的影响。例如，地球大气中 O_2 和 CO_2 浓度的变化：晚古生代大型维管植物繁茂，导致光合作用增强，使石炭纪末的大气 O_2 含量增至 40%，是现今 O_2 含量的 2 倍，达到地质历史中最高值。当时大气 CO_2 含量相应地明显降低。生物有机体本身就是地壳物质进一步分异演化的产物，其基本组成元素有 C、H、N、O、P、S、Cl、K、Na、Ca、Mg、Si 等，都是化学分异中活动性最强的元素，见表 5.6。

表 5.6　有机体和地壳中最丰富的 12 种化学元素的平均质量分数（Clarke et al.，1924）

活有机体		地壳	
元素	克拉克值	元素	克拉克值
O	70	O	49.52
C	18	Si	25.75
H	10.5	Al	7.51
Ca	0.5	Fe	4.70
K	0.3	Ca	3.39
N	0.3	Na	2.64
Si	0.2	K	2.40
Mg	0.04	Mg	1.94
P	0.07	H	0.88
S	0.05	Ti	0.58
Na	0.02	Cl	0.19
Cl	0.02	P	0.12

为了对比元素在生物中的富集程度，将植物灰分中某元素的含量与其岩石圈（或生长该植物的土壤、岩石）平均含量的比值，定义为“生物吸收系数”，并依据其大小，得出元素的生物吸收序列，见表 5.7。

表 5.7　元素的生物吸收序列

类型	程度	生物吸收系数				
		$100\times n$	$10\times n$	n	$0n$	$0.00n$
生物富集元素	强烈	P,S,Cl				
	高度		Ca,K,Mg,Na,Sr,B,Zn,As,Mo,F			
生物吸收元素	中度			Si,Fe,Ba,Rb,Cu,Ge,Ni, Co,Li,Y,Cs,Ra,Se,Hg		
	低度				Al,Ti,V,Cr,Pb,Sn,U	
	微弱					Sc,Zr,Nb,Ta,Ru,Rb, Pd,Os,Ir,Pt,Hf,W

生物的新陈代谢涉及呼吸、硝化和反硝化、甲烷氧化、硫氧化和硫酸盐还原、铁和锰氧化及还原、甲基化等复杂反应过程。通过这些过程，生物有效地利用环境中的氧化还原电对，获得其所需要的能量和营养。由于微生物具有很高的表面积/体积值、广泛大量的分布、惊人的代谢和生长速率、很强的演化适应性、物理化学变化的敏感性，以及多样化的酶功能和营养来源，因此它们是表生地球化学作用和生物分异的最主要营力，尤其在有关C、N、S、P、Fe等与生态环境有关的元素地球化学循环中起关键作用。

生物作用主要从以下几个方面影响元素的表生分异过程。

（1）微生物产生的物质能极大地改变元素的活动性，如有机物能使元素配合活化，而硫化物则使许多元素活动性降低。一些金属（如Fe、Mn）通过氧化还原或一些金属（如Hg）通过甲基化改变其存在形式，而使其活动性或生物毒性发生质的变化。

（2）新陈代谢的主动吸收和与新陈代谢无关的被动吸附作用，都可以造成元素的富集。这两种作用可发生在同一个微生物上。元素一旦在生物或其细胞中富集，即使其存在形式是不活动的，它也能通过细胞或生物体的运动而发生迁移；但如果生物是非迁移的，如植物、菌落、底栖生物等，则可造成元素的持续性局部积累。

（3）生物参与碳循环，影响有机质的形成数量和性质，并通过形成有机金属化合物，而影响元素的活动性，例如，金属与有机物结合，能使有机物的微生物降解作用减弱，会使金属元素在未被降解的有机物中产生富集，如表5.8所示。

表5.8 生物活动对金属元素表生行为的影响

生物活动	元素活化迁移	元素固定富集
新陈代谢作用	释放有机物形成易溶金属有机配合物	细胞主动吸收和细胞壁被动吸收
还原作用	铁、锰由高价还原为低价	铀、铜、钒、钼等由高价还原为低价，硫酸盐还原形成硫化物和造成pH增加，使金属沉淀
氧化作用	硫的氧化降低pH，酸性淋滤使金属活化	铁、锰由低价氧化为高价，并可能吸附其他元素
生物降解作用	大分子有机金属配合物降解为小分子易溶化合物	难溶金属有机配合物在非降解有机物中形成金属富集

（4）有些元素，特别是重金属，能通过食物链在高营养级的生物体内显著积累。汞在这方面尤为明显，如表5.9所示。

表 5.9　汞在不同营养级别生物中相对于天然水的富集倍率

淡水和海水	藻类	大型水生植物	鱼	无脊椎动物	牡蛎	海鸟	海洋哺乳动物
1	10^3	10^3	10^4～10^5	10^5	10^4～10^5	10^5～10^6	10^5～10^6

（5）微生物能通过改变环境的 pH、*E* 值而对元素的活动性产生间接的影响。

生物分异作用受生命复杂过程和生物行为的制约，往往与元素的无机化学性质无关。例如，一些细菌产生的酶能将细胞外的物质转化为可吸收的营养成分，并能使其逆浓度梯度而行，进入细胞质产生富集。再如，一些海岛上，由于鸟巢大量聚集而堆积了巨厚的鸟粪层，使 P 高度富集而形成磷矿床。

由于元素的生物循环能力和生物毒性直接与元素的赋存状态有关，因此在生物地球化学研究中，研究人员不但考虑元素含量变化，而且更关注元素的赋存状态。

5.5　沉积环境的判别标志

1976 年，塞莱将沉积环境定义为“在物理、化学和生物上有别于相邻地区的一部分地球表面”。其主要差别包括温度、湿度、水流状况、介质条件、生物种群及汇水区的岩石化学特征等。

与沉积环境相联系，将“相”理解为在不同环境下所形成的沉积物，因此，一定的沉积环境与一定的相彼此对应。如生物灰岩相对应于生物礁环境，粒序砂岩相对应于浊流环境等。这时，又将“相”理解为环境的古代产物。

沉积模式是把环境和相结合起来，解释沉积物成因或沉积作用机制的一种模型。

环境可分为大陆环境、海洋环境和海陆过渡环境，还可以进一步细分。在各种环境下都形成各具特征的沉积物，这是合理的。实际上，在不同的环境下可形成相同或类似的沉积物，而在相同环境下又可形成不同类型的沉积物。

沉积环境判别标志是可指示沉积环境的各种标志。其种类包括地质、构造和地貌方面的，岩石学、矿物学和生物学方面的，还有地球化学方面的等。总之，对现代沉积环境及其产物的研究和认识是阐明古环境的钥匙。有关海相、陆相判别的部分常用判别标志详细介绍如下。

5.5.1　生物学标志

生物种群及其遗迹（如掘穴、足迹、爬痕等，也称为遗迹化石）、遗骸（遗体化石）对地质代的环境变化、形成过程或类型具有重要的指示意义。特别是那些狭盐性、狭温性和对水深、水浑浊度及底质软硬有特殊要求的生物，更有指示价值。

能指明海相、陆相的某些生物种群，如红藻、绿藻生长于咸水环境，而轮藻生长于淡水环境。在水深方面，蓝绿藻发育于潮间带，绿藻发育于潮下带；水深100～200m 内发育红藻，水深>250m 时发育颗石藻。就水温而言，深海鱼为狭温喜冷动物，造礁珊瑚、虾、蟹为狭温喜暖动物，而牡蛎为广温性生物（-2～20℃）。

有孔虫随着盐度和水深的不同，表现出特征的种群组合，是最常用的生物学判别标志。在应用生物化石判别沉积环境时，首先应辨别这些生物化石是原地的，还是搬运来的，以及生物在不同环境下可能发生的生态变异等情况，遗迹化石具有原地生成的特点。

5.5.2 粒度标志

由沉积物和沉积岩的粒度数列，计算出的粒度参数及粒度参数图解，是常用以判别沉积环境的重要手段，可提供有关物质搬运和沉积过程的重要信息。典型的搬运方式与粒度概率分布累积曲线的关系如图 5.7 所示。该曲线由三条线段组成，每条线段相当于一种搬运方式，即分别相当于悬浮搬运组分、跳跃搬运组分和滚动搬运组分。不同环境沉积物，不仅曲线形态不同，不同搬运方式组分所占百分比也不同，因而具有环境指示意义。

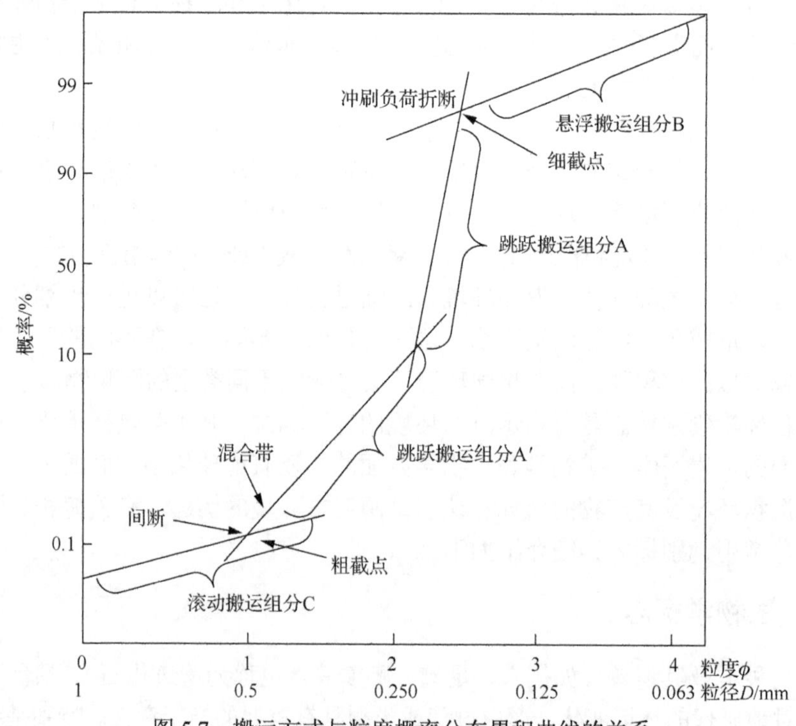

图 5.7 搬运方式与粒度概率分布累积曲线的关系

$$\phi = -\log 2D$$

另一表明搬运方式和沉积过程的粒度图解是 *C-M* 图，如图 5.8 所示。其中，*C* 坐标表示沉积物粒度数列中第一百分位的粒径，即相当累积曲线中 1%质量分数的粒径（反映最大搬运能力）；*M* 坐标表示 50%质量分数处的粒径（反映平均搬运能力）。图中 *C*=*M* 斜线代表 *C* 和 *M* 具有相同数值的直线。图中 1 区（呈拉长的 S 形）代表牵引流沉积区，2 区（平行 *C*=*M* 线分布）代表浊流沉积区（粒序沉积），3 区为远洋悬浮沉积区（*M*＜10μm）。研究任一地区的沉积物都可通过粒度分析，作出 *C-M* 图，与图 5.8 进行对比，从而对沉积环境作出判断。

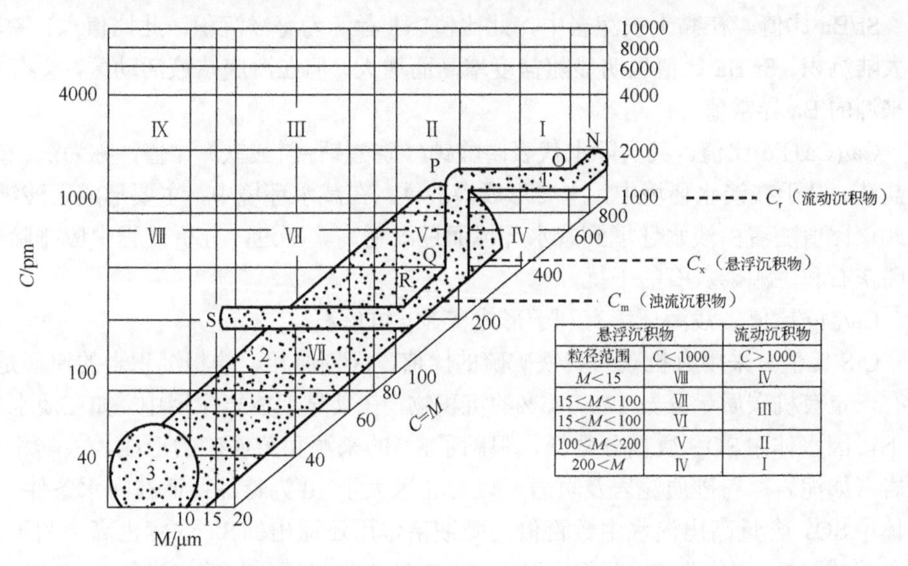

悬浮沉积物		流动沉积物
粒径范围	*C*＜1000	*C*＞1000
M＜15	Ⅷ	Ⅳ
15＜*M*＜100	Ⅶ	Ⅲ
15＜*M*＜100	Ⅵ	
100＜*M*＜200	Ⅴ	Ⅱ
200＜*M*	Ⅳ	Ⅰ

图 5.8　不同环境沉积物之间的 *C-M* 图（Passega，1964，1957）

粒度概率分布曲线的单峰或多峰（反映物源的单元或多元性）、曲线尖锐性（越尖峭、粒度越集中、分选越好）和曲线对称性（正态或偏态）等形态特征，也是沉积环境判别的重要依据，如深海沉积物的粒度分布曲线具有很好的分选性和对称性。

5.5.3 地球化学标志

研究海底沉积柱样时，必须对沉积柱样按自然界限（如粒度、颜色、结构构造等的变化）分段取样，并进行粒度、生物化石、微体古生物以及孢粉分析研究。对沉积柱样进行常量及微量元素分析、放射性元素及稀土元素分析和同位素分析，可提供沉积环境的地球化学判别标志。常用的地球化学指标如下。

1. 微量元素

$Br\cdot10^3/Cl$，称为溴氯系数。该比值与盐度成正比。在高盐度条件下，形成的沉积物应具有较大的比值。当溴氯系数接近 0.4 时，有钾盐形成。

Rb/K 比值。在海洋条件下，黏土矿物吸附有较多的 Rb，因而具有较高的 Rb/K 比值。海相页岩中该比值平均为 0.006，微咸水页岩为 0.004。因此，Rb/K 值大小与黏土矿物对碱金属的吸附有关。

B/Ga 比值。海成黏土含有较高的 B，而大陆或淡水泥岩中 Ga 较为富集，因此它们具有不同的 B/Ga 比值。1977 年同济大学地质系的研究认为，大陆沉积一般 B/Ga＜3.3，海洋沉积一般 B/Ga＞4.5～5，过渡型沉积介于二者之间。

Sr/Ba 比值。在黏土或泥岩中，此比值＞1 者，为海洋沉积；此比值＜1 者，为大陆沉积。Sr/Ba 比值也明显随盐度增高而增大。但在海底热液活动区，会有热液来源的 Ba 异常值。

Ca/(Ca+Fe)比值。其实际上代表磷酸钙/（磷酸钙+磷酸铁）比值，称为沉积磷酸盐法。基于在淡水环境中，主要形成磷酸铁，在咸水环境中，主要形成磷酸钙，因此该比值随着由淡水环境到咸水环境而逐渐增高。不过，分析过程中应排除碎屑磷灰石和生源磷灰石的干扰。

Ca/Mg 比值。浅海环境有利于形成富 Mg 方解石。

C/S 比值。采用有机碳与黄铁矿硫的比值，区别海相、陆相沉积岩的原理是：具有一定有机碳质量分数 1%～15%的沉积物，在其早期成岩作用中，如在淡水条件下，因水体中 SO_4^{2-} 质量分数低，限制了 S^{2-} 的来源和黄铁矿的形成，故陆相沉积岩（如泥岩、粉砂质泥岩及页岩）以 C/S 远大于 10 为特征；而在海水条件下，水体中 SO_4^{2-} 含量高出淡水中数百倍，受细菌作用还原出的 S^{2-} 浓度也高，利于和 Fe^{2+} 形成 FeS_2，因此海相沉积岩以 $C/S=0.5$～5 为特征。如蓝先洪等（1987）指出，我国珠江口上第三系海相沉积物的 C/S 为 0.7～2.6，而乌鲁木齐二叠纪陆相生油岩的 C/S 为 5.6～85.6。

利用有机物在沉积物中的分布来判断沉积物的来源，如表 3.2 所示。

2. 同位素

陆源植物对碳同位素的分馏效应大于海生植物，因此陆源有机质及其转化产物（如煤）的 $\delta^{13}C$ 比海洋有机质低（前者的 $\delta^{13}C$ 比后者低 5‰～10‰）。放射性 ^{14}C 测定不仅可确定沉积年代、沉积速率，还有助于研究沉积物生物扰动和沉积过程。

段玉成（1988）对太原西山石炭二叠纪煤层的硫同位素分析表明：高硫煤中的 S 主要来自海水硫酸盐，以具有较高的 $\delta^{34}S$ 为特征；低硫煤一般产于陆相地层，S 主要来自硫化物。

利用形成于不同水体中碳酸盐碳、氧同位素组成的规律来判别河相、湖相、海相沉积物取得了较好的效果。其主要原理是不同水体，因盐度不同，而具有不同的 $\delta^{13}C$ 和 $\delta^{18}O$ 值，并且海水以具有较高的 $\delta^{13}C$ 和 $\delta^{18}O$ 为特征。Keith 等（1964）

提出碳酸盐形成环境的盐度 Z 与碳、氧同位素组成的经验公式：

$$Z = a(\delta^{13}C + 50) + b(\delta^{13}O + 50) \tag{5.8}$$

式中，$a = 2.048$；$b = 0.498$。当碳酸盐的 $Z>120$ 时，表示海相环境，而 $Z<120$ 时，表示陆相环境。例如，费富安（1988）对苏北含油盆地厚约7km的下第三系的 Z 值计算，表明：大多数组、段的 $Z<120$，为陆相碎屑沉积岩，仅中部阜宁组2、4段的 $Z>120$，属于间歇式海漫期形成的海相沉积，而且是主要生油层。

此外，变价元素形成矿物也可作为环境指示标志。例如，含低价铁的黄铁矿、海绿石、绿泥石等是缺氧环境产物，在富有机质的浅海区最为常见。含低价锰矿物是深海盆地铁锰结核的主要组分，而高价锰矿物多出现于海山、海底高地等较富氧环境。

需要指出的是：制约沉积环境的因素很多，因此对于沉积环境和沉积相的分析是一项复杂而综合性的工作。任何种类的判别标志都只能提供某些方面的信息，而且往往具有多解性。任何判别标志都具有一定的稳定性和继承性，又具有可变性。应分清这些标志是原生还是次生，是同生还是后生。前者反映当时的沉积环境，后者则反映成岩环境或成岩后环境。因此，需从多种因素的相互联系、相互制约关系并以动态观点进行研究，才能取得较为符合实际的结果。

思考题

1. 什么叫沉积作用？海洋沉积物有哪些来源？
2. 元素有哪些表生迁移方式？各自的内外影响因素有哪些？
3. 什么是地球化学分异？有哪些机制及影响因素？
4. 简述三种沉积环境的判别标志的方法。
5. 在溶液迁移过程中形成的水化配合物具有哪些地球化学作用？
6. 作为沉积环境判别标志，应具备哪些基本特征？

第6章

陆源物质沉积作用地球化学

陆源物质是海洋沉积最主要的外源物质，它不同于产自海洋内部的内源物质，在其进入海洋环境之前，先要经过河口海岸带，再到达浅海和深海区，期间发生机械沉积、胶体聚沉、吸附解吸和生物作用等复杂过程。在世界大洋沉积物总量中，一半以上由陆源物质组成，特别是边缘海区，更是陆源碎屑物质的大量堆积区。

6.1 近岸浅海区陆源物质沉积作用地球化学

近岸浅海区沉积物形成于各种环境，包括河口、峡湾、潟湖、三角洲、潮坪和边缘海盆，这些环境统称为大陆边缘环境，大陆边缘主要特征如图 6.1 所示。它

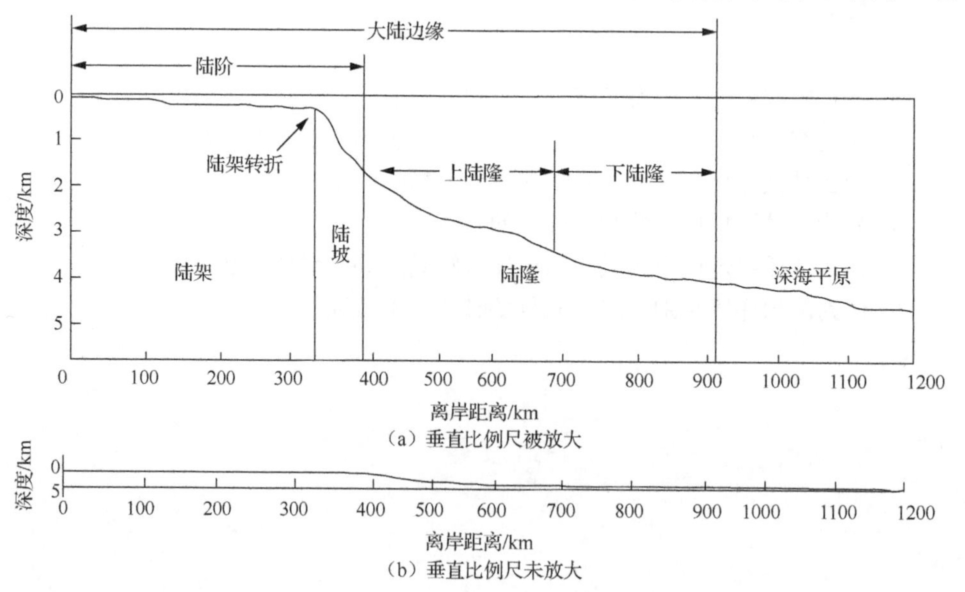

（a）垂直比例尺被放大

（b）垂直比例尺未放大

图 6.1　大陆边缘主要特征（Anikouchine et al., 1973；Heezen，1962；Heezen, et al., 1959）

是受构造变动、海平面升降、浪、潮、流作用和生物活动等各种影响最明显的海区，并以沉积物和沉积过程的复杂、多样为特征。

6.1.1　河口地球化学

河口是陆源物质入海的门户。海水与陆水在这里混合，各可溶组分、胶体和悬浮物在物理化学条件改变下相互作用，影响着近岸浅海区沉积过程。由于径流和潮汐状况的不断改变，河口环境也不断变化。

据调查，全球通过河口供给海洋的物质约占陆地入海总量的 85%，其余部分经大气和冰川输送入海。河口及其腹地是人口相对集中地区，也是贸易、旅游及近代工业的开发区。避免和消除河口地区污染是目前倍受关注的环境问题之一。

1. 河口类型及水体循环的物理过程

从地貌角度而言，河口分作溺谷河口（海岸平原河口）、沙洲河口、峡湾河口及其他特殊类型的河口。溺谷河口主要发育于中纬度地区，以经常发育有广阔的泥滩和盐滩为特征。沙洲河口以发育有河口沙坝为特征，其沉积速率较前者大，并经常伴有广阔的浅水潟湖。峡湾河口仅见于高纬度山区，例如挪威沿海，自更新世以来，受上覆冰盖的压力影响，河谷加深增宽，并且水底残留的岩质海槛，阻碍了河谷与开阔大洋的海水交换，造成了停滞、还原性的沉积环境。由于碎屑来源贫乏，峡湾底部一般沉积物很薄。

河口水的循环物理过程对溶解态和颗粒态物质的分布具有控制作用。河口的水循环取决于河水排放和潮汐运动，该混合循环并造成不同循环形式和混合、分层情况。根据盐度的垂向分布可将混合循环过程划分为四种类型，如图 6.2 所示。

（1）垂直混合河口：咸水、淡水上下混合均匀，由河口上端至口门，其盐度逐渐增加，水的深度一般较浅。盐水以涡动扩散方式进入河口上端。淡水在所有深度上，由河口上端流向口门入海，如图 6.2 类型 A 所示。

（2）轻度分层河口：咸水、淡水上下混合不均匀，下层盐度高于上层。分层现象表现为上层河水的净流出和下层盐水的净流入，中间层由涡动扩散方式发生混合，例如某些浅水河口。

（3）高度分层河口：上层水盐度在垂直（由上往下）及纵向（由河口上端到口门的方向）上都是增加的，下层水盐度均一，并与海水盐度相同。上下层之间存在盐度跃层。下层盐水借助内波作用进入上层，并造成一定的混合。黄河口属于此类。

（4）盐楔河口：楔形高盐度海水位于向海的河水流之下，盐楔在垂直和水平方向都呈一定的盐度梯度。流出的水在其到达口门之前，一直保持为淡水。盐楔现象只发生在河流径流量很大的体系中。

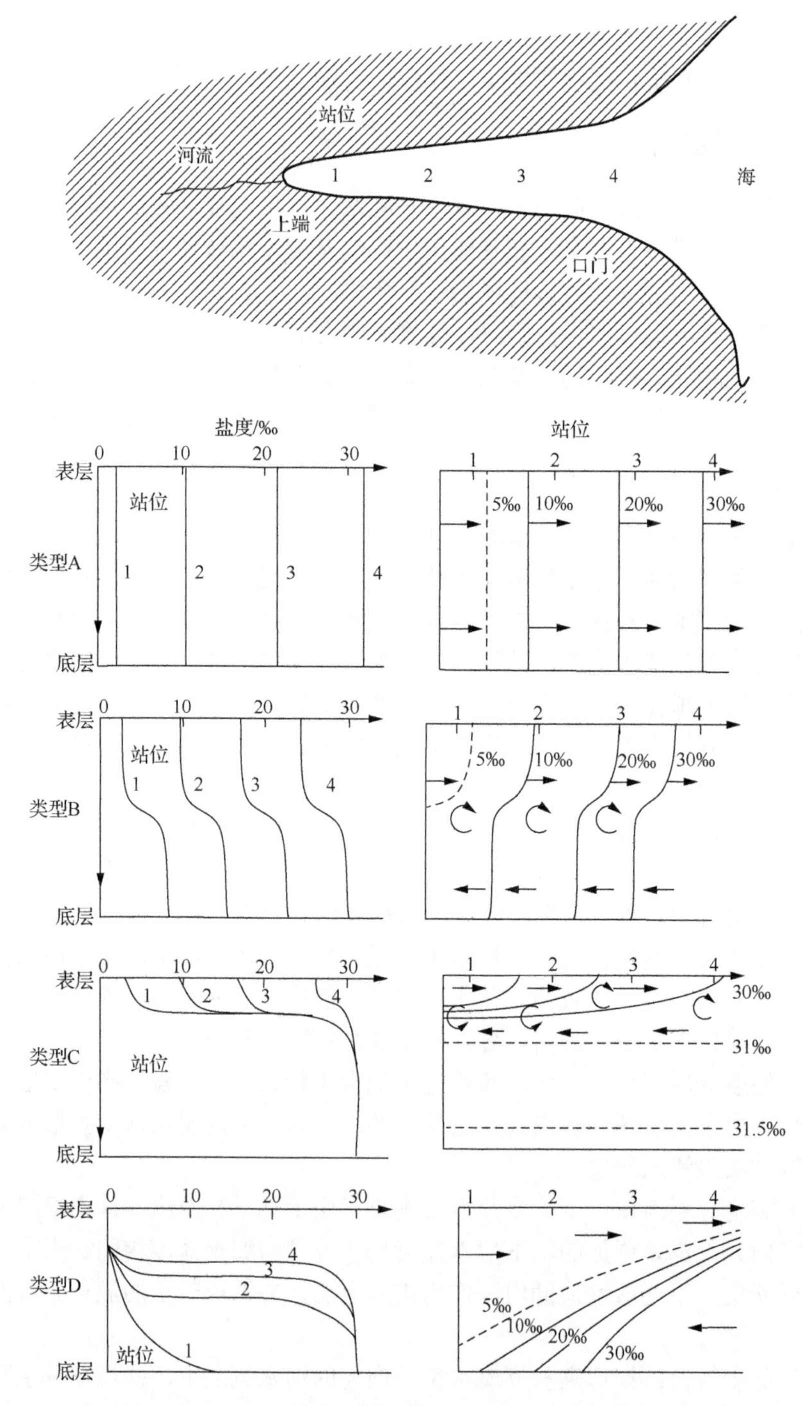

图 6.2 典型的盐度-深度剖面和纵向盐度切面（Pickard，1975）

类型 A. 垂直混合河口；类型 B. 轻度分层河口；类型 C. 高度分层河口；类型 D. 盐楔河口

2. 河口混合作用

河水与海水在河口区混合时，产生一系列具有中等盐度和组成的半咸水。离子强度和 pH、*E* 等物理化学条件发生明显变化，会导致溶解组分和悬浮颗粒物质的重新配置。有的溶解组分在混合中既无损失，又无增加，称为保守组分或该组分具有保守性质；否则称为非保守组分或该组分具有非保守性质。一般采用稀释线法来判断这一性质：如果某组分（如氯度、盐度等）具有保守性，其稀释线为直线（其二端元值可取河水和海水的相应值），否则其稀释线为偏离直线的曲线。图 6.3 是以一种保守组分（如氯度）作为河口区海水与河水相混合的指标，其稀释线为直线，而对于非保守组分，不论在河口混合过程中加入或移出，则表现为向上或向下偏离直线的曲线。

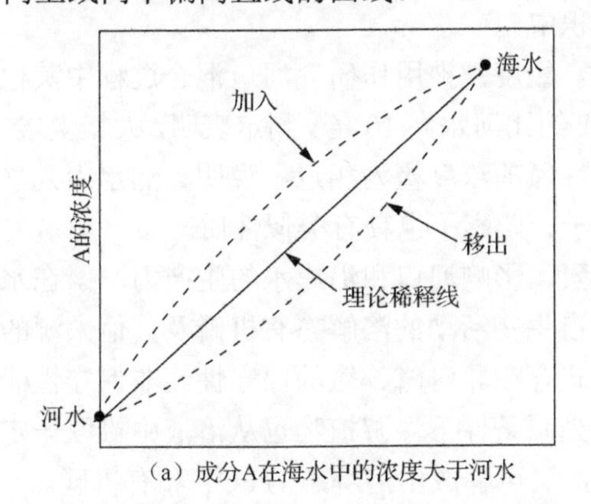

（a）成分A在海水中的浓度大于河水

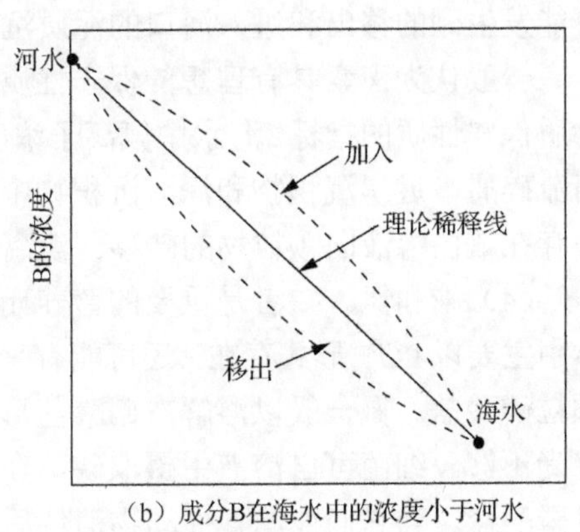

（b）成分B在海水中的浓度小于河水

图 6.3　在河口混合中溶解组分浓度与保守性指标之间关系的理想化图解（Liss，1976）

采用与保守性指标作对比，确定某组分保守性与否的困难，在于如何选定该组分的端元值。在河口区情况多变、来源复杂多样的条件下，选定端元值显然会有很大的不确定性。

几种主要离子和营养元素在河口混合中的性质简述如下。

（1）硅。铝硅酸盐水解时，硅以 H_4SiO_4 形式转入溶液，而铝则参与次生黏土或铝土矿组成，使所形成溶液成分不同于原始铝硅酸盐成分，这个过程称为不一致性水解。河水中溶解态硅来自铝硅酸盐的不一致性水解。氯化钠溶于水则为一致性水解，因所形成溶液成分相同于受溶固态成分，Na、Cl 一起转入溶液。

河水中溶解态硅浓度约为海水中的 2 倍，因此认为溶解态硅在河口混合过程中是自水体移出的。移出机制包括单硅酸分子凝聚为多硅酸聚合物，悬浮颗粒物质吸附溶解态硅等。这表明，在河口混合过程中溶解态硅具有非保守性。也有的研究认为硅与氯度间存在线性关系，因而具有一定保守性。

（2）铝。铝在河口混合作用中具有非保守性。在风化作用中铝主要参与黏土矿物组成。由于黏土矿物粒径大于胶体粒径（0.01～0.1μm），溶液中铝又能水解为羟基聚合物，分离铝在水中不同存在形态较困难。因而，一般以特定孔径（如0.45μm）滤器作为区分溶解态和颗粒态的根据。

咸水、淡水混合使 pH 增大和离子强度增加，有利于溶解态铝发生水解聚合和沉淀。研究表明溶解态铝的移出，主要发生在混合初期（盐度＜20），而且絮凝程度与河水铝的起始浓度成正比。河水中腐殖质与铝有较强的结合力，对溶解态和颗粒态铝的浓度有重要的影响。

海水中 Ca^{2+}在促进铝的絮凝中所起作用远大于 Mg^{2+}和 Na^{+}，表明铝的絮凝作用与海水中电解质的种类、电荷、离子半径以及浓度有关。

（3）硼和卤素。河水中硼的浓度约为海水中的 1/250，因此在河口混合过程中，可能发生硼的移出和进入河口的泥质沉积中。

一般认为卤素具有理想的保守性质。氯度常被用作研究河口混合过程中其他物质保守性质的指标。海水中氟离子浓度约比河水高 10 倍。测定表明，大气尘埃、河流碎屑、近岸沉积物和深海沉积物中，氟的浓度极为相近，说明天然水中几乎不存在氟由溶液向颗粒物的转移。溴离子、碘离子也具有类似性质。

（4）磷和氮。二者是重要的营养元素，影响河口和沿岸水的生产力。磷在水体中主要以 PO_4^{3-} 形式存在，还可能有来自生物活动的溶解态有机磷及其他来源的颗粒磷酸盐。氮一般以溶解态硝酸盐形式存在。对磷、氮的保守性或非保守性研究尚不够。细菌可自溶液中摄取磷，在光照条件下浮游植物也从溶液中摄取一定量磷酸盐。当它们被滤食性动物消耗后，又可释放出溶解态的 PO_4^{3-} 和有机磷。

浮游植物在光照条件下，可自溶液摄取氮，并随着季节变化，表现出河口水中溶解氮浓度与叶绿素浓度间的负相关性，即叶绿素浓度高时，有利于光合作用进行并加速了对溶解氮的消耗。

3. 河口环境下的痕量元素

河口区痕量元素具有下述地球化学特征。

（1）河口通常是生物积极活动的场所。痕量元素的生物循环是造成其在河口水中处于非平衡状态的主要因素。决定痕量元素存在形式的重要因素有半咸水的 pH、E 和有机质的配合作用等。

（2）痕量元素在固体与溶液间的交换取决于多种因素。颗粒物对痕量元素的吸附和解吸受到河口水 pH、E 和离子强度的影响。河口水这些参数的变化会改变悬浮颗粒的吸附性能，比如痕量元素或被适宜的带电颗粒所吸附，或从带电颗粒解吸下来。

水中有机质与沉积物中金属离子形成可溶配合物，可看作一种“解吸”机制。

离子交换过程也可视为吸附-解吸过程：

$$黏土\text{-}Cs^+ + Na^+(l) \rightleftharpoons 黏土\text{-}Na^+ + Cs^+(l)$$

此反应中，Cs^+自黏土矿物表面解吸，Na^+则为黏土矿物吸附。“l”代表水相。随着盐度的增加，即Na^+浓度增加，该反应由左向右进行。Na^+为黏土摄取，Cs^+自黏土解吸，造成沉积物中Cs浓度随盐度增加而下降，而Cs与Na在沉积物中的总浓度则随盐度增加而升高。Zn未表现出这种关系，可能是其他吸附机制所致，如图6.4所示。

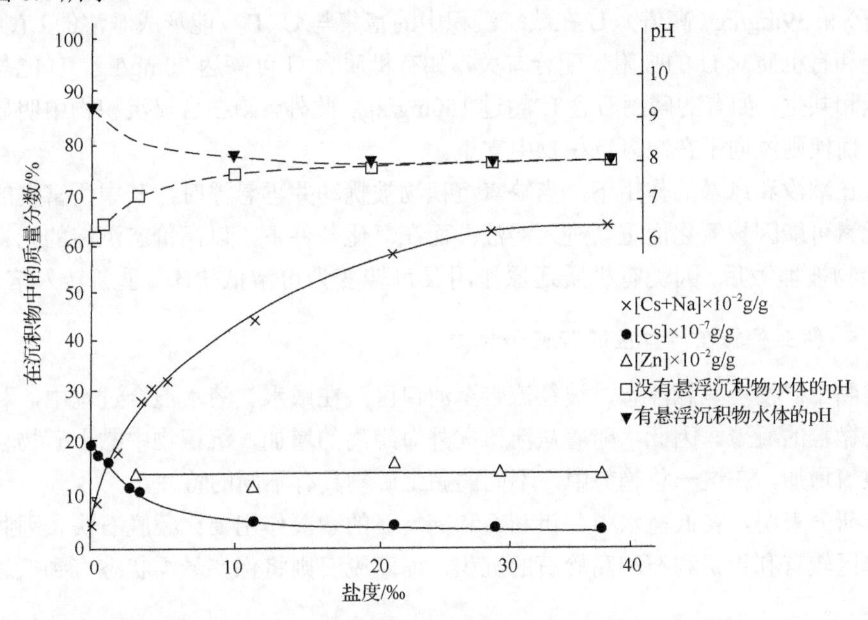

图6.4　盐度对^{137}Cs和^{65}Zn在沉积物中吸附和分布的影响（Aston et al.，1973）

（3）溶解态铁离子、锰离子水解为铁氢氧化物、锰氢氧化物具有重要意义。二者水合阳离子在河口混合过程中pH升高情况下容易发生水解：

$$Fe(H_2O)_6^{3+} \xrightarrow{OH^-} Fe(OH)(H_2O)_5^{2+} \xrightarrow{OH^-} Fe(OH)_2(H_2O)_4^{+} \xrightarrow{OH^-} Fe(OH)_3(H_2O)(s)$$

这样不仅铁、锰可自水体移出，而且其氢氧化物通过吸附和共沉淀，可以有效地自水体中移出钴、镍、铬、铜等痕量元素。

许多研究表明，水体中悬浮微颗粒可以作为氢氧化铁新相的沉淀核心，而在固体微粒上可形成氢氧化铁的皮膜。

4. 河口近岸区的氧化还原条件

河口区为水动力活跃带，有利于大气和水体之间的气体交换。河口近岸区是生物生产力较高及收容物质较多的地区。这里沉积速率大，有利于有机质的埋藏和保存。有机质在细菌作用下被分解，可造成缺氧环境。因此，在两种情况下会出现还原环境：一是水体循环受限制的河口、海湾区和停滞性海盆，例如，挪威的峡湾和黑海；二是表面氧化层之下，微生物分解有机质造成缺氧，并且这种还原条件是在成岩过程中发生的。

据研究，Ba、Sr、Y 等元素在有氧和缺氧沉积物中含量类似；Mo、U、Cr、V、Cu、Pb、Zn 等元素倾向于在缺氧沉积物中富集。Mo 的富集可能与吸附、配合及与 FeS 共沉淀有关。U 在含氧和缺氧的海洋沉积中质量浓度分别为 3mg/kg（平均值）和 39mg/kg（高值）。U 在缺氧沉积中的富集与 U（IV）能形成难溶的 $U(OH)_4$ 沉淀和有机质对 U 的吸附、配合有关，如有机质含 U 可高达 70mg/kg。U 能与磷酸盐相共生，如有的磷钙石含 U 超过 150mg/kg。此外，碘在含氧沉积物中明显富集，而溴则倾向于在缺氧沉积物中富集。

在潮汐和风暴的作用下，当缺氧沉积物被扰动并再悬浮时，其中所富集的一些元素可能因被氧化而重新进入溶液；而在氧化条件下，以高价态沉淀的元素与沉淀物被埋藏后，因受有机质还原作用又可转变为可溶低价态，重新转入溶液。

5. 黏土矿物在河口区的凝聚和沉淀

黏土矿物可呈悬浮态，被径流带至河口区，在咸水、淡水混合过程中，利于黏土微粒的凝聚。因此，随着从河口向外海距离的增加，沉积物中黏土矿物含量也跟着增加。在这一总趋势中，不同的黏土矿物具有不同的特性。

研究表明，在低盐水中，伊利石和高岭石的絮凝作用要比蒙脱石快。因此，河口区较有利于伊利石和高岭石的沉积，而蒙脱石则将保持悬浮状态直到抵达深海水域。

黏土矿物的絮凝和沉淀对微量元素的分布、迁移和富集具有重要影响。

6.1.2 萨布哈沉积作用地球化学

萨布哈（Sabkha）为阿拉伯语，指发生着蒸发岩沉积作用的波斯湾沿岸的潮上平地（潮上坪）。

波斯湾（图 6.5）为一上新世-更新世的构造盆地，面积 $22.6\times10^4km^2$，最大水深 100m，经阿曼湾与印度洋沟通，其西北部发育了底格里斯-幼发拉底三角洲。湾的周围，伊朗一侧为高山，海底坡陡，沿岸水深大，为直的沿岸；沙特阿拉伯一边为沙漠，海底坡缓，岸线不规则，有许多沙坝和萨布哈。

波斯湾基底由上新世-更新世砂岩、石灰岩和蒸发岩组成。基底之上为现代沉积：由碳酸盐沉积（沙特阿拉伯一边）到不纯碳酸盐泥和砂（伊朗一边）组成。碳酸盐主要是生源的，少量为陆源的。陆源碎屑来自伊朗山区。

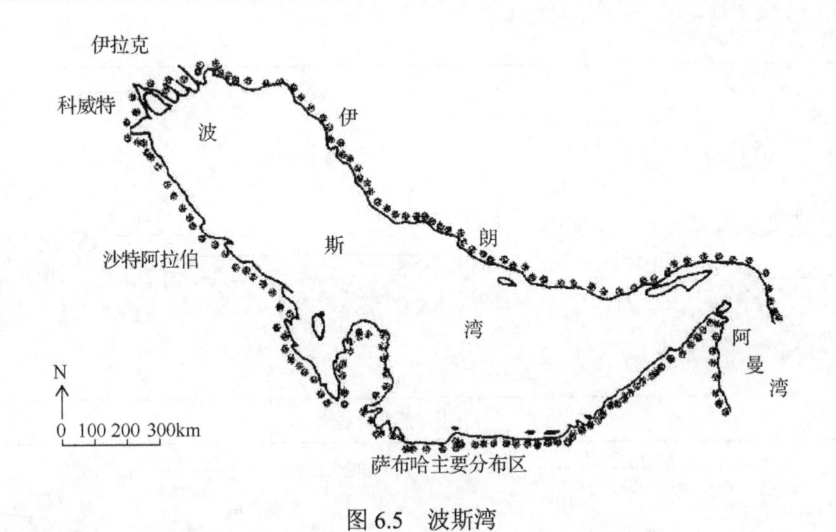

图 6.5　波斯湾

波斯湾地处亚热带，气候干燥。湾内海水盐度最高达 100，以西北部盐度最高。高盐水下沉，向南流，经阿曼湾入印度洋；而大洋水则向北流，从上部入波斯湾，构成水体循环，因而水体从上到下都是含氧的。

浅水区发育有珊瑚礁，沿南部海岸发育藻叠层石和蒸发岩，底栖生物丰富。萨布哈主要发育于波斯湾东南海岸，宽 6～10km，沿海岸延伸数百公里。图 6.6 为萨布哈沉积作用图解。在强烈蒸发作用下，由海和潟湖方向经地下来的海水和由陆地方向来的地下水，向上渗透，因蒸发变咸，引起文石、石膏和石盐的依次沉淀，并增大了溶液的 Mg^{2+}/Ca^{2+} 比值，导致白云石交代文石。在风暴潮，海水也可直接到达潮上平地。

萨布哈向波斯湾一侧为潮间泥坪，潮间泥坪为蓝绿藻覆盖。在所谓藻席之下，细菌分解被掩埋的藻类形成有机软泥，并生成 H_2S、CO_2 和 CH_4 气体。由地下向上渗透的溶液在 H_2S 作用下沉淀出金属硫化物。由于自海洋和大陆两方向来的水溶液在向上移动过程中，氯度、SO_4^{2-} 浓度、E、pH 和 Mg^{2+}/Ca^{2+} 比值都发生有规律的变化，因而还原层中自间隙溶液沉淀出的金属硫化物也有一定顺序，形成在水平和垂直方向上的金属分带，如主要为由海到陆的 Fe-Zn-Pb-Cu 的分带。

Renfro（1974）提出萨布哈环境代表了层状多金属矿床与蒸发岩共生的一种典型成矿作用，将萨布哈沉积作用与德国含铜页岩矿床和赞比亚铜矿床资料相联系，绘制出与蒸发岩共生的多金属矿床的成矿作用图解，如图 6.7 所示。如果矿床中只有 Cu 和 Fe，则由陆向海的矿物分带将是辉铜矿—斑铜矿—黄铜矿—黄铁矿。

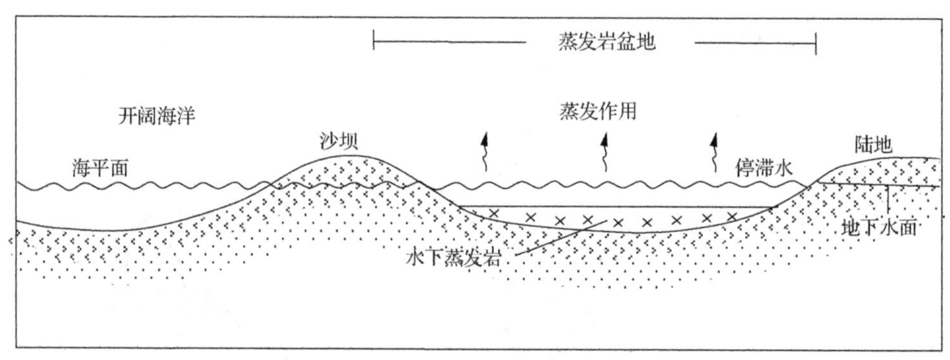

（a）沿岸蒸发岩盆地

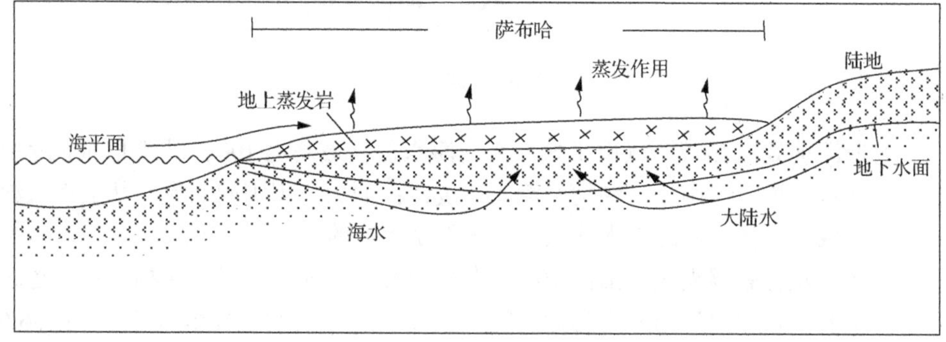

（b）海岸萨布哈断面

图 6.6 萨布哈沉积作用（Renfro，1974）

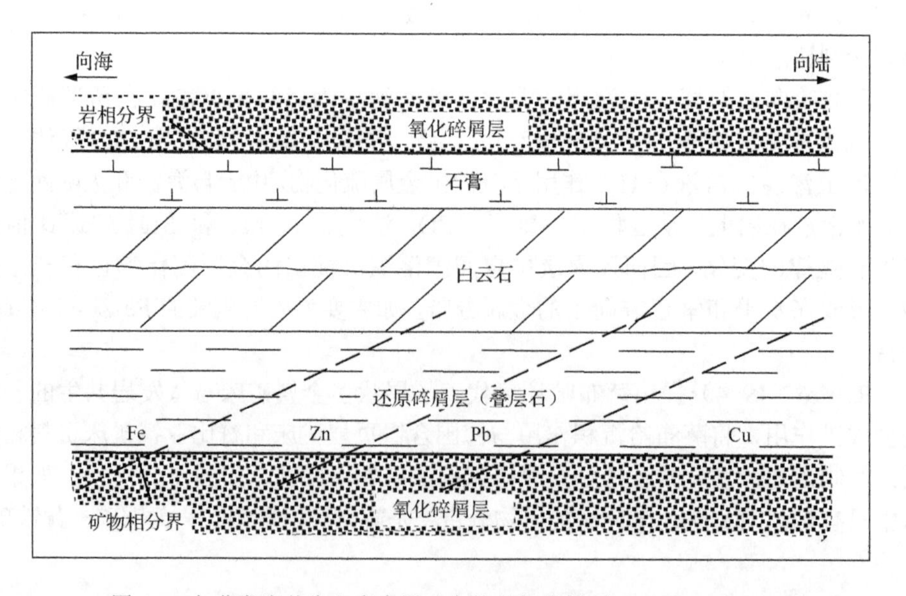

图 6.7 与蒸发岩共生之多金属矿床的理想化剖面（Renfro，1974）

类似的萨布哈沉积也见于墨西哥、得克萨斯、埃塞俄比亚和澳大利亚等地沿海。

6.1.3　近岸浅海区沉积作用地球化学

1. 近岸浅海区沉积作用特征

靠近大陆的各种海洋环境的物理、化学和生物状况都比深海的变化大，所以沉积物类型多、沉积过程也复杂，具有下述特点。

（1）大陆边缘海区是受构造变动、冰期演变、海平面升降、波浪、潮汐和海流等影响最明显地区，这些因素综合影响着沉积作用的进行。

（2）由于冰川演变，大陆架区普遍出露有更新世和低海平面时期的沉积物，称为残留沉积。其结构、组成和生物等特征与现代沉积物明显不同，并且被现代水动力条件不同程度地改造。

（3）由于近岸浅海区是接纳大陆碎屑物质的主要堆积区，其沉积物化学组成有明显的亲陆性或对大陆的继承性。

（4）沉积物化学组成主要受陆源碎屑矿物和粒度的制约，其次受生物和自生产物的制约。除粒度分析和重矿物分析外，回归分析、聚类分析、因子分析和判别分析等数理统计方法在物源判别研究中也得到了广泛有效的应用。Hirst（1962）对委内瑞拉帕里亚湾现代沉积物化学成分进行了聚类分析，如图 6.8 所示。

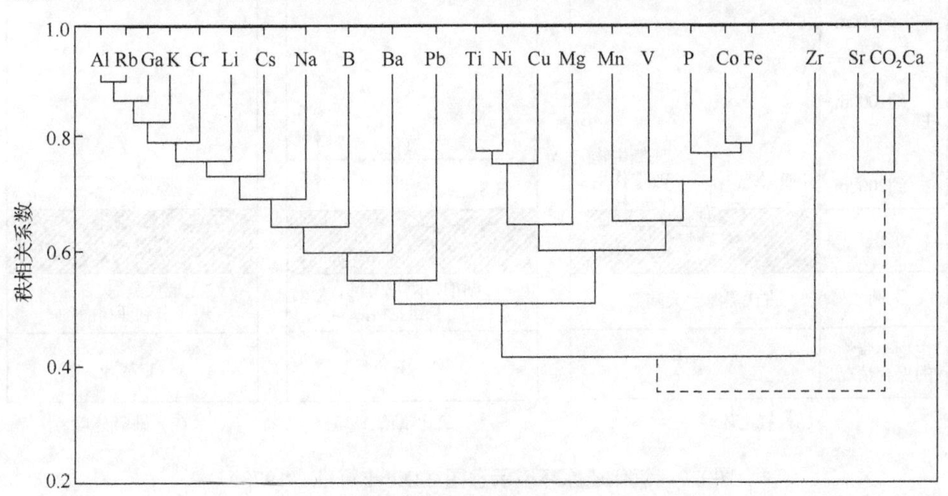

图 6.8　委内瑞拉帕里亚湾现代沉积物化学成分的聚类分析

由图 6.8 可见，沉积物组成受多种因素制约：Al、K、Na、Rb、Ga、Cr、Li、Cs、B、Ba、Pb 聚成一组，受铝硅酸盐制约；Fe、Co、P、V、Mn 聚成一组，受氧化物相制约；Ca、Sr、CO_2 组受碳酸盐制约；而 Ti、Ni、Cu、Mg 组可能受钛铁矿/金红石矿物组相制约。

赵其渊（1989）对渤海沉积物的微量元素通过判别分析进行物源判别研究。从所分析的 10 余种微量元素中，经计算机筛选出来的 Ti、Zr、Co、V 可作为判别物质来源的有效指示元素，这显然与这些元素主要赋存于碎屑矿物之中及在表生作用中具有较大惰性有关。初步研究表明：黄河来源沉积物以含 Ti、V 偏高为特征，而滦河来源沉积物以含 Zr、Co 偏高为特征。

（5）在“非远洋”环境中，根据水体循环受阻与否，可分出氧化环境和还原环境。后者在海底或在水体上部存在 O_2/H_2S 界面，属于停滞性海盆，在 O_2/H_2S 界面之下无 O_2、有 H_2S 气体，故是无生的。当有机质产率高、沉积速率大时，非停滞性海盆中沉积物顶部氧化层之下，因有机质分解也可出现还原环境，如图 6.9 所示。

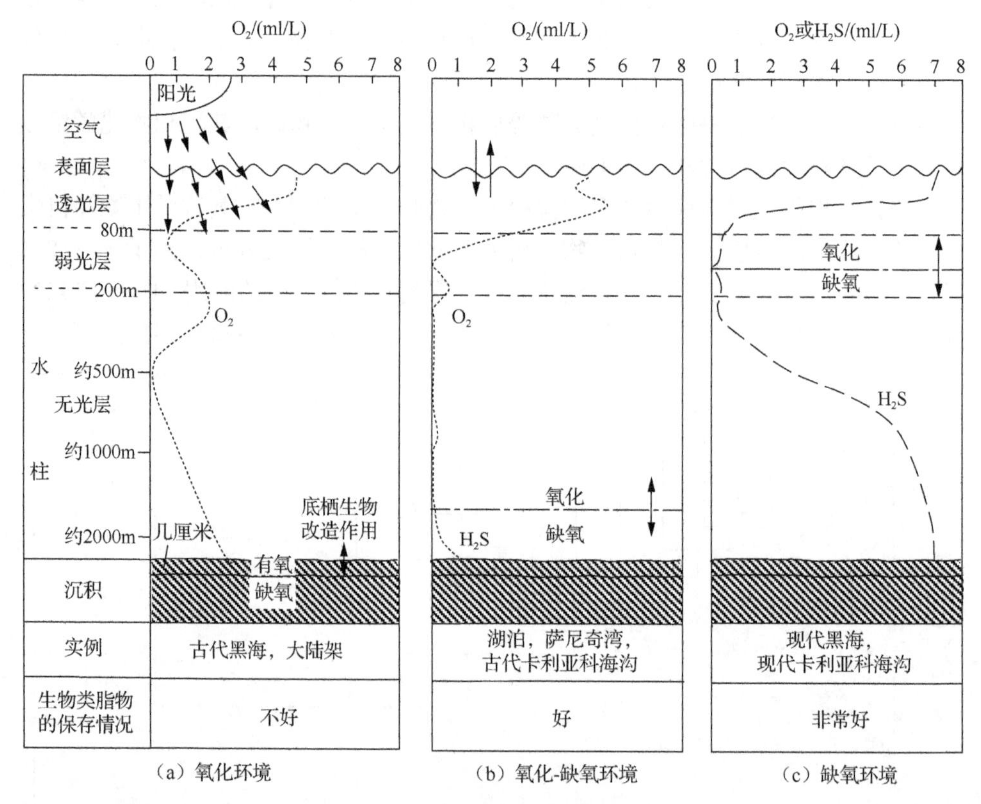

图 6.9　氧化还原环境示意图（Didyk et al.，1978）

2. 中国东海沉积作用研究

多年来，我国有关科研单位和高校对中国近岸海域开展了广泛的调查研究。有学者在 1958～1959 年全国海洋综合调查基础上，结合历年国内外研究成果得出东海大陆架沉积分布图：内陆架为现代沉积——细粒沉积物；外陆架为残留沉积——晚更新世低海洋平面时期形成的古河流相和滨海相粗粒沉积物，受到了现代沉积作用不同程度地改造；大陆坡为现代细粒沉积，受火山物质和自生物质（海绿石、磷钙石及黄铁矿）的影响较大。

陈丽蓉等（1979）根据东海沉积物的矿物组合特征编绘出矿物分区图，展示出东海沉积物矿物组成与陆源物质的依从关系。特别地，粗粒的残留沉积区与长江口区同属一个矿物分区，说明晚更新世以来，长江一直是该海区主要的物质供应河道。该矿物区沉积物的重矿物特征是除普遍角闪石、绿帘石、钛铁矿外，含有较多的十字石等变质矿物。西部矿物区以重矿物中含有较多白云母等片状矿物为特点。虎皮礁矿物区以橄榄石、钛铁矿、绿帘石、磁铁矿等含量都较高为特征。冲绳矿物区特点是含有较多的火山物质。

赵一阳等（1993，1992，1989）详细研究了东中国海沉积物的地球化学特征，包括：

（1）元素的含量与分布受沉积物粒度的控制明显，这种特征称为“元素的粒度控制律”。大多数元素，特别是微量元素，在沉积物中的含量都随粒度变细而增加；少数元素的高含量与特定粒级有关，如 Zr 在粉砂中具有高含量，与宿主矿物锆石易于进入粉砂粒级有关；而 Si 含量则是由砂粒级到黏土粒级逐渐降低的，与砂粒级沉积物关系密切的还有 Ca、Sr 等。

（2）大多数元素的含量沿海岸线呈带状分布，黄海、东海、渤海的近海岸域沉积物都如此。

（3）东中国海沉积物以陆源碎屑居主导地位，这也是大陆边缘海沉积的共同特征。研究表明：东中国海沉积物的大多数元素在沉积物的陆源碎屑组分所占的百分数＞70%，主要赋存于陆源碎屑中；少数元素如 Mn、P、Ca、Sr 等在自生组分所占百分数较大，具有自生成因特点。

（4）对于在大陆和大洋之间存在明显差异的元素，在东中国海沉积物中的含量比较接近于大陆壳和页岩的平均含量，而和深海黏土相差较大。

东海沉积物的元素丰度值如表 6.1 所示。

表 6.1　东中国海沉积物元素的丰度（赵一阳等，1989）

元素丰度	大陆架			海槽				均值
	内陆架	外陆架	全陆架	槽西坡	槽底	槽东坡	全海槽	
Si/%	27.55	29.80	28.48	25.02	19.93	15.71	20.81	25.36
Al/%	6.61	5.09	5.69	6.88	8.56	7.61	7.94	6.37
K/%	2.02	1.58	1.77	1.46	1.68	0.84	1.49	1.64
Na/%	1.53	1.48	1.50	1.52	2.02	1.59	1.83	1.66

续表

元素丰度	大陆架			海槽				均值
	内陆架	外陆架	全陆架	槽西坡	槽底	槽东坡	全海槽	
Ca/%	2.46	6.88	4.46	8.48	9.18	17.73	10.39	7.18
Mg/%	1.29	1.05	1.15	0.95	1.19	1.01	1.09	1.10
Fe/%	3.85	3.05	3.20	2.86	3.61	2.81	3.26	3.21
Mn/%	0.073	0.041	0.052	0.035	0.34	0.14	0.23	0.094
Ti/%	0.44	0.33	0.35	0.28	0.31	0.17	0.29	0.34
P/%	0.056	0.049	0.050	0.063	0.069	0.062	0.066	0.052
$Cu/10^{-6}$	24	13	17	14	33	23	26	20
$Co/10^{-6}$	16	12	15	10	13	9	12	14
$Ni/10^{-6}$	30	22	25	23	38	26	33	27
$Zn/10^{-6}$	72	67	68	72	88	63	80	72
$Pb/10^{-6}$	37	26	30	21	30	20	26	28
$Cr/10^{-6}$	52	40	45	36	42	33	39	43
$Cd/10^{-6}$	0.22	0.13	0.16	0.21	0.27	0.24	0.25	0.22
$Rb/10^{-6}$	115	91	101	93	111	41	99	100
$Sr/10^{-6}$	149	323	251	409	465	673	503	367
$Ba/10^{-6}$	441	390	411	416	529	222	479	431
$Zr/10^{-6}$	141	122	129	—	—	—	90	122
$Y/10^{-6}$	23.45	18.32	20.18	—	—	—	22.26	20.63
$La/10^{-6}$	25.60	21.08	22.73	—	—	—	17.30	21.56
$Ce/10^{-6}$	63.31	44.25	51.18	—	—	—	38.55	48.48
$Pr/10^{-6}$	6.27	5.59	5.84	—	—	—	5.96	5.87
$Nd/10^{-6}$	25.10	20.28	22.03	—	—	—	20.90	21.79
$Sm/10^{-6}$	5.31	4.20	4.60	—	—	—	4.65	4.61
$Eu/10^{-6}$	1.12	0.77	0.90	—	—	—	0.84	0.88
$Gd/10^{-6}$	5.40	4.13	4.59	—	—	—	4.59	3.94
$Tb/10^{-6}$	0.78	0.56	0.64	—	—	—	0.72	0.66
$Dy/10^{-6}$	4.55	2.89	3.49	—	—	—	3.51	3.50
$Ho/10^{-6}$	1.15	0.56	0.77	—	—	—	0.84	0.79
$Er/10^{-6}$	1.65	1.26	1.40	—	—	—	1.68	1.46
$Tm/10^{-6}$	0.22	0.15	0.17	—	—	—	0.26	0.19
$Yb/10^{-6}$	1.94	1.57	1.70	—	—	—	2.21	1.81

续表

元素丰度	大陆架			海槽				均值
	内陆架	外陆架	全陆架	槽西坡	槽底	槽东坡	全海槽	
$Lu/10^{-6}$	0.14	0.12	0.13	—	—	—	0.26	0.15
$Sc/10^{-6}$	—	—	11.2	—	—	—	11.8	11.5
$B/10^{-6}$	—	—	109	—	—	—	130	112
$F/10^{-6}$	—	—	580	—	—	—	380	489
$Li/10^{-6}$	—	—	43	—	—	—	34	39
$V/10^{-6}$	—	—	100	—	—	—	77	90
$Ga/10^{-6}$	—	—	18	—	—	—	13	16
$Be/10^{-6}$	—	—	2.10	—	—	—	1.69	1.92
$U/10^{-6}$	—	—	3.0	—	—	—	2.0	2.4
$Th/10^{-6}$	—	—	11.4	—	—	—	6.3	7.1
$Ra/10^{-12}$	—	—	0.41	—	—	—	1.82	0.94

注：选取 246 个样品分析了 Fe、Mn、Ti、P；152 个样品分析了 Cu、Ni、Zn；125 个样品分析了 K、Na、Ca、Mg、Rb、Sr、Ba、Co、Cr、Pb；82 个样品分析了 Si、Al、Cd、B、Rn；47 个样品分析了 Zr、U、Th；14 个样品分析了 REE(Y+La-Lu)；11 个样品分析了 F、Li、V、Ca、Sc、Be。

6.1.4 控制元素地球化学因素

陆源物质沉积物元素地球化学特征的控制因素较为复杂，主要因素有物质来源、矿物组成、沉积物粒度、水动力作用、生物作用、水深、地形地貌、物理化学条件、元素的迁移形式、火山作用等。

1. 水动力作用

水动力作用是海洋中最活跃的因素之一，各种碎屑物质及矿物、悬浮物都在各类水动力作用下按照不同的粒度和比例进行分选和沉积，从而控制了元素的集散规律。如长江口以南带状分布的金属元素高值区是长江入海物质在海洋沿岸流作用下南下，长江水与海水混合而产生絮凝、吸附、参与细粒沉积作用而富集，该带化学物的富集系数与长江口沉积物近似，是诸化学物的“亲陆性”的佐证。黄海西朝鲜湾外黄海暖流及其余脉与黄海沿岸流相汇而构成黄海环流，在其中流速低缓地带堆积细粒沉积物，吸附大量诸化学元素富集；冲绳海槽除了细粒沉积物吸附诸化学元素外，海槽为深大断裂，亦有海底火山热泉、喷气等分布，使诸化学元素长期供给而富集，尤其是重金属（Cu、Pb、Zn、Cd、Hg、Cr 等）富集更甚，冲绳海槽的物质来源是多源性的。在强潮流区（西朝鲜湾、南黄海南部、东海北部舟山群岛）海水流速＞100cm/s，沉积物多为砂、砂砾，矿物以石英为主，Si元素含量最高，Ca、Sr含量相对亦高；中等水动力区沉积物多为粉砂，常常富集锆石，故Zr含量较多；水动力较弱的海湾，障壁体背景区沉积物多为细粒泥质，富集Fe、Mn、Ti、P、Cu、Zn、Ni等许多元素。在河口，潮流与河流汇合，相互顶托，海水与淡水交汇，水流速、pH、盐度等骤变，发生胶体絮凝沉积作用，许多极性元素被吸附、配合等富集于沉积物中。

2. 沉积物中元素含量“粒度效应”

沉积物中元素在沉积物中的集散具有一定的规律性，人们通过大量样品的分析统计发现，很多化学元素的含量随着沉积物粒度变细而增高，可定性地反映粒度控制的一般规律，即粒度控制律。在海洋沉积物中不是所有元素都遵循粒度控制律，如Si、Ca、Cr等都随沉积物粒径变细而降低，如Zr却是另一类型，在粗粒径及细粒径的沉积物中含量低，而在中等粒径粉砂中含量最高，这是因为Zr是以独立矿物细粒锆石形式存在。符合粒度控制律的元素有Al、K、Na、Mg、Fe、Mn、Ti、P、Cu、Pb、Zn、Cd、Co、Ni、Cr、V、Li、B、Rb、Ba等。

元素具有粒度控制律的原因：①细粒黏土类沉积物除其自身含有一定的化学元素外，还具有很大的比表面积，吸附作用极强，常常吸附某些化学元素一起沉淀；②有机质极易碎解成很细的颗粒富集在黏土类沉积物中，有机质带有大量的基团，对极性化学元素有很强的吸附作用，细粒及有机质富集，Eh值变低，所引起的氧化还原环境对化学元素起浓缩作用；③粗粒沉积物主要是陆源碎屑，其中石英（SiO_2）含量为50%～90%，除晶格中结合一定的化学元素外，其吸附能力极弱，故SiO_2在某种意义上对许多元素是“稀释剂”；④富含生物贝壳碎屑的粗粒沉积物其主要成分为$CaCO_3$，同样也是许多元素的“稀释剂”。

沉积物中粒度控制律元素的多元控制模式：服从粒度控制律的元素无论以何种形式赋存于沉积物中，必然与其赋存介质和载体存在一定的内在联系，受某些因素控制而形成一定的集散规律。鲍永恩等（1995）、栗俊等（2007）对中国浅海诸化学元素的集散规律进行研究提出“多元控制”模式。

化学元素量值（含量C_M）与代表沉积物整体特征的中值粒径（d_{50}）及细粒（粒径＜63μm）沉积物粒径（d_c）和含量（q_c），以及黏土含量（y）和有机质含量（O_{rg}）等因子关系密切，可写成函数关系式：

$$C_M = f(d_{50}, d_c, q_c, y, O_{rg}) \tag{6.1}$$

通过因次分析化为无量纲准则方程为

$$\frac{C_M}{q_c^1}=a\left[\frac{d_c}{d_{50}}(y+O_{\mathrm{rg}})\right]^b \tag{6.2}$$

式中，C_M/q_c^1的物理意义是化学元素在细粒沉积物中的比量；a和b为因次分析过程中引入的两个系数；d_c/d_{50}反映沉积物的均匀程度，当d_c/d_{50}=1时，沉积物机械组成是均匀的，当d_c/d_{50}＞1时，则细粒组分占优势，当d_c/d_{50}＜1时，则粗粒组分占优势；黏土和有机质是众所周知的富集化学元素最强的物质。

从式（6.2）得出化学元素含量C_M为

$$C_M=a\left[\frac{d_c}{d_{50}}(y+O_{rg})\right]^b\cdot\frac{1}{q} \tag{6.3}$$

通过相关分析和最小二乘法回归计算求得黄海、东海区诸化学元素的式（6.3）中的系数，黄海、东海诸元素的相关系数如表6.2所示。

表6.2　黄海、东海诸元素相关系数

项目	η	置信度α	a	b	标准方差s
Cu	100	0.85	2.08	0.558	0.659
Zn	100	0.85	10.64	0.508	0.603
Pb	99	0.89	4.08	0.472	0.526
Cd	99	0.90	0.012	0.485	0.544
Hg	100	0.72	0.021	0.442	0.618
As	98	0.64	3.75	0.387	0.592
Cr	98	0.86	14.86	0.458	0.528
N	100	0.86	10.07	0.572	0.665
P	100	0.87	100.69	0.397	0.458
S	54	0.79	41.75	0.536	0.707
Q_{rc}	100	0.75	0.748	0.411	0.551

注：η=100，α=0.05，γ临界值=0.195；η=54，α=0.05，γ临界值=0.26。

从表6.2中可见，以足够多（$\eta\approx100$）的数据求得方程（6.3）的诸化学元素相关系数皆较大（最小R值为0.64），远大于α=0.05，γ临界值为0.195，由此反映了多元控制律式（6.3）的置信程度。式（6.3）是在粒度控制律的基础上，由单一因子到多元因子，由定性到定量，由感性上升至理性的飞跃，可谓“多元控制律”比较符合实际地揭示了黄海、东海大陆架沉积化学元素的客观规律。

6.1.5 浅海及海湾某些地球化学特征

1. 氧化还原环境特征

氧化还原环境对元素迁移、转化、地球化学循环有重要意义。氧化还原电位（Eh）是用来表征海洋沉积物氧化还原特性的最基本参数。海洋沉积物的氧化还原电位是从物理化学中的电极电位（E）转引过来的，所不同的是 Eh 比 E 要复杂得多。在海洋沉积物中测定 Eh 最常用的是铂电极，所测得的电位是一种“混合电位”。宋金明等（1990）研究 Eh 和海洋沉积物氧化还原环境关系时提出，控制海洋沉积物 Eh 值的元素主要为 Fe、Mn、C、S 等，其在电极上的电对反应为接近平衡状态的“准平衡态”，但是由于沉积物的复杂性，进行的电对反应实际是几对或多对，这就存在不同的表观氧化还原水平，这时铂电极响应的是交换电流最高的氧化还原电对。海洋沉积物（间隙水）中，某些氧化还原体（如 Fe^{3+}-Fe^{2+}、Mn^{4+}-Mn^{2+}等）的浓度较高，在电极表面上反应的交换电流大，成为控制 Eh 的主导因素。对于不同的海湾控制沉积物 Eh 值的元素可能是其中的某 1～2 种，也可能是这几种元素共同控制。辽东湾中 Mn、C 是控制其氧化还原过程的主要因素。Vershini 等（1983）的研究表明，沉积物中硫化氢体系（$C_{H_2S}>10^{-5}\,mol/dm^3$）起主导作用时，Eh=-350～0mV；有机质起主导作用时，Eh= 0～+400mV；氧起主导作用时，Eh＞+400mV。-200～+200mV 是 Fe、Mn 主要控制区，其关系如图 6.10 所示。

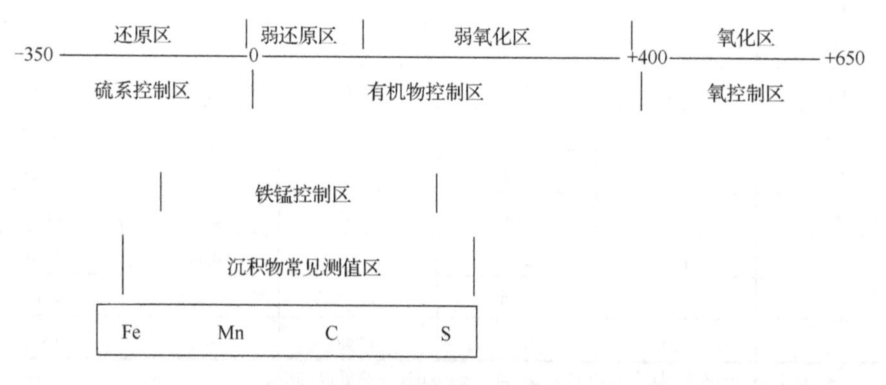

图 6.10 沉积物氧化还原环境分区

沉积物中 Eh 的控制反应可归纳为

$$(CH_2O)_n + 2nMnO_2 + 3nCO_2 + nH_2O \longrightarrow 4nHCO_3^- + 2nMn^{2+},\ MnO_2 / Mn^{2+}$$

$$(CH_2O)_n + 4nFe(OH)_3 + 7nCO_2 \longrightarrow 8nHCO_3^- + 3nH_2O + 4nFe^{2+},\ Fe(OH)_3 / Fe^{2+}$$

$$2(CH_2O)_n + nSO_4^{2-} \longrightarrow 2nHCO_3^- + nH_2S,\ SO_4^{2-} / H_2S$$

沉积物中的有机物质是沉积物变质作用的能量来源，虽然不直接在电极表面上反应，但和 Eh 密切相关，沉积物中有机碳的存在为还原菌提供了必要的生存条件，使 S、Fe、Mn 等的高价化合物在还原菌的作用下被有机质还原成为可能，一般沉积物中有机碳含量愈高，则含还原菌的数量亦愈大，有机碳还原产生低价的 Fe、Mn、S 等数量也愈大，其沉积物的氧化还原电位愈低，沉积物的还原性愈强。

表层沉积物的 Eh 与 pH 的关系从控制海洋沉积物 Eh 的 Fe、Mn、C、S 反应可知，随着反应进行，HCO_3^- 和还原体（Fe^{2+}、Mn^{2+}、H_2S 等）的浓度呈正比变化，即在沉积物中，pH 和 Eh 的变化是一致的。如果氧体系起主导作用，则$(CH_2O)_n + nO_2 \longrightarrow CO_2 + nH_2O$。随着氧的消耗，产物 CO_2 浓度升高，pH 降低，上覆海水又不断地从空气中得到补充氧，使 Eh 升高，所以在上覆海水中 pH 和 Eh 呈相反趋势变化。

中国黄海、东海 Eh 分布反映了浅海沉积环境特征，黄海沉积物 Eh 值为 75～315mV，平均值为 196mV；东海沉积物 Eh 值为-77～406mV，平均值为 128mV，其分布趋势是近岸和远海 Eh 值低，中间地带（砂质沉积物）Eh 值高，浙闽近岸带状区域为 Eh＜0 的还原区，该区硫化物浓度＞600×10^{-6}mg/dm^3，为硫起主导作用的硫型还原环境；在该带东侧和黄海近岸及外部浅海 Eh 值为 0～200mV，为弱还原带；黄海中部带及东海东南部 Eh 值为 200～400mV，为弱氧化带；Eh＞400mV 的氧化区几乎不存在。

海湾的沉积环境比较复杂，中国多数海湾 Eh 值为-50～300mV，最低值-216 mV 出现于胶州湾，最高值 605mV 出现在石岛湾。多数海湾处于弱还原至弱氧化环境。海湾沉积物以石源为主，砂质沉积物表层透气性较佳，多为氧化环境；泥质沉积物表层仅有数毫米薄层氧化环境，其下过渡为还原环境。氧化还原环境与沉积物粒度粗细亦有密切关系（图 6.11）。

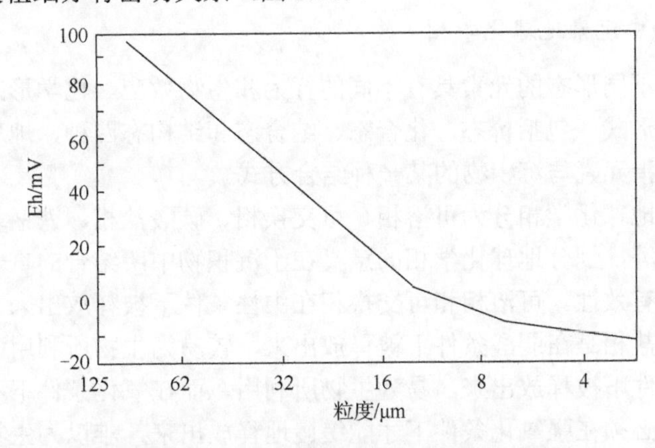

图 6.11　大连湾沉积物粒度与 Eh 变化关系

鲍永恩等（1990a，1990b）在研究大连湾沉积环境时，以 Eh、硫化物、有机质（C/N）、自生黄铁矿作为氧化还原环境判别标志，经过多元回归计算，获得以上诸要素与 Eh 的变化关系为一多项式：

$$Y_{Eh} = 143.549 - 0.147X_S - 8.576X_{org} - 2.5X_{FeS_2} \quad (6.4)$$

复相关系数 R=−0.761，n=18

式中，Y_{Eh} 为氧化还原电位，mV；X_S 为硫化物质量分数，%；X_{org} 为有机质质量分数，%；X_{FeS_2} 为自生黄铁矿质量分数，%。

氧化还原电位不但随沉积物粒度变细而降低，而且随硫化物、有机质、自生黄铁矿含量的增高而降低，而其中影响最大者是硫化物，其次是有机质和自生黄铁矿。自生黄铁矿是还原环境生成的，一般 pH 在 6～9 时均可形成，在 Eh 值小于 100mV、Fe^{3+}/Fe^{2+}为 0.1～0.4 时最有利，即受 Fe_2O_3 含量制约，其含量越高则生成黄铁矿的丰度越大。有机质的丰度直接影响沉积物中硫酸盐的还原速率，即影响 H_2S•S 的含量，有机质是还原环境厌氧菌的营养物质和活动的能源，它的含量多少决定还原环境能否维持下去，沉积物中含有大量的有机质，还原菌才能使硫酸盐分解，释放或沉淀出 H_2S 和 S，释放出来的 H_2S 与 Fe 反应生成黄铁矿。其生成过程取决于 S 的充分程度，即 $Fe^{2+}+S \longrightarrow FeS$，$FeS+S \longrightarrow Fe_3S_4$，$Fe_3S_4+S \longrightarrow FeS_2$。

从环境的综合因素考虑，大连湾沉积环境类型可分为：①硫型还原环境，Eh＜0mV，硫化物的质量分数＞800×10^{-6}，有机质的质量分数＞3%，C/N＞20，自生黄铁矿的质量分数 1%～3%；②弱还原环境，Eh＜100mV，硫化物的质量分数＞300×10^{-6}，有机质的质量分数＞2.5%，C/N 为 10～20，自生黄铁矿的质量分数 0～1%；③弱氧化环境，Eh＞100mV，硫化物的质量分数＜300×10^{-6}，有机质的质量分数＜2.5%，C/N＜10，自生黄铁矿的质量分数为 0。

2. *沉积物中元素地球化学相*

沉积物中不同形态的元素具有不同的行为和生物效应。化学形态是元素在沉积物中存在的形式，包括价态、化合态、结合态和结构态四种，地球化学相相当于结合态，是指元素与沉积物的某一种结合方式。

重金属的地球化学相分为可溶相、可交换相、碳酸盐相、铁锰氧化物相、有机相、残渣相等，划分地球化学相的意义在于沉积物中所结合的重金属的化学活性和对生物的有效性。可溶相和可交换相在中性条件下被释放出来，最易为生物所利用；碳酸盐相是在弱酸条件下被释放出来，较易为生物所利用；铁锰氧化物相是在还原条件下被释放出来，易为生物所利用，而在氧化条件下不易为生物所利用；有机相必须在强氧化条件下才能缓慢地释放出来，难以为生物所利用；残渣相可通过风化作用释放出来，其释放速率以地质年代计，故不易为生物所利用。重金属地球化学相的分离技术如表 6.3 所示，分析程序如图 6.12 所示。

表 6.3　重金属地球化学相的分离技术

地球化学相	结合方式	分离技术
水可溶相	金属沉淀间隙水	纯水浸提（石英二次蒸馏水）
阳离子可交换相	专属吸附，离子交换	过量阳离子交换（1mol/L $MgCl_2$，pH=7.0）
碳酸盐相	沉淀与共沉淀	弱酸浸提（1mol/L NaAc，pH=4.8）
铁锰氧化物相	专属吸附，共沉淀	还原（0.4mol/L NH_2OH•HCl 在 25℃ HAc 中，96℃±3℃）
有机-硫化物相	配合，吸附	氧化（30% H_2O_2 以 0.2mol/L HNO_3，NH_4OAc，pH=2.0，85℃±2℃）
残渣相	结合矿物晶格中	强酸消化（HNO_3，$HClO_4$，HF）

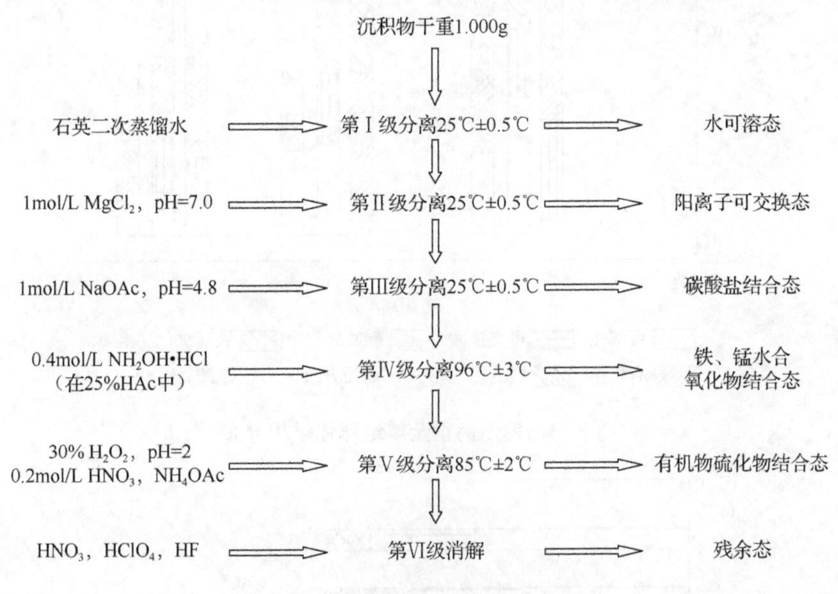

图 6.12　沉积物重金属形态分析程序

锦州湾沉积物重金属地球化学相研究较多，如马德毅等（1988）对锦州湾沉积物中 Pb、Zn、Cd 地球化学相及期间的分配规律进行了研究；鲍永恩等（1988）研究了锦州湾沉积物中某些重金属地球化学相空间分布规律，如图 6.13 和图 6.14 所示。

重金属形态平面分布特征可分为三个带：①近岸剧烈变化带，从湾顶岸边延伸至低潮线的潮滩地带，重金属各形态含量变化幅度达 1～2 个数量级，而且平面变化梯度很大；重金属以铁锰氧化物相及有机物结合相占优势，残渣相占总量的 15%左右。②中部相对稳定带，从低潮线至湾中部，重金属各形态含量变幅不大，在同数量级中变化，一般增量小于 2 倍，重金属的残渣相显著增加，占总量的 35%左右，有机结合相相对减少，碳酸盐相相对增加。③稳定带，从湾中部至湾外，重金属各形态质量分数变化很小，一般增量变化为 10%～20%，以残渣相为主，其质量分数占总量的 50%～60%，其次为铁锰氧化物相占总量的 30%左右。金属残渣相在纵向剖面上变化规律性较强，随离岸距离增大而质量分数比增高。残渣相中重金属含量代表活动性较差的结合在矿物晶格中的重金属的赋存量，它只受悬浮物或表层沉积物的物理搬运迁移的影响，而不随环境化学条件而改变。将它与其他形态含量的空间变化进行对比，对研究重金属化学、物理、生化迁移过程和其机制提供了方便的参照，同时也对迁移强度和物源起到示踪的作用。

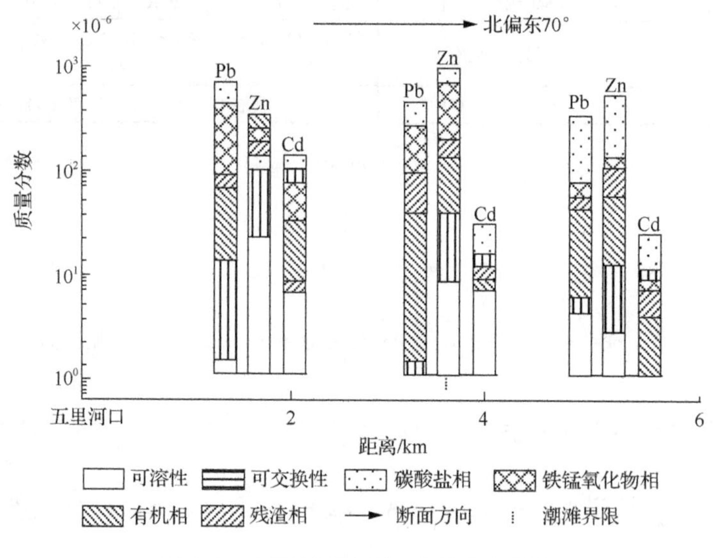

图 6.13 锦州湾重金属地球化学相分布

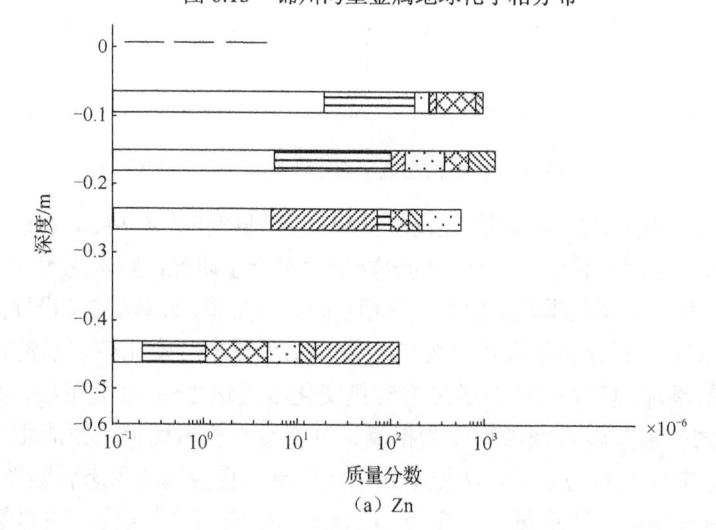

(a) Zn

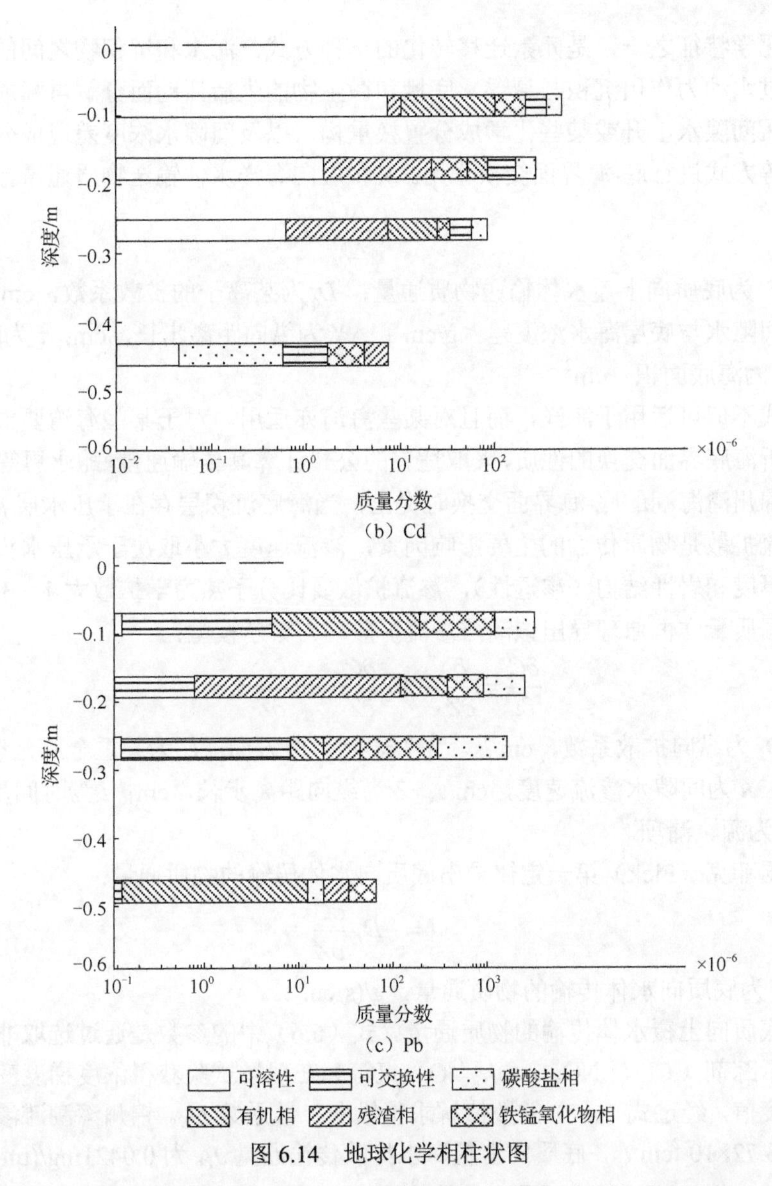

图 6.14　地球化学相柱状图

重金属地球化学相的垂向变化，在沉积物密实成岩过程中使下部（0.5m 以下）可溶相重金属含量降低至最低限，向沉积物表面层不断增高，铁锰氧化物相和有机相重金属含量分布与可溶相相同，其百分比由上部表层向下部增高。剖面深度反映沉积作用时间上的连续性，剖面上的物质变化亦反映了在物理、化学、生化等作用下的各种形态金属迁移、转化、交换过程的迹象。

3. 底-海界面交换

在近海浅海沉积物中化学元素通过间隙水（孔隙水）与上覆海水交换亦是海

洋地球化学特征之一，是元素迁移转化的一种方式。海水和沉积物之间的物质交换是通过水动力作用沉积与悬浮，底栖和微生物的生命活动而分解再释放，成岩密实挤压间隙水上升或某些化学成分置换重构，以及间隙水浓度差造成分子热动力扩散等方式进行底-海界面交换作用。沉积层向海洋水体输送物质通量计算式为

$$F = D_0 \frac{\Delta C}{\Delta X} tA \tag{6.5}$$

式中，F 为底质向上覆水体输送物质通量；D_0 为某离子的扩散系数，cm^2/s；ΔC 为底质间隙水与底层海水浓度差，g/cm^3；ΔX 为纵向距离步长，cm；t 为时间，s 或 a；A 为海底面积，cm^2。

该式不但可运用于海洋，而且对某些海湾亦适用。对于某些海湾要根据具体情况分析海底界面交换的性质，采取适宜的公式计算其传输通量。鲍永恩等（1988）在研究锦州湾海潮的底-海界面交换时提出，当海底沉积层存在承压水层补给时，纵向渗流扩散是物质传输的主要影响因素，渗流速度大小取决于承压水头高度、隔水层厚度和岩性结构（渗透性），渗流扩散要比分子热力学扩散大 1～3 个数量级。根据质量守恒原理导出该潮滩渗流扩散动力数学模型：

$$\frac{\partial C}{\partial t} = \frac{\partial}{\partial Z}(-D_L \frac{\partial C}{\partial Z}) - u\frac{\partial C}{\partial Z} \pm \varepsilon \tag{6.6}$$

式中，D_L 为纵向扩散系数，cm^2/s，“−” 表示扩散方向；C 为某重金属元素浓度，mg/dm^3；u 为间隙水渗流速度，cm/s；Z 为纵向距离步长，cm；t 为时间步长，s 或 h；ε 为源、漏项。

根据菲克（Fick）第一定律导出底质向水体传输的物质通量：

$$J = -D_L \frac{\partial C}{\partial Z} \tag{6.7}$$

式中，J 为底质向水体传输的物质通量，$g/(s \cdot cm^2)$。

求底质向上覆水体传输的物质通量。式（6.6）中的参数是通过选取非吸收性元素或示踪剂（Cl^-、NO_3^-、氚、^{18}O、氘等）在现场试验获得浓度梯度变化值和渗流速度值，经过式（6.7）的数值解求得纵向扩散系数 D_L。锦州湾潮滩渗流扩散系数为 $3.72\times10^{-2}cm^2/s$，底质向上覆海水扩散传输通量 J_{Pb} 为 $0.0421mg/(m^2 \cdot h)$，J_{Zn} 为 $0.778\ mg/(m^2 \cdot h)$，J_{Cd} 为 $0.799mg/(m^2 \cdot h)$。

底-海界面交换还反映在底质与海水中重金属含量的变化关系上。鲍永恩等（1990b）研究大连湾底质与海水中锌含量的变化关系，提出沉积物和上覆海水之间通常都存在重金属的界面交换或转化效应，除了物理化学、生化条件外，还决定于可交换的重金属浓度梯度，亦决定于沉积物和海水中重金属的分配关系。大连湾从西岸向湾口 10km 距离剖面上，沉积物中锌浓度 Y_{2Zn} 与海水中锌浓度 Y_{1Zn} 皆随离岸距离向湾口成幂函数型递降变化。二者之间的变化关系如图 6.15 所示，数学经验关系式为指数函数形式：

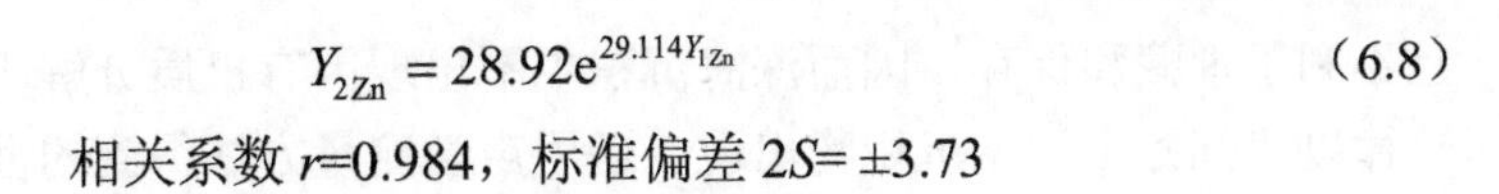

$$Y_{2\mathrm{Zn}} = 28.92\mathrm{e}^{29.114Y_{1\mathrm{Zn}}} \quad (6.8)$$

相关系数 r=0.984，标准偏差 $2S$= ±3.73

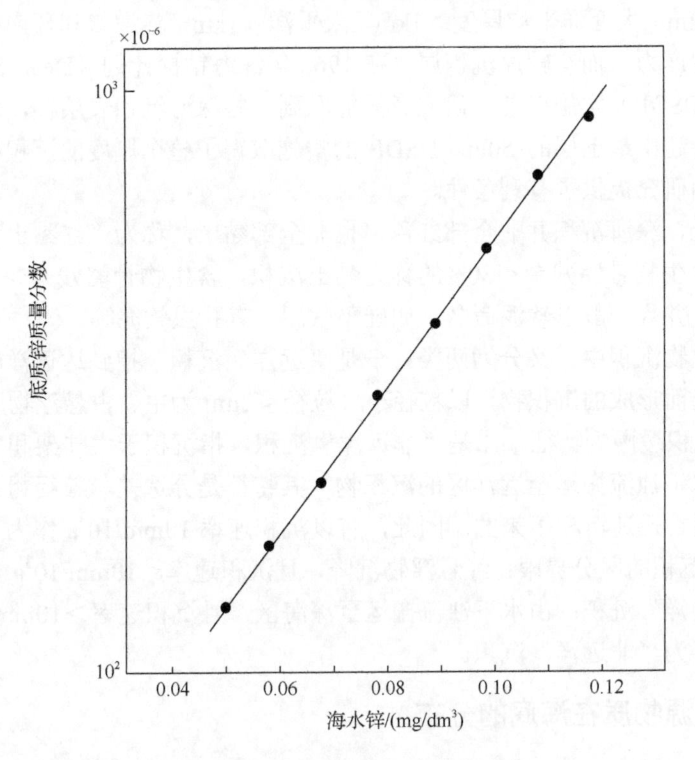

图 6.15　底质和海水中锌变化关系

由图 6.15 可见，二者之间的交换和分配关系十分密切。按照质量作用原理，当可交换的浓度差异大于一个数量级时，作为可交换的金属离子就会发生迁移、交换作用。大连湾沉积物与海水中锌的含量比值为 2666.6～7970.6，已达 4 个数量级，在这样大的浓度差作用下，底质的锌向上覆海水柱中进行释放、交换等动态变化是毋庸置疑的，释放量的多寡取决于沉积物中锌的地球化学相中的可溶相和可交换相的比例和底质地化环境。大连湾沉积物中可溶相和可交换相锌约占总量的 10%，在中性环境释放出来与上覆海水进行交换。

■ 6.2　深海沉积作用地球化学

远洋区占地球表面积的 50%以上，是深海环境，水深接近或超过 4km，沉积速率≤10mm/10^3a 数量级，即到达远洋的悬浮物质需经很长水柱、漫长时间才能降落海底。在此过程中，有机碎屑被分解、破坏，所以深海底有机质含量很低，且不利于埋藏和保存，因而深海沉积中不出现因有机质分解所导致的还原层，而一律以“红黏土”型沉积物出现。运用声学测量方法得到的世界大洋沉积物平均厚度约 0.5km，大西洋平均厚度＞1km，太平洋＜1km，赤道带和环南极带由于较高的生物生产力，而有较厚沉积层。在 1968 年深海钻探计划（Deep Sea Drilling Program，DSDP）实施以前，研究者只能取到一些深海沉积表层样，利用活塞取样管也不会超出最上层的 50m。DSDP 的实施取得了整个厚度的沉积柱样，为深海沉积作用研究提供了有利条件。

实际上，深海沉积并非全部红色，也非全部黏土，称为“红黏土”不妥，文献中多将含生物骨骼残余＜30%的称为黏土沉积，含生物骨骼残余＞30%的称为生物沉积，并且一般以软泥命名，如硅藻软泥、有孔虫软泥等。

在非生物沉积中，又分为两类：一是“远洋”沉积，指到达远洋的悬浮物质经长期沉降而形成的沉积物，以粒径小（粒径＜2μm 为主、占悬浮物质的 60%～70%）和沉积缓慢为特征；二是“非远洋”沉积，指沉积于大陆架和大陆坡的陆源物质经水下浊流搬运至远洋区的沉积物，其特征是分选差、粒径粗，是在浊流流速降低后，迅速沉积下来的。因此，有以沉积速率 10mm/10^3a 作为“远洋”和“非远洋”沉积的区分界限：经悬浮物沉降，且沉积速率＜10mm/10^3a 形成的沉积物，为“远洋”沉积；由水下浊流搬运至深海区，且沉积速率＞10mm/10^3a 形成的沉积物，为“非远洋”沉积。

6.2.1 陆源物质在海底的分布

陆源碎屑是在海洋水动力体系作用下，被发送到达海底的，因此，陆源物质在海底的分布与水动力体系必然存在联系。太平洋最小沉积速率区与准静止区相符合，较快沉积速率区则与赤道带水动力活跃区、环大陆水动力活跃区相一致，这些水动力活跃区也是悬浮物含量高和表层水生物生产力高的海区。环南极高沉积速率区则与环南极辐合带和硅藻高生产力区相符合。在其他大洋以及内陆海中，也存在同样规律。总之，不同洋区的沉积速率和海底沉积物的分布是受水体环流体系制约的。

苏联学者也定量研究了陆源物质在到达海底，尤其是到达深海底之前，所经历的机械分异过程，如图 6.16 所示。可见，到达远洋区的主要是中值粒径＜2μm 的黏土微粒，即图中纯远洋红黏土。远洋黏土的粒径为 0.5～0.65μm，由细泥和亚胶体所组成，并且亚胶体占总量的 45%～60%以上。在非海洋盆地中，固相的机械分异达不到如此完全。与远洋相比，近岸带的机械分异在时空上的变化要大很多。

泥质沉积物的沉积速率与其中亚胶体部分含量之间存在线性关系，如图 6.17 所示，它反映了远洋区，特别是远洋准静止区，是细粒物质的大面积散布区，而作为大面积散布的悬浮物，将以具有最缓慢的沉积速率为特征，而且沉积物厚度也减小。

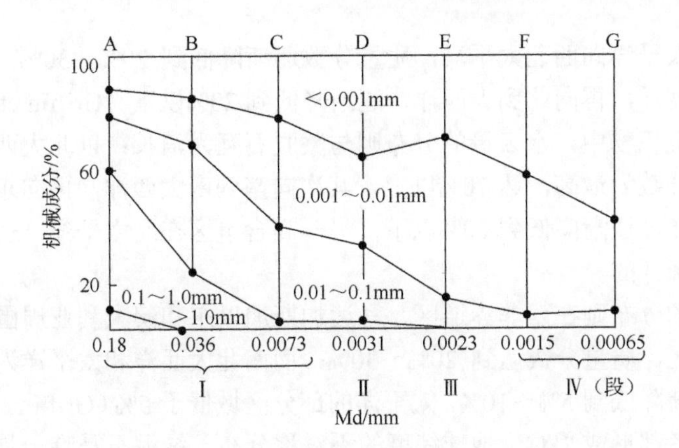

A. 砂；B. 粉砂；C. 粉砂泥；D. 大陆性泥岩；E. 过渡型红黏土；
F. 纯远洋红黏土；G. 它们的最细粒变种；Md. 中值粒径

图 6.16 太平洋西北部陆源沉积的机械成分（机械成分以%表示）

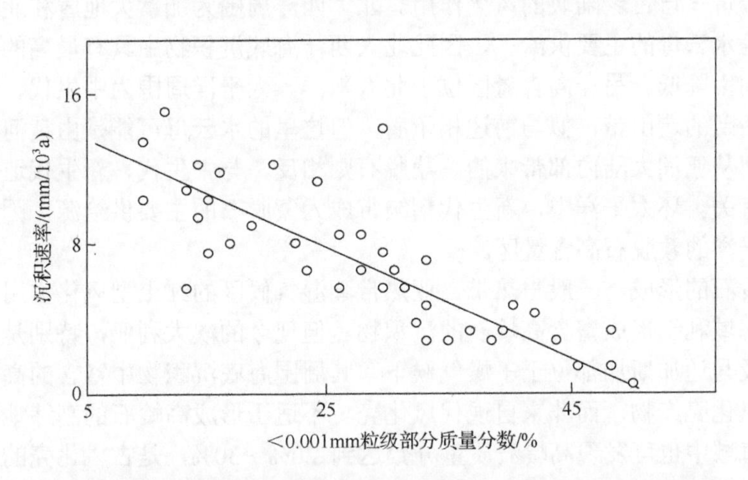

图 6.17 泥质沉积物的沉积速率与其中亚胶体部分质量分数之间的关系

总之，大洋表层水的水动力活跃带不仅沉积大量陆源物质于海底，而且所沉积物质的颗粒也比较粗，而水动力不活跃的准静止区沉积物厚度小，粒度很细。各大洋均遵循这一规律。

陆源物质在水动力作用下经过机械分异：砂粒级物质主要堆积于陆架区，粉砂粒级物质基本上堆积于陆坡区，而泥质部分则发往开阔的远洋区。在远洋区，泥质的较粗部分在准静止区边缘带沉积下来，更细的则沉积在准静止区的中心区，能将原先沉积于大陆边缘的沉积物搬运至远洋的主要营力为水下浊流。

6.2.2 黏土矿物在大洋沉积物中的分布

在海洋沉积物中，蒙脱石以东南太平洋沉积物中质量分数为最高，达 70%以上，自东南太平洋向西北太平洋，质量分数逐渐降低到 20%～30%；自东南太平洋向西经印度洋，再向北到大西洋，逐渐降低到 20%以下（Griffin et al.，1968）。

在海洋沉积物中，水云母的分布则与蒙脱石互为消长：以北大西洋沉积物中水云母质量分数为最高，达 70%以上，其次向南到南大西洋，再向东经印度洋，到东南太平洋，逐渐降低到 20%以下；另一高含量区在北太平洋，也是东南太平洋方向逐渐降低的。

高岭土的分布则在西非赤道区、马达加斯加以东和澳大利亚周围形成了三个高含量斑块区，质量分数达到 20%～30%；而南北大西洋和太平洋为低含量区，质量分数逐渐降低到 5%～10%，太平洋的部分区域低于 5%（Griffin et al.，1968）。

上述三者都形成了对于地球纬度的不对称分布。绿泥石是唯一具有沿纬度作带状分布特征，表现有相对于赤道作对称分布的黏土矿物，主要分布于高纬区，在中低纬区分布较少。这主要与物质来源有关。

水云母来自古老陆块的风化作用。北大西洋周围为加拿大地盾和北欧古陆所包围，是水云母的主要供给区，因此北大西洋海底沉积物中具有最高的水云母含量，并向南降低。另一高含量区位于北太平洋。太平洋周围为中生代、新生代火山作用活跃的造山带，似与前述相矛盾，但这里的水云母可能是由黄河、长江这样的大河从亚洲大陆内部带来的。蒙脱石则相反，与中生代、新生代造山带的风化作用有关。环太平洋中，新生代褶皱带成为蒙脱石的主要供给源，因而形成了东南太平洋的蒙脱石高含量区。

高岭石的形成，一般与热带、亚热带潮湿气候区的红土型风化作用有关，故赤道带海域利于形成富含高岭石的沉积物。但现今的澳大利亚，特别是西部地台区，以及马达加斯加都位于干燥气候下，其周围海底沉积物中富含的高岭石应当属于古风化壳产物，而非来自现代风化壳。不适于形成高岭石的高纬地区、在有的邻近海域中也可发现高岭石质量分数达到 20%～30%，是古风化壳的再沉积产物。实际上，大西洋赤道带富高岭石沉积物，也与古老的红土风化作用有关（非洲的红土风化作用从中生代即已开始，形成了白垩纪铝土矿，并一直继续到始新世），而这里的现代红土风化作用则较差。

因此，对大洋黏土矿物的分布不能用地球上的气候分带加以说明，气候分带特征是以赤道作对称分布，而黏土矿物分布对于赤道是非对称的。用古老和现代黏土堆积的再沉积作用来解释较为合理，按此观点，大洋沉积中主要量的黏土矿物不是现代风化壳产物，而是大陆上处于剥蚀和侵蚀带的古老黏土岩的再冲刷产物。

通过对太平洋火山岩研究，蒙脱石是火山岩重要的低温蚀变产物之一，但这样的自生蒙脱石的生成过程非常缓慢，在有限地质时期内不能形成很大数量，所以表层沉积物中的蒙脱石无疑是外来的他生矿物。

如在河口反应中所说，在海水中伊利石（水云母）和高岭石的絮凝作用快于蒙脱石，因此，二者一般沉积于离物源较近的海区，而蒙脱石则被带至远洋区。蒙脱石颗粒更细、更分散是其易被搬运到远离物源区的又一原因。

只有在海底火山作用影响区，如铁锰沉积分布区、大洋中脊的热水活动区，才有自生黏土矿物的显著生成作用。

6.2.3　深海沉积物中的元素分布

地壳中所有的元素都存在于深海沉积中。按化学组成特点深海沉积分为黏土沉积和碳酸盐沉积这两类。前者来自大陆，颗粒细、沉积缓慢、富含痕量元素；后者沉积速率大、含有相当多的钙质贝壳碎屑、贫于痕量元素（除 Sr 外）。

深海沉积中的主要元素与近岸及浅海沉积无大的差异，即有类似的浓度范围；而在痕量元素方面，则明显不同，即深海黏土明显富集 Ni、Co、Cu、Pb、Zn 等痕量元素，如表 6.4 所示。

表 6.4　痕量元素在某些深海沉积中的平均分布　（单位：mg/kg）

痕量元素	近岸泥①	深海碳酸盐②	大西洋深海黏土③	太平洋深海黏土④	活动海岭沉积物⑤	铁锰结核⑥
Cr	100	11	86	77	55	10
V	130	20	140	130	450	590
Ga	19	13	21	19	—	17
Cu	48	30	130	570	730	3300
Ni	55	30	79	293	430	5700
Co	13	7	38	116	105	3400
Pb	20	9	45	162	—	1500
Zn	95	35	130	—	380	3500
Mn	850	1000	4000	12500	60000	220000
Fe	69900	9000	82000	65000	180000	140580

① 据 Wedepohl（1960）。
② 据 Turekian 等（1961）。
③ 据 Wedepohl（1960），Turekian 等（1966）。
④ 据 Goldberg 等（1958），El-Wakeel 等（1961），Landergren（1964）。
⑤ 据 Boström 等（1969），对东太平洋海隆样品在除去碳酸盐基础上得出的数据。
⑥ 据 Chester（1965）。

1. 主要元素

深海沉积物主要元素含量取决于矿物组成，例如 Ca 集中于碳酸盐沉积，Al 集中于黏土沉积，而 Si 富集于硅质沉积。一般有多种宿主矿物存在时，主要元素含量受各宿主矿物间比例关系的制约。

（1）硅。对远洋硅的输入，有溶解硅、硅酸盐硅和石英硅。溶解硅主要来自于河流排出（约 4.3×10^{14}g SiO_2/a）和冰川风化（5×10^{14}～8×10^{14}g SiO_2/a）。溶解硅自海水的移出，主要通过生物作用形成硅质软泥（移出 1.9×10^{14}～3.6×10^{14}g SiO_2/a）。另外，在河口通过絮凝作用有相当数量的硅可移出；在海底逆风化作用中形成自生矿物山软木、海泡石、长石及蚀变矿物沸石等，也移出硅；还有间隙水反应形成燧石层等。硅酸盐硅（包括黏土矿物）和石英硅主要是外源的，也有内源的（如海底火山作用产物）。

（2）铝。铝不参与生物介壳，主要存在于铝硅酸盐碎矿物中，深海沉积中这类碎屑以陆源为主，常以 Al/(Al+Fe+Mn)比值作为鉴别沉积区热液活动及其影响程度的指标。受热液活动影响，该比值降低。

（3）钛。陆源物质、海底玄武岩、铁锰结核都提供深海沉积物钛。在铁锰结核中，Ti 与 Fe 之间具有协变性，可能是铁的氢氧化物从海水中“清扫”出钛。有机质碎屑也可自海水“清扫”出部分钛。

（4）磷。生活在透光带的生物自海水摄取磷。生物碎屑向深水降落中，抗侵蚀最强的磷酸盐物质（如鲨鱼牙齿、鲸鱼耳骨）可加入海底沉积物保存下来；在快速沉积情况（如碳酸盐沉积），鱼鳞（含磷）也能保存。铁锰结核富含磷（约为深海沉积的 3 倍）。富磷沉积物主要形成于有上升流的近岸环境。

（5）钙、镁。深海沉积物中的钙分布和较小程度上的镁分布，大半受生物作用控制。骨骼碳酸盐的质量分数＞30%的钙质软泥几乎覆盖了深海底的一半，从数量上看，是最重要的深海沉积类型。分泌碳酸盐的有机体主要有：有孔虫、颗石藻和翼足类。陆源和火山物质也供给深海沉积物 Ca 和 Mg。

（6）铁、锰。其可分出碳酸盐铁锰和氢氧化物铁锰，后者是海洋环境下的自生矿物，构成其他碎屑物质的皮膜，或自成颗粒态。如前所述，铁锰氢氧化物对许多痕量元素有很大的吸附能力，造成深海沉积物对痕量元素的“过剩”（高于正常值）。硅酸盐铁锰来自大陆和海底火山作用。海底热液作用是另一重要的铁、锰来源。

2. 痕量元素

深海沉积，特别是深海黏土以富含痕量元素为特征。太平洋深海黏土又比大西洋深海黏土含有较高的痕量元素。深海沉积中痕量元素的含量和分布取决于物质来源和沉积过程。

1）痕量元素的存在形式

深海沉积物中的痕量元素存在形式，可分为两大类：存在于晶体结构的结点位置上的“晶格”痕量元素和非处于晶格结点上主要是吸附状态的“非晶格”痕量元素。深海沉积中“过剩”痕量元素主要以后一种形式存在。深海沉积物中以前一种形式存在的 Cr、V、Ga 等未表现明显的浓度异常。采用酸性还原剂沥滤技术，可以区分沉积物中这两种形式的痕量元素。

深海沉积物中痕量元素的内源有火山和热液活动，外源有陆源和宇宙来源，陆源物质主要通过河流排入。进入海洋的不同固相物质的痕量元素组成，列于表 6.5 中。可以看出，与近岸泥相比，深海黏土富含 Cu、Ni、Co、Pb、Zn、Mn 等，而 Cr、V、Ga 在两者中浓度比较接近。

表 6.5　带入海洋的不同固相物质的平均痕量元素组成及某些深海沉积物的相应数值

（单位：mg/kg）

痕量元素	河搬运沉积物	冰搬运沉积物[①]	风搬运尘埃[②]	大洋碱性玄武岩	大洋拉斑玄武岩	蚀变玄武岩碎屑	宇宙小球	近岸泥[③]	大西洋深海黏土[④]	太平洋深海黏土[⑤]
Cr	100	90	67	67	297	91	<200～700	100	86	77
V	97	186	103	252	292	—	—	130	140	130
Ga	25	—	22	22	17	—	—	19	21	19
Cu	226	116	79	36	77	118	—	48	130	570
Ni	65	39	43	51	97	39	4100～775000	55	79	293
Co	16	25	11	25	32	67	2000～11900	13	38	116
Pb	187	<50	140	—	—	—	—	20	45	162
Zn	310	<200	338	—	—	—	—	95	130	—
Mn	700	1143	1813	1084	1239	880	<200～810	850	4000	12500
Fe	43800	33000	58000	82600	76800	92253	216000～710010	69000	82000	65000

① 据 Angino（1966），Angino 等（1968）。
② 据 Chester 等（1973）。
③ 据 Wedepohl（1960）。
④ 据 Wedepohl（1960），Turekian 等（1966）。
⑤ 据 Goldberg 等（1958），El-Wakeel 等（1961），Landergren（1964）。

“晶格”痕量元素主要存在于陆源碎屑矿物中，而“非晶格”痕量元素主要来自海洋环境。表 6.6 为一个例证：对于 Cr、V，基本都处于晶格结点中，为陆源碎屑所提供；而对于 Mn、Fe、Cu、Ni、Co 来说，占据晶格结点的仅是一部分，可能存在于陆源碎屑矿物晶体内部，还有一部分则以吸附态存在，或是从海水中“清扫”出来的“过剩”部分。近岸泥平均浓度说明近岸泥是陆源物质跨入海洋环境的初级阶段，从海水中“清扫”出的元素尚不多，所以与深海黏土“晶格”痕量元素浓度大致相同。

表 6.6 在不同的沉积物中占据晶格配位位置的痕量元素平均浓度 （单位：mg/kg）

痕量元素	大西洋深海黏土平均值[①]	38 个北大西洋深海沉积物样品的占据晶格配位位置部分的平均浓度[②]	默尔西河和韦弗河 12 个悬浮沉积物样品的平均浓度	默尔西河和韦弗河 12 个悬浮沉积物样品的占据晶格配位位置部分的平均浓度	近岸泥平均浓度[③]
Mn	4000	582	9920	1040	850
Fe	82000	66621	97000	77000	69000
Cu	130	67	476	205	48
Ni	79	63	36	37	55
Co	38	12	26	10	13
Cr	86	72	148	170	100
V	140	120	94	106	130

① 据 Wedepohl（1960），Turekian 等（1966）。
② 据 Chester 等（1970）。
③ 据 Wedepohl（1960）。

在河流每年输入大洋约 200 亿 t 的物质中，有一半以上是溶解态。冰川每年供给海洋的约 20 亿 t 物质中，也有一定份额呈溶解态。进入海洋的溶解组分成了黏土和铁、锰氢氧化物颗粒物质的吸附和“清扫”对象，并进而一道加入海底沉积物。

2）痕量元素加入沉积物的机制

要解决的问题有：内源（自生和生物成因）和外源（陆源和地外来源）关系，痕量元素含量与沉积物粒径及沉积速率关系，痕量元素含量与火山、热液活动关系，“晶格”元素与“非晶格”元素关系等。

对比大西洋、北太平洋和南太平洋的深海黏土中的痕量元素含量测量值，表明 Mn、Cu、Ni、Co、V 都是太平洋深海黏土高于大西洋，南太平洋高于北太平洋，这被认为南太平洋深海黏土颗粒最细、沉积速率最小，因而具有最高的痕量元素含量。Fe 表现例外，因为它是快速沉积元素。Ga、Cr 的差异不大，表现了它们在外生作用中的惰性行为特点。大西洋、北太平洋和南太平洋黏土中的痕量元素如表 6.7 所示。

表 6.7 大西洋、北太平洋和南太平洋黏土中的痕量元素 （单位：mg/kg）

痕量元素	大西洋深海黏土[①]	北太平洋深海黏土[②]	南太平洋深海黏土[②]
Mn	4000	5465	20000
Fe	82000	52294	73500
Cu	130	531	672
Ni	79	212	380
Co	38	80	207

续表

痕量元素	大西洋深海黏土[①]	北太平洋深海黏土[②]	南太平洋深海黏土[②]
Ga	21	21	15
Cr	86	166	68
V	140	326	504

① 据 Wedepohl（1960），Turekian 等（1966）。
② 据 Goldberg 等（1958）。

生物作用虽然对某些痕量元素有特殊的富集作用，如海洋有机体对 Pb、Zn、Cd、Hg、Sr、Ba 等的富集，但总体上，生源碳酸盐与深海黏土相比，属于贫痕量元素沉积物。为了消除生源碳酸盐的稀释作用，在除去碳酸盐基础上，表示深海沉积物痕量元素含量，更有利于辨别元素的来源和成因特点。例如，在除去碳酸盐基础上的大西洋表层沉积物中 Ni 的高含量（＞160mg/kg）区位于大洋中部，沉积物中“晶格”Ni 在 Ni 总量所占百分数最小值（＜30%）区也位于大洋中部，因此，大洋中部深海沉积物 Ni 的高含量除来自“晶格”Ni 外，还有“非晶格”Ni，即吸附态 Ni，或从海水中“清扫”出来的“过剩”Ni，后者是在缓慢沉积条件（大洋中部）下得到的。

基于沉积速率和痕量元素含量间的密切关系，Wedepohl（1960）提出了痕量元素在世界范围内，自海水的移出速率是均匀的，在深海沉积物中的富集是沉积颗粒表面在沉降过程中吸附了痕量元素的结果。沉积颗粒沉降慢时，沿途吸附得多；沉降快时，吸附得少。这种富集机制称为“痕量元素表面富集”理论。按此理论，悬浮物沉降速率越慢，越有充裕时间自周围海水吸附更多的痕量元素。因此，深海黏土痕量元素含量是沉积速率的函数，或者痕量元素富集速率为沉积物沉积速率的函数。

按魏德波尔理论，如果大西洋和太平洋痕量元素皆以同样速率自海水移出，则应有

$$V = Av_A = Pv_P \tag{6.9}$$

式中，V 为指定痕量元素自海水的移出速率；A 和 P 分别为大西洋和太平洋深海黏土的该元素含量；v_A 和 v_P 分别为大西洋和太平洋的黏土沉积速率。依此关系，太平洋黏土沉积速率应等于大西洋的 1/3～1/4。

Turekian 等（1966）检验了魏德波尔理论，发现要形成太平洋和大西洋深海黏土痕量元素含量的现今差别，二者间黏土沉积速率需相差 15 倍，而不是 3～4 倍。即“过剩”痕量元素在世界海水中的分布是不均匀的，而且其供应源和移出机制在太平洋和大西洋可能有所不同，是由于前者具有较大的远洋沉积作用范围和远离大陆块，而深海黏土中“过剩”痕量元素是与“远洋沉积作用”相联系的。

为了克服生物源碳酸盐和生物成因硅的稀释影响，采用在除去生源碳酸盐和生源 SiO_2 基础上，表示深海沉积物中痕量元素分布的方法。这种基础以 $\sum(Ti+Fe+Mn+4Al+5P_2O_5)$ 来表示，称为“非生物成因基础”或“无机基础”（minerogen basis，MB）。在 MB 上分别得出了在印度洋-太平洋深海沉积物中 Ba、Al、Fe、Cu 等痕量元素的分布，表明：Ba 的高浓度主要出现于太平洋活动扩张洋脊和一些高生物生产力地区；Al 的低含量区与 Al 的低堆积速率区相一致，主要位于活动洋脊区，即陆源碎屑沉积作用减弱和热液、火山活动增强的地区；Fe 的高含量区和快速堆积区位于活动扩张洋脊区，在靠近大陆区的大多数 Fe 含于碎屑矿物中，且类同于 Al 的分布，在中部大洋区的 Fe 分布形式与 Mn 一同变化，在东太平洋海隆地区，二者都呈现最大值；Cu 的分布也表明同样的结果。

Boström（1973）取大陆壳、海洋壳和活动洋脊沉积物的 Fe、Ti、Al、Mn 的平均浓度，按 Fe/Ti 和 Al/(Al+Fe+Mn)关系估算了这三种来源的物质在太平洋深海沉积物中的比例关系，得出有关太平洋深海（离主要大陆块＞1000 km 的地区）沉积物的起源的概念，如表 6.8 和图 6.18 所示。

表 6.8 太平洋深海沉积物的起源

范围/%		平均/%	研究面积/($10^6 km^2$)	各面积所占比例/%	占深部太平洋总面积的比例/%
A（大陆影响，即大陆来源）	95～100	约 100	43.2	44.1	58
	80～95	87	21.7	22.0	22
	40～80	60	25.3	25.7	15
	10～40	25	5.0	5.1	3
	0～10	5	3.1	3.1	2
B（海底喷溢影响，即活动洋脊来源）	80～100	90	1.2	1.2	0.72
	40～80	60	11.9	12.1	7.2
	10～40	25	16.6	16.8	10
C（玄武岩影响，即洋壳来源）	0～15	7.5	11.0	14.3	8.5
	15～30	22	3.5	3.6	2.1
	＞30	31	1.2	1.2	0.72

由图 6.18 可见，夏威夷附近海区沉积物化学组成受洋壳物质影响很大，而活动洋脊区受热液活动影响突出，同时也受洋壳的影响。广大洋区主要为陆源物质堆积区。对太平洋来说，陆源物质构成了代入洋底总物质的约 75%。

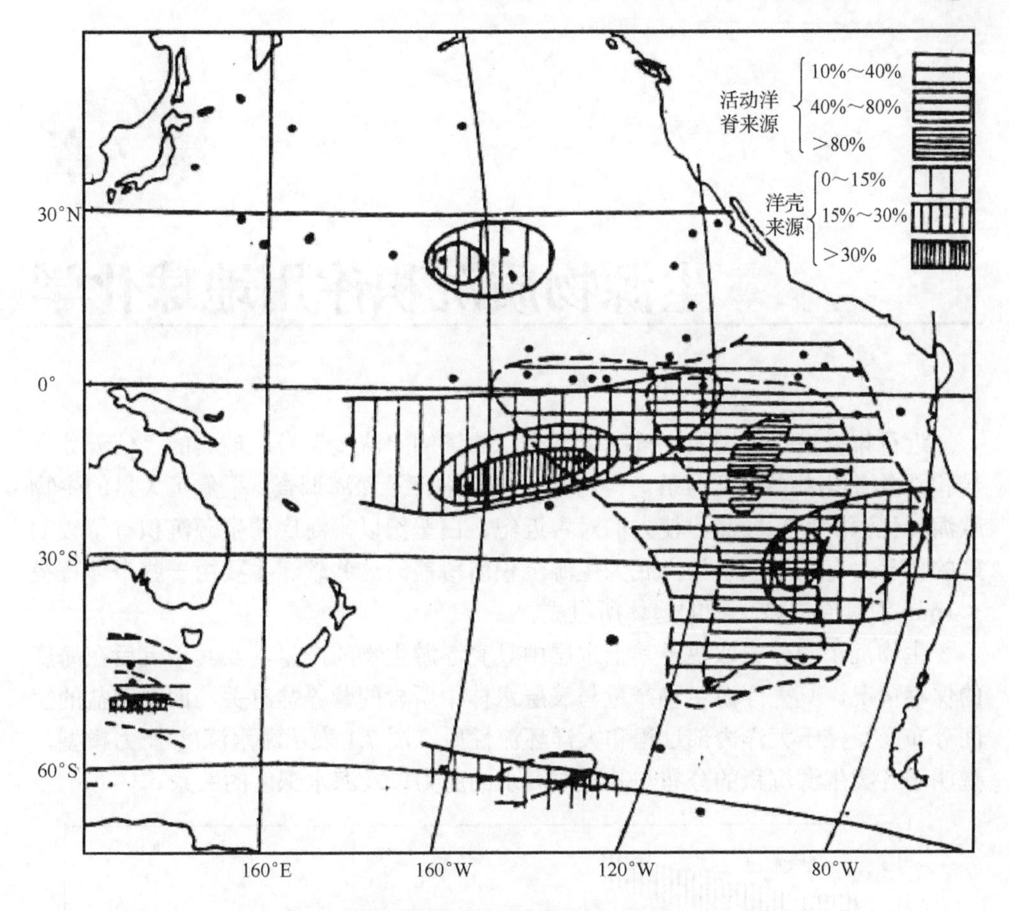

图6.18　太平洋深海沉积物之起源关系（Boström，1973）

无任何阴影地区为90%～100%的陆源沉积物区

思考题

1. 哪些区域可形成近岸浅海区沉积物？
2. 请用图示说明大陆边缘的主要特征。
3. 简述沉积物中有机质演化各阶段的特点。
4. 简述几种主要离子和营养元素在河口混合中的性质。
5. 河口区痕量元素具有哪些地球化学特征？
6. 河口近岸区的氧化还原条件受哪些因素控制？
7. 简述近岸浅海区沉积地球化学特征。
8. 哪些因素影响陆源物质在海底的分布？
9. 黏土矿物在大洋沉积物中的分布有哪些特征？

第7章

生源物质沉积作用地球化学

近百年以来，英国的“挑战者”号、德国的“流星”号、瑞典的“信天翁”号和“格洛玛·挑战者”号等海洋考察船先后进行了深海调查，采集了大量的生物软泥（生源沉积）样品，使人们对古近纪、白垩纪以来海底的生源沉积有了较明确的概念。有一半以上的洋底为生源沉积所覆盖。这些软泥主要由一些个体直径＜1mm的具壳浮游生物的遗体所组成。

生物沉积的分布取决于其上水层中具壳浮游生物的产量，及其下沉后在海底的保存情况。具壳浮游生物产量与表层水体中所含的营养盐有关，而营养盐的空间分布又受控于大洋内部过程和大洋环流性质。图7.1表示海水深度-肥力模型，说明了各类生源沉积的分布与其上层海水的肥力以及海水深度的关系。

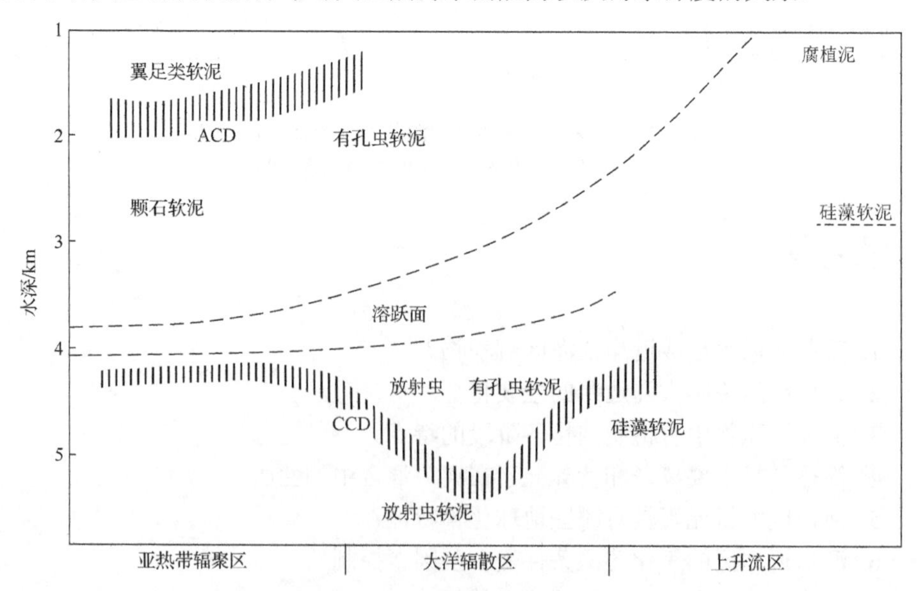

图7.1 生源沉积的分布与海水深度及肥力的关系

ACD. 文石补偿深度；CCD. 方解石补偿深度

7.1　构成生源沉积的主要生物群及其分布趋向

7.1.1　主要浮游生物及其在大洋系统中的生态位

大洋软泥的组成主要是有孔虫、放射虫、硅藻、颗石藻（图 7.2）、硅鞭藻等浮游生物的遗体。这些浮游生物分布广泛，除与其所在海洋表层水团的分布有关以外，还常被沿岸海流带入浅海或海湾区。不论海水深度如何，它们的遗体都可以从海洋表层沉落海底，所以沉积物中的生物群落的物种构成和水体中活体群落的物种构成相对应。由于溶解、保存等方面的原因，两者不完全一致，沉积物中的物种从数量和种数上都要少得多。

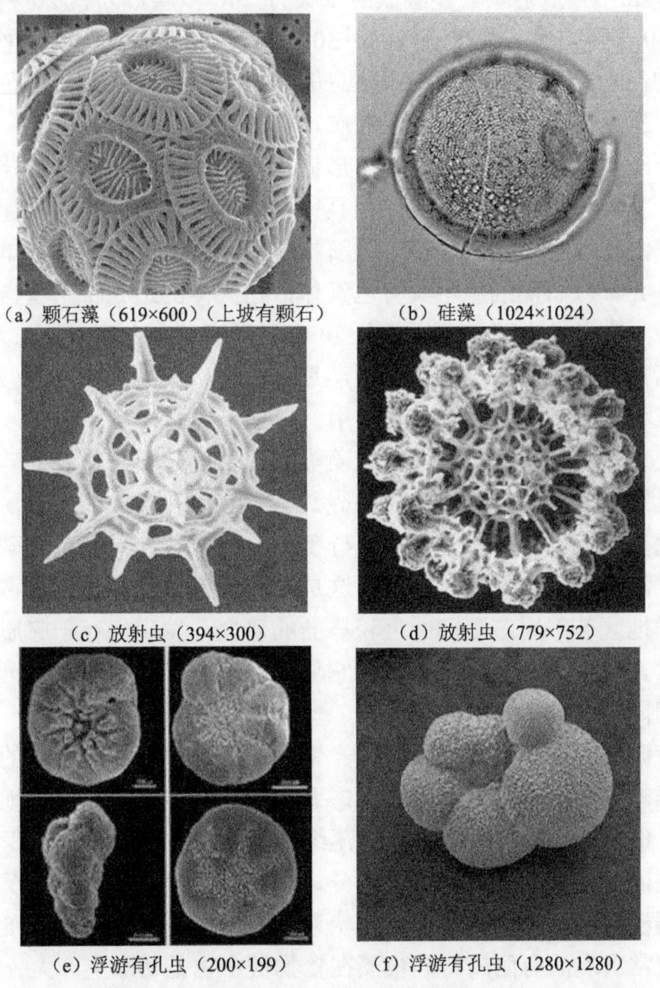

（a）颗石藻（619×600）（上坡有颗石）　（b）硅藻（1024×1024）

（c）放射虫（394×300）　（d）放射虫（779×752）

（e）浮游有孔虫（200×199）　（f）浮游有孔虫（1280×1280）

图 7.2　各类具壳浮游生物

（1）浮游有孔虫是有孔虫中营浮游生活的一大类，全部属于抱球虫超科，因此常将有孔虫软泥称为抱球虫软泥。浮游有孔虫的栖息深度，随种类及其生长阶段的不同而各异，一般在海水表层至 200m 的深度带范围内数量最多。浮游有孔虫以小型浮游生物、微型草食生物和海中有机质为食，有时有虫黄藻寄生其原生质中，在食物链中是低级消费者。浮游有孔虫具有方解石微粒组成的壳，壳上有许多孔，其壳以隔壁分为若干小室。个体大小在 50～200μm，形态各异。海洋中浮游有孔虫有 80 种。浮游有孔虫在沉积物中的分布受表层水温的控制。浮游有孔虫是组成钙质软泥的主要生物成分。浮游有孔虫最早出现于侏罗纪，因其泛世界性分布、演化较快而具有地层学意义。

（2）在沉积物中形成硅质软泥的放射虫是多囊放射虫类，具有硅质骨骼，个体在 50～400μm，具放射刺。多囊放射虫类有 240 多属，分属 20 科，但在沉积物中只发现 40 多种。它们生活在 200～300m 的表层水体中，以微型草食生物和小型浮游植物为食。在水体透光带中栖息的放射虫原生质中，具有色素体的虫黄藻与之共生，虫黄藻可能也具有寄生性质。

（3）颗石藻属金藻植物门，是一种形体极微小的单细胞藻，连浮游生物网也捞不到它们，被称为超微浮游生物。因具钙质骨板，又被称为钙质超微化石。这些钙质骨板在沉积物中多分散保存。颗石指单个的骨板，由方解石单晶或集合体构成，形态各异。颗石藻细胞中具有色素体，在大洋的透光带中营自养生活，属于海洋的初级生产者。大西洋中生活着 70 多种颗石藻，在底质中只发现了 16 种遗骸。以颗石藻为依据所进行的生物地层划带，与以浮游有孔虫所做的分带相对比，对深海沉积物的划分起着较重要作用。

（4）硅藻属于金藻植物门的单细胞藻类，现生的硅藻与化石的硅藻共有 190 余属。硅藻具有由两个瓣组成的硅质外壳，其上有由孔组成的花纹，分别称为上壳和下壳，两壳套叠的部位称为环带。硅藻可分为辐射硅藻及羽纹硅藻两大类。大部分的海洋浮游硅藻都是辐射硅藻，这是深海沉积物较重要的硅藻。

对太平洋地区若干岩芯顶部的沉积样品的研究，发现保存于底质中的现生硅藻约有 200 种，种的分布受区域限制，它们的扩散范围和表层流与上层水团的扩散范围大致相同。

海洋浮游硅藻生活于表层海水的透光带，在海水中营养盐富集的情况下大量繁殖，是海洋的主要生产力，在海洋生态系统的食物链中占有重要地位。最早发现的硅藻属于侏罗纪，但保存较好的硅藻组合则是在晚白垩世的沉积岩中。

（5）硅鞭藻是硅质软泥中的次要成分，经常与硅藻一起出现于沉积物中。硅鞭藻也属金藻植物门，是一种具硅质网状骨架的单细胞生物，个体在 20～50μm。现代沉积物中常出现的有两属。硅鞭藻在食物链中也是初级生产力。

（6）浮游生物中的翼足类的钙质介壳，也是组成生源沉积的重要生物组分，甚至可形成翼足类软泥。

总之，具壳浮游生物尽管形体微小，但因其产量大，特别是保存在沉积物中的遗体数量大，使各类底栖生物在生源沉积的组成上显得无足轻重，从而成为构成生源沉积的主要生物类群。

7.1.2　主要浮游生物的分布趋向

浮游生物产量主要取决于海水中营养盐的含量和光照的适宜性以及气候分带情况。

大约一半的海洋区域中，营养盐被浮游生物的光合作用消耗殆尽，而浮游生物又被海洋动物所吞食，这些海洋动物排泄物及其死后遗骸向海底下沉，达一定深度即被细菌分解转化为无机盐类，重新返回海水。因此，表层透光带中营养盐存量的多少，主要取决于富含营养盐的深层水是否还能回到表层上来。占大洋面积一半以上的低肥力海区，因在富含营养盐的深层水与表层水之间存在着一个永久温跃层，阻碍了深水中的营养盐及时向表层水供应，使表层水缺少硅藻、硅鞭藻等进行光合作用所必需的无机盐类，因而使硅藻、硅鞭藻等不能大量繁殖。但颗石藻类对营养盐浓度的反应灵敏度比硅藻等低得多，即使在低肥力区，浮游植物种群中仍具有相对高的含量。颗石藻中的赫胥黎艾氏藻却对海水的肥力要求较高，与硅藻更为相似。海水肥力高对有孔虫、放射虫等浮游动物的增长是有利的，其中有一些浮游动物可以利用与虫黄藻的共生关系，在低肥力海区繁盛生长。研究表明，与放射虫共生的虫黄藻的光合作用，大大超过了其他自由生活的浮游植物。主要浮游生物的分布趋向见表 7.1。

表 7.1　主要浮游生物的分布趋向

内容	近岸高肥力区	大洋低肥力区
生产力	高	低
生物量	大	小
营养盐	富	贫
食物链	短	长
浮游植物类型	硅藻为主	颗石藻为主
硅藻	厚壳者很富集	薄壳者占优势
颗石藻	以赫胥黎艾氏藻为代表的单调组合	多样性程度高
有孔虫		多样性程度高

此外，不同纬度的温度梯度变化，对有孔虫、放射虫及颗石藻的分布影响很大，见表 7.2。一般来说，冷水种的增殖要比暖水种慢，即使都处于最佳温度，低纬度地区生物群的多样性程度，也比高纬度地区高得多，因此，沉积物中生物壳的产量，在其他条件相同时低纬度地区也要高得多。

表 7.2 气候分带对浮游生物群多样性的影响

生物群	气候带				
	热带	亚热带	过渡带	亚极带	极带
有孔虫	20	19	18	8	5
翼足类	5	7	3	2	1
颗石藻（大西洋）	17	15	10	6	—

海洋的高肥力区，如沿岸的上升流区、大陆径流注入的浅水区和大洋辐散区等，不同水质的水团接触的地方，无机盐类特别丰富，构成了硅藻大量繁殖的重要条件。因此南回归线、赤道地区、西非外海、加利福尼亚外海、三陆外海等地区，都是至少在一年当中有一部分时间是富营养盐的。这样，大洋中的高肥力带，就形成了一个围绕洋盆的环和一个沿大洋辐散区分布的狭长条带。

因此，营养盐含量和海水温度是影响浮游生物分布趋向的主要因素。浮游生物的季节变化和块状分布也不容忽视。

7.2 生源沉积物类型

深海生源沉积物类型的划分至今尚无公认的分类系统。李维显等（1988）在研究冲绳海槽沉积化学时，曾提出把 $CaCO_3$ 质量分数＞30%定为有孔虫软泥，20%～30%定为有孔虫质软泥；Na_2O 质量分数＞4%定为凝灰软泥，3%～4%定为凝灰质软泥等来划分深海沉积物类型。Shepard（1979）的分类，主要考虑生物划分成分（在某种意义上亦是化学成分）和微细碎屑颗粒的性质，以 $CaCO_3$ 作为划分生源沉积物类型的界限。王永吉（1986）在中太平洋北部锰结核调查中，对沉积物类型的划分为：$CaCO_3$ 质量分数＞30%定为钙质软泥，SiO_2 质量分数＞30%定为硅质软泥，SiO_2+CaCO_3 质量分数＞30%（二者均各自小于 30%，而＞10%）定为硅钙质泥，SiO_2+CaCO_3 质量分数＜30%定为褐色黏土，其中钙质大部分为有孔虫壳体碎屑，硅质大部分以放射虫和硅藻类为主。2003～2006 年国家海洋环境监测中心西北太平洋环境调查，调查区水深 4000～6000m，沉积物化学组成特征：①SiO_2 质量分数高，大于 50%者将近 1/2，沉积物以硅质为主要成分；②$CaCO_3$ 质量分数变化大，最高值为 59.77%，最低值为 0.63%，$CaCO_3$ 质量分数＞30%者分布于水深＜4000m 海岭区，亦是有孔虫富集区；③Na_2O 普遍高于地壳平均值（2.4%），Na_2O 质量分数＞3%者占 66.7%，它是凝灰质岩石、浮石成分之一；④K_2O、MgO、Al_2O_3 是黏土矿物的主要组成物质，高岭石分子式为 $Al_4(Si_4O_{10})(OH)_8$，蒙脱石分子式为 $(Al_2Mg_3)(Si_4O_{10})(OH)_2 \cdot nH_2O$，伊利石分子式为 $KAl_2[(SiAl)_4O_{10}](OH)_2 \cdot nH_2O$，黏土矿物属硅酸盐类。

根据沉积化学组成，沉积物类型的划分原则如下：

$CaCO_3$ 质量分数＞30%，SiO_2 质量分数＜50%，称为钙质软泥，$CaCO_3$ 以有孔虫壳体为主；

$CaCO_3$ 质量分数在 20%～30%，SiO_2 质量分数＜50%，Na_2O 质量分数＜3%，称为钙硅质软泥；

Na_2O 质量分数＞3%，SiO_2 质量分数＞50%，$CaCO_3$ 质量分数＜5%，称为凝灰质软泥；

$CaCO_3$ 质量分数＜5%，SiO_2 质量分数＞60%，称为硅质软泥。

按四个类型分为四个沉积区：水深＜4000m，钙质软泥区；水深＜4500m，钙硅质软泥区；水深＜5000m，凝灰质软泥区；水深＞5000m，硅质软泥区。各沉积物类型都反映沉积环境和生物沉积源特征。

7.3　生源碳酸盐沉积作用地球化学

7.3.1　生源碳酸盐沉积物的海底分布

生源碳酸盐沉积物在海底的分布，以大西洋为最广，覆盖了大约 60%的海底，印度洋次之，太平洋最少，覆盖约 15%。整个大洋底的碳酸盐沉积（钙质软泥）分布面积约占大洋底面积的 20%。这种沉积物中除碳酸盐外，黏土成分约占 1/3。就地形而言，碳酸盐沉积分布于洋中脊顶部和其他海底高地上。布洛克用陆地山脉的雪线或陆地高低的“雪帽”来比喻海底碳酸盐的分布是很形象的，海底山脉和海底高地与陆地山脉不同的，只不过“戴”的是“碳酸盐帽”而已，如图 7.3 所示。此外，这种“碳酸盐帽”的厚度在大西洋最大、印度洋居中、太平洋最小。这是碳酸盐补偿深度（calcite compensation depth，CCD）是由大西洋经印度洋到太平洋逐渐抬升的缘故。

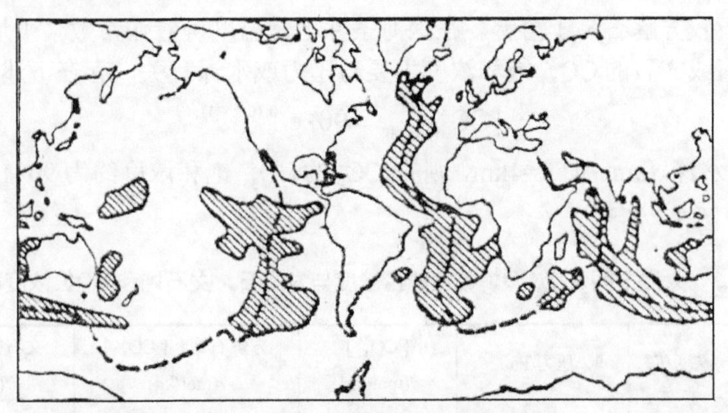

图 7.3　富碳酸盐沉积物（碳酸盐质量分数>75%）在海底的分布（如阴影区所示）

断线标示出大西洋中脊和太平洋海隆的位置

7.3.2 碳酸盐的溶解度

4 价碳各存在形式的相互转化方程式为

$$CO_2+CO_3^{2-}+H_2O \underset{\text{增温、减压}}{\overset{\text{降温、增压}}{\rightleftharpoons}} 2HCO_3^-$$

$$\downarrow \qquad\qquad\qquad \downarrow$$

$$Ca^{2+}+CO_3^{2-} \longrightarrow CaCO_3\downarrow \qquad Ca^{2+}+2HCO_3^- \longrightarrow Ca(HCO_3)_2$$

（难溶）　　　　　　　　（可溶性物质）

在 20℃时，$Ca(HCO_3)_2$ 的溶解度达 16.6%，可见，降低温度、增加压力有利于碳酸盐的溶解，如在大洋深水中所表现的情形。而减压、增温则有利于 $CaCO_3$ 沉淀的生成，如在热带表层水中所看到的。由此可见，反应正向进行与空间效应或节约空间的一般性规律有关：

$$CO_2+CO_3^{2-}+H_2O \rightleftharpoons 2HCO_3^-$$

2 个 HCO_3^- 要比左边的 3 个粒子在节约空间上有利得多，从而有利于减缓和消除因增压、降温所带给体系的影响。

因此，决定生源碳酸盐是否溶解，主要与构成生物介壳的方解石或文石在该条件下的 CO_3^{2-} 饱和浓度与海水中实际的 CO_3^{2-} 浓度之差有关。将二者的比值称为方解石或文石的饱和度 D：

$$D=[CO_3^{2-}]_{海水}/[CO_3^{2-}]_{饱和} \tag{7.1}$$

$D>1$，海水对方解石或文石过饱和，会发生 $CaCO_3$ 沉积；$D<1$，海水不饱和，将发生 $CaCO_3$ 溶解；$D=1$，海水为饱和溶液。

构成有孔虫、颗石藻硬壳的方解石是海洋环境下的稳定态，而构成翼足类软体动物硬壳的文石是亚稳态，因而任一情况下，文石的饱和浓度总是大于方解石的，即文石较方解石易于溶解。在深海条件下，温度可看作常数（平均为 2℃），所以方解石或文石的 CO_3^{2-} 饱和浓度主要与压力或水深有关，存在下述经验方程：

$$[CO_3^{2-}]_{饱和}=90\cdot e^{-0.16(Z-4)} \tag{7.2}$$

式中，Z 为水深，km。如 Z=4km，则 $CaCO_3$ 的 CO_3^{2-} 饱和浓度约为 90×10^{-6} mol/kg，如表 7.3 及图 7.4 所示。

表 7.3 大洋不同深度 CO_3^{2-} 物质的量浓度与方解石、文石饱和 CO_3^{2-} 浓度比较

海水类型	温度/℃	压力/Pa	$[CO_3^{2-}]$ /(mol/kg)	方解石饱和 $[CO_3^{2-}]$ /(mol/kg)	文石饱和 $[CO_3^{2-}]$ /(mol/kg)
大洋表水	2	101325	0.2×10^{-3}	0.048×10^{-3}	0.069×10^{-3}
大洋深水	2	500×101325	0.06×10^{-3}	0.106×10^{-3}	0.152×10^{-3}

表7.3说明，2℃下的大洋表层水中$CaCO_3$会发生沉淀，而大洋深水中$CaCO_3$会溶解。在现代海洋条件下，碳酸盐沉积皆来源于生物成因，而非化学沉淀。

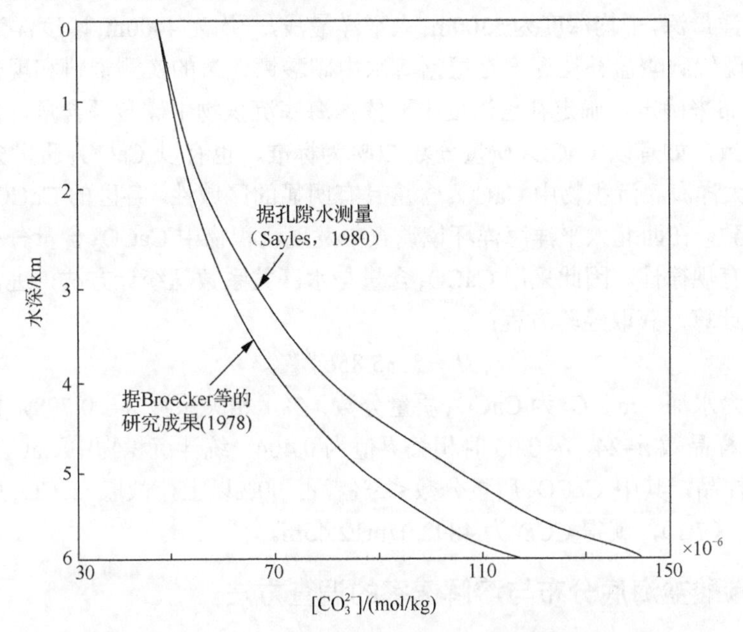

图7.4　$CaCO_3$的CO_3^{2-}饱和浓度与水深的关系

7.3.3　碳酸盐的饱和面、溶跃面和补偿深度

碳酸盐补偿深度也称碳酸钙补偿深度，是指海洋中碳酸钙（生物钙质壳为主）输入海底的补给速率与溶解速率相等的深度面，它是海洋中一个重要的物理化学界面。海水表层碳酸盐是饱和的，随着水深增大至某一临界深度，溶解量与补给量相抵平衡，这一临界深度即是碳酸盐补偿深度。碳酸盐补偿深度是海底沉积物分布特征的反映，浅于这一临界深度的海底，广布白色碳酸钙软泥沉积，在这临界深度以下则是缺钙的硅质软泥。这一重要的物理化学界面也称为碳酸盐补偿面，或碳酸盐饱和面，或碳酸盐线。

碳酸盐溶跃面是指碳酸盐物质发生急剧溶解的深度带，也就是海底沉积物中钙质壳保存完好与遭受溶蚀破坏之间的分界面，其位置一般在CCD之上或大体相近的深度上。由于翼足类、浮游有孔虫壳和颗石的抗溶能力不同，又区分不同的溶跃面，其中翼足类溶跃面最浅，有孔虫溶跃面次之，颗石溶跃面最深。

饱和面的标志应是$CaCO_3$的CO_3^{2-}饱和浓度与海水实际CO_3^{2-}浓度之差为零，即$\Delta[CO_3^{2-}]=0$，溶跃面的标志为$CaCO_3$的溶解速率明显加快，一般认为它与饱和面基本一致；在补偿深度界面之下沉积物中$CaCO_3$含量大为降低。

碳酸盐补偿深度是碳酸钙物质供给速率和溶解速率的函数，而这两者又取决于海水肥力、生物生产力、温度和 CO_2 分压。如赤道辐散带深海区高生产区，CCD往往超过 5000m，CCD 从大洋内部向洋缘变浅。现代海洋中 CCD 平均约为 4500m，其中大西洋最深，平均深度为 5300m；太平洋最浅，平均为 4400m；印度洋为 4500～5000m。现代碳酸盐补偿深度是根据海水中碳酸钙含量的实测资料和现代钙质沉积物的分布来确定。确定补偿深度主要依据海底沉积物中碳酸钙含量，但至今认识还不一致，如有以 $CaCO_3$ 质量分数 20%为标准，也有以 $CaCO_3$ 质量分数 10%为标准。大洋海底沉积物中 $CaCO_3$ 含量具有明显的区域性，各区的 $CaCO_3$ 补偿深度亦不一致。在西北太平洋海洋环境调查中发现沉积物中 $CaCO_3$ 含量分布具有随机性，又有规律性。因此采用 $CaCO_3$ 含量与水深关系数理统计方法，进行相关分析和回归计算，获取经验方程：

$$H = 5135.85\mathrm{e}^{-0.0097C_A} \quad (7.3)$$

式中，H 为水深，m；C_A 为 $CaCO_3$ 质量分数，%。相关系数 $R=-0.798$，标准偏差 $2S=2.54$，样品数 $n=24$，$\alpha=0.05$ 时相关界值为 0.404。统计沉积物中 $CaCO_3$ 质量分数＜10%样品，其中 $CaCO_3$ 质量分数＜5%者占 90%以上，故取 $CaCO_3$ 质量分数 5%代入式（7.1），就得 CCD 为 4892.07m±2.45m。

7.3.4 碳酸盐海底分布与溶解速率的调查方法

对世界大洋中碳酸盐溶解和沉积情况的了解，主要通过下述三种方法获得。

（1）编制深海钻探岩芯顶部沉积物的碳酸盐含量剖面图（图 7.5）。可见，海底沉积物中 $CaCO_3$ 含量发生明显变化的水深范围，太平洋一般约在 4km，大西洋则可大于 5km。

（2）将方解石和文石球悬挂于海水的不同深度处，经过若干时间，将它们提出。通过对悬挂前后方解石和文石的精确称重，可以求出在海水不同深度的溶解速率，如图 7.6 所示。

左图的悬挂时间为 250 天，方解石溶解速率在太平洋约 3km 深度明显加快，显示出研究所得到的溶跃面的位置。右图所用颗石藻、有孔虫介壳、试剂方解石、翼足类介壳（文石）各样品在大西洋海水中的悬挂时间为 79 天，方解石溶解速率明显加快的水深大于太平洋，文石的溶跃面较方解石的高 2km 左右。

（3）直接测量海水对方解石和文石的 CO_3^{2-} 饱和情况。将欲测海水泵入装有方解石碎块的玻璃试管，试管中插有测量 pH 的两个电极，与 pH 计联成通路。海水中的方解石固体量增加或减少都会引起海水 pH 的变化（降低或升高），并被 pH 计所记录。因此运作时，先使海水通过试管，测量海水的初始$[H^+]$，再关闭水泵，测出海水与方解石碎块间达平衡时最终的$[H^+]$，并有

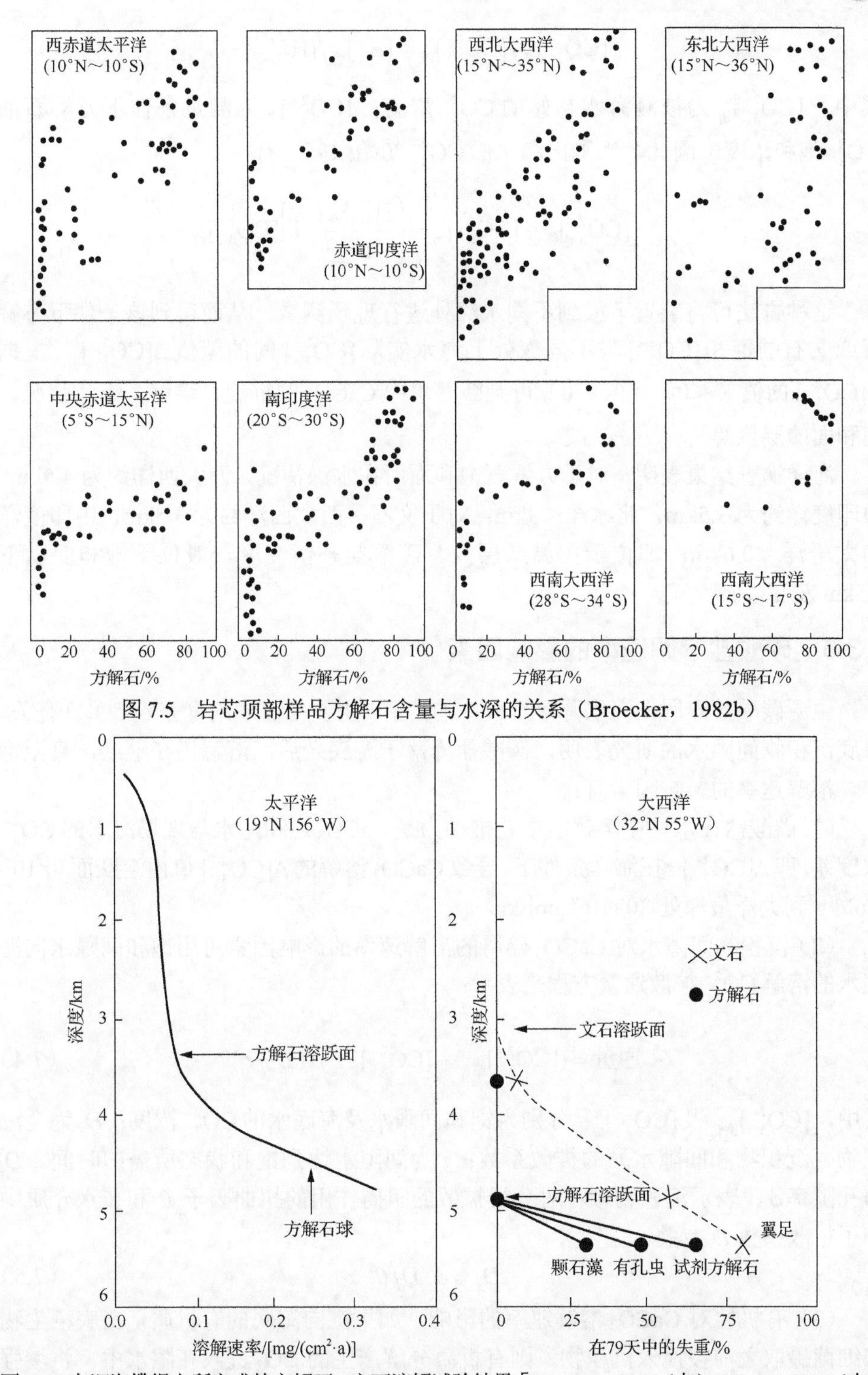

图 7.5　岩芯顶部样品方解石含量与水深的关系（Broecker，1982b）

图 7.6　在深海缆绳上所完成的方解石、文石溶解试验结果［Peterson，1966（左）；Honjo，1976（右）］

$$[CO_3^{2-}]_{终}/[CO_3^{2-}]_{始}=[H^+]_{始}/[H^+]_{终}$$

式中，$[CO_3^{2-}]_{始}$ 为被测海水初始的 CO_3^{2-} 浓度；$[CO_3^{2-}]_{终}$ 为测量条件下方解石的 CO_3^{2-} 饱和浓度，因此，当测出海水的 CO_3^{2-} 初始浓度，有

$$[CO_3^{2-}]_{终}-[CO_3^{2-}]_{始}=\left(\frac{[H^+]_{始}}{[H^+]_{终}}-1\right)[CO_3^{2-}]_{始}$$

这种方法可将装置下放到不同水深处进行现场测量，从而得到该条件下方解石或文石的饱和 $[CO_3^{2-}]$ 与不同深处上海水实际 $[CO_3^{2-}]$ 间的差值 $\Delta[CO_3^{2-}]$。根据 $\Delta[CO_3^{2-}]$ 的值（<0、>0、=0）可判断海水中 $CaCO_3$ 的沉淀、溶解、饱和状况、饱和面的层位等。

海洋调查结果表明，对于方解石饱和面所在水深情况，西大西洋约为4.5km，中印度洋约为3.5km，北冰洋<3km；对于文石，西大西洋约为3.5km，中印度洋和太平洋<0.6km，即位于主温跃层内。碳酸盐补偿深度一般位于饱和面以下0.5km左右。

7.3.5 碳酸盐溶解速率的影响因素

生源碳酸盐碎屑在海水降落过程中的溶解，主要与前述浓度差 $\Delta[CO_3^{2-}]$ 有关。海底沉积物间隙水的研究表明，碳酸盐降落于海底之后，溶解仍在继续，直至饱和。溶解速率的影响因素有：

（1）碳酸盐在水柱中溶解的主要推动力是 $CaCO_3$ 饱和海水与现场海水的 CO_3^{2-} 浓度差，即 $\Delta[CO_3^{2-}]$。在海洋条件下，导致 $CaCO_3$ 溶解的 $\Delta[CO_3^{2-}]$ 值由溶跃面 0×10^{-6} mol/kg 到大洋最深处 30×10^{-6} mol/kg。

（2）沉积物间隙水对 $CaCO_3$ 碎屑的溶解速率的影响因素可用饱和间隙水向海底水的溶解 CO_3^{2-} 扩散通量方程来表示：

$$通量=([CO_3^{2-}]_{饱和}-[CO_3^{2-}]_{海底})\cdot(D_s/\tau)^{\frac{1}{2}} \tag{7.4}$$

式中，$[CO_3^{2-}]_{饱和}$ 及 $[CO_3^{2-}]_{海底}$ 分别为饱和间隙水及海底水的 CO_3^{2-} 浓度；D_s 为全沉积物（沉积物和间隙水）的扩散系数；τ 为间隙水达到饱和状态所需的时间。D_s 与孔隙率 ϕ、表示沉积物颗粒对分子扩散的阻碍作用的扭曲因子 θ 和在水介质中分子扩散系数 D 有关：

$$D_s=\phi\cdot D/\theta^2 \tag{7.5}$$

（3）有机质对 $CaCO_3$ 溶解速率的影响。如果沉向海底的有机质，在底栖生物和细菌摄取之前被搅入沉积物，则有机质分解产生的 CO_2 进入孔隙水中，将增强

溶解 $CaCO_3$ 的能力。但是一般情况下，底栖生物不大可能轻易放过有机质，掘穴生物搅浑沉积物，以保持有机质不被非掘穴生物吃掉，自己再慢慢寻找这些食物。那些不适合底栖生物食用的有机质，最终将被沉积物中的细菌所消耗。

（4）非碳酸盐组分的稀释作用。非碳酸盐组分的存在能降低 $CaCO_3$ 的溶解速率。

7.3.6　过渡带宽度和形态

过渡带是指碳酸盐溶跃面以下到碳酸盐补偿深度之间的区域。在过渡带以上，$CaCO_3$ 溶解速率为零，只有堆积作用；在过渡带以下，堆积速率为零，只有溶解作用。

设想过渡带处于稳定状态，则在 $CaCO_3$ 溶解速率 S、堆积速率 A 和来自表层水的生物碳酸盐碎屑降落速率 R 之间应存在平衡式：

$$S = R - A$$

或

$$S = R\left(1 - \frac{f}{f_L} \cdot \frac{1 - f_L}{1 - f}\right) \tag{7.6}$$

式中，f_L 为过渡带以上沉积物中方解石质量分数；f 为在过渡带某深度上沉积物的方解石质量分数。按此式，如在过渡带以上，则 $f = f_L$，有 $S = 0$，即溶解速率为零；在过渡带以下，则 $f = 0$，有 $S = R$，即溶解速率等于降落速率，$A = 0$。

在稳定状态下，降落海底的方解石碎屑的溶解速率应与饱和间隙水相应物质的扩散通量相平衡：

$$S = \left([CO_3^{2-}]_{饱和} - [CO_3^{2-}]_{海底}\right) \cdot (D_s/\tau)^{\frac{1}{2}} = \Delta[CO_3^{2-}] \cdot (D_s/\tau)^{\frac{1}{2}} \tag{7.7}$$

设纯方解石组成的沉积物的间隙水达到饱和所需时间 τ^* 与不纯沉积物的 τ 有以下关系：

$$\tau = \tau^* / f$$

式中，f 为沉积物中方解石的质量分数。代入式（7.7），得

$$S = \Delta[CO_3^{2-}] \cdot \left(D_s \cdot f/\tau^*\right)^{\frac{1}{2}} \tag{7.8}$$

将式（7.8）与式（7.6）联立，则

$$\Delta[CO_3^{2-}] \left(D_s \cdot f/\tau^*\right)^{\frac{1}{2}} = R\left(1 - \frac{f}{f_L} \cdot \frac{1 - f_L}{1 - f}\right) \tag{7.9}$$

在方解石溶跃面以下，$\Delta[CO_3^{2-}]$一般与深度增量成正比：

$$\Delta[CO_3^{2-}] = a \cdot (h - h_L) = a \cdot \Delta h \tag{7.10}$$

式中，h_L为溶跃面深度；h为过渡带内某一深度。将式（7.10）代入式（7.9）得

$$\Delta h = \frac{R}{a}[\tau^* / (D_s f)]^{\frac{1}{2}} \left(1 - \frac{f}{f_L}\frac{1-f_L}{1-f}\right) \tag{7.11}$$

式（7.11）反映了在过渡带任一深度上沉积物中方解石质量分数的变化规律，是过渡带宽度的数学表达式。

取海底各处的τ^*=120s，D_s=2×10^{-6}cm^2/s，深海时常数a=10×10^{-6}mol/(kg·km)，f_L=0.9，则式（7.11）为

$$\Delta h = Rf^{-\frac{1}{2}}\left[1 - \frac{0.1f}{0.9(1-f)}\right]0.25\text{km} \tag{7.12}$$

当$R_{方解石}$=0.5g/(cm^2·10^{3}a)时，过渡带宽度约为0.25km；当$R_{方解石}$= 1g/(cm^2·10^{3}a)时，过渡带宽度增至0.5km；当$R_{方解石}$=2g/(cm^2·10^{3}a)时，过渡带宽度约为1km。

不同洋区过渡带的宽度变化大致与生源方解石碎屑的降落速率相平行。图7.7是以不同R值所做的过渡带水深与沉积物方解石质量分数的关系图解。

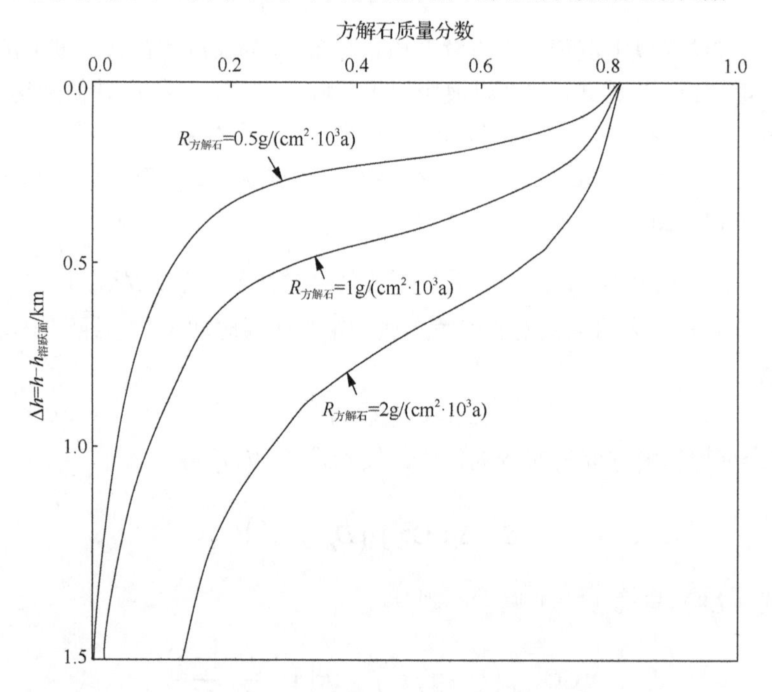

图7.7 以不同的生源方解石降落速率值得到的水深与沉积物方解石质量分数图（Broecker，1982b）

此外，沉积物中的方解石含量并不能直观地反映过渡带溶解速率的变化情况，图 7.8 是对此情况的形象说明。图中，在方解石的溶跃面以上，$\Delta[CO_3^{2-}]$ 为正值，方解石碎屑不被溶解，它与其他组分的降落速率之比为 9∶1（见图中数字），所形成沉淀物的方解石质量分数为 90%。当水深大于溶跃面时，方解石被溶解，并随着水深增加，$\Delta[CO_3^{2-}]$ 趋于更大负值，$CaCO_3$ 溶解速率越快，沉积物中方解石含量越趋减少。图中右边箭号给出其他组分的降落速率和堆积速率，左边箭号给出方解石的降落速率和堆积速率，而波状箭号代表方解石的溶解速率。当水深降低到 $\Delta[CO_3^{2-}]$ 为 -9×10^{-6}mol/kg 时，8.7%的方解石被溶解，即已接近于方解石的补偿深度，但这时沉积物中方解石的质量分数仍达 23%。

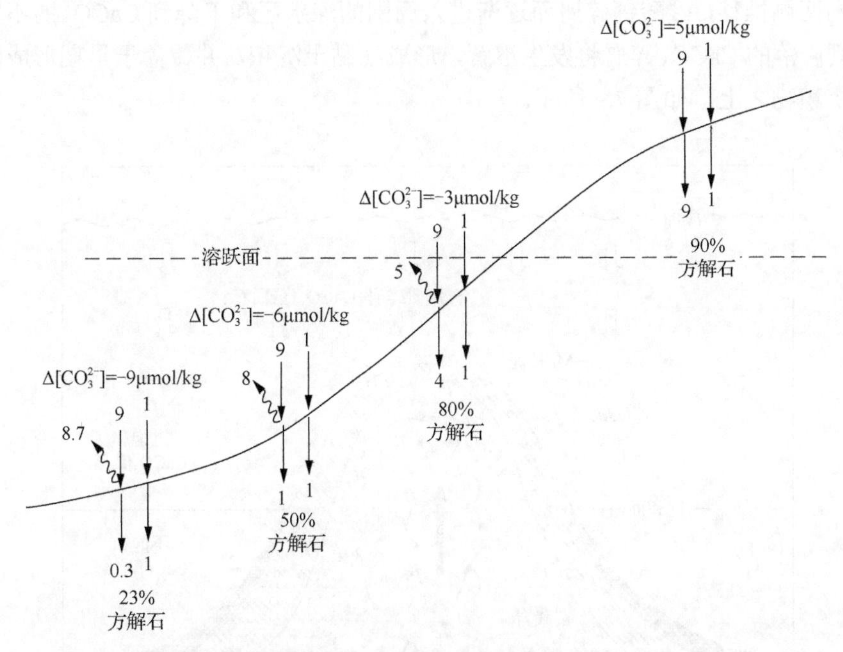

图 7.8 $\Delta[CO_3^{2-}]$ 方解石溶解速率及沉积物方解石质量分数与水深的关系图解（Broecker，1982b）

$\Delta[CO_3^{2-}]$ 与沉积物中方解石质量分数 f 存在关系：

$$[(\Delta[CO_3^{2-}])_{深度1}/(\Delta[CO_3^{2-}])_{深度2}]^2 = f_{深度2}/f_{深度1} \tag{7.13}$$

所以，$f_{深度2} = (\frac{6}{9})^2 \times 0.5 = 0.22$。

如图 7.8 所示情况：当沉积物中含有 23%方解石时，由表层水所降落的方解石碎屑实际上有 97%溶解，即沉积物中方解石含量的降低与溶解程度比起来要缓慢得多。

上述对碳酸盐溶跃面及过渡带的定量研究，使得有可能根据水深和海底地貌、地理位置等，对海底沉积物类型和碳酸盐含量做出预测，并可依据深海钻探岩芯的碳酸盐含量变化，研究海洋和全球性的地质发展史。

7.3.7 碳酸盐补偿深度与地壳运动

根据海底扩张学说，在大洋中脊顶部产生新洋壳，并向两侧以数厘米每年的速度发生移动。洋脊的上升运动可使其顶部的水深只有 2.5km 左右，即处于 $CaCO_3$ 的过饱和区，所以在新生玄武岩壳之上，除因火山作用形成薄的富 Fe、Mn 沉积物外，可接受来自上面水体的 $CaCO_3$ 碎屑，而发生碳酸盐沉积。随着新生洋壳自洋脊向两侧推移，碳酸钙碎屑而逐渐进入周围的深水区和下降到 $CaCO_3$ 的不饱和区，则降落的 $CaCO_3$ 碎屑将发生溶解，形成红黏土沉积，并覆盖于早期形成的碳酸盐沉积物之上，如图 7.9 所示。

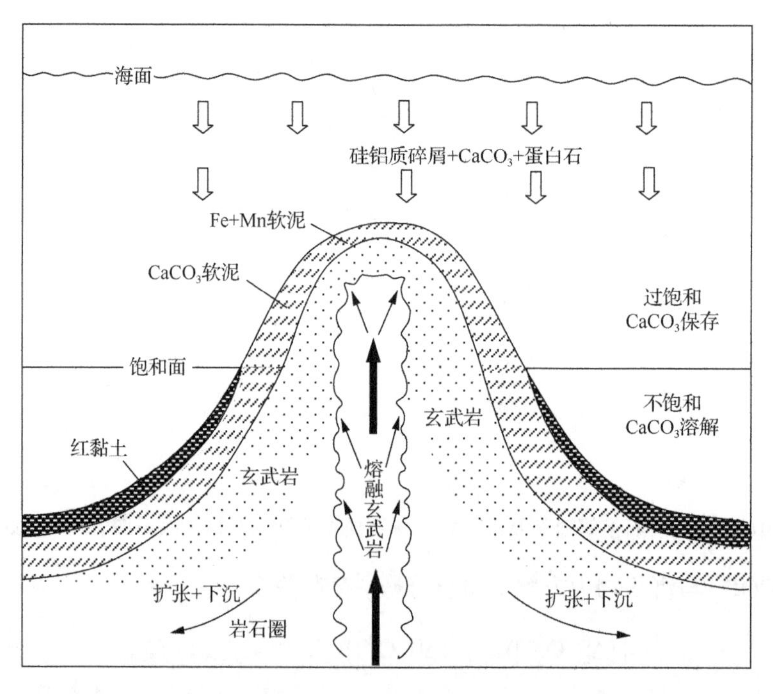

图 7.9 洋脊断面图（Broecker，1982b）

图 7.9 表明，在远离洋脊的岩芯柱中，在上部为陆源碎屑和硅质沉积物的下面将会遇到碳酸盐沉积物、薄层 Fe-Mn 沉积物和玄武岩基底。

如果在洋壳向外推移过程中经过赤道区，这里生源 SiO_2 沉积作用占优势，则在红黏土沉积物之上可出现硅质沉积物。当海底继续移动，出赤道区后，又重新发生红黏土沉积层。图 7.10 展示随钻位不同而呈现不同的沉积层序。

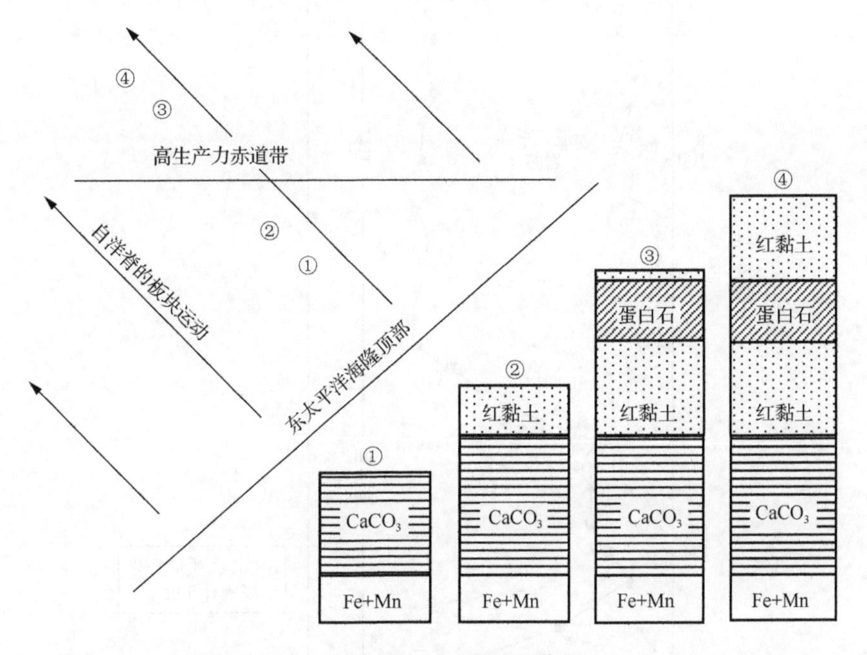

图 7.10　东太平洋海隆一侧的板块运动和沉积作用（Broecker，1982b）

上述规律已为许多深海钻探岩芯所证实。

冰期、间冰期的气候变动，在深海岩芯的 $CaCO_3$ 含量上也得到了明显反映：冰期时，海平面降低，给定海底位置的水深减小，有利于 $CaCO_3$ 沉积；而间冰期时，海平面升高，原给定海底位置的水深加大，有利于 $CaCO_3$ 溶解。因此，冰期沉积物方解石含量高，间冰期沉积物方解石含量低。而底栖有孔虫介壳，在整个有孔虫数量中所占比例，则呈相反趋势：底栖有孔虫的介壳比浮游有孔虫坚实、耐溶，故冰期因所受溶解作用不强烈，浮游有孔虫介壳大部分被保留，其数量远大于底栖有孔虫；而间冰期时，它们所受溶解作用强烈，浮游有孔虫大半被溶掉，而底栖有孔虫介壳保留较多，其所占比例大大增加。图 7.11 为赤道太平洋的一个岩芯例子，可看出在间冰期，样品中底栖有孔虫所占比例可高达 75%。对深海岩芯 $CaCO_3$ 含量的变化的研究，有助于查明冰期、间冰期的波动情况和周期。

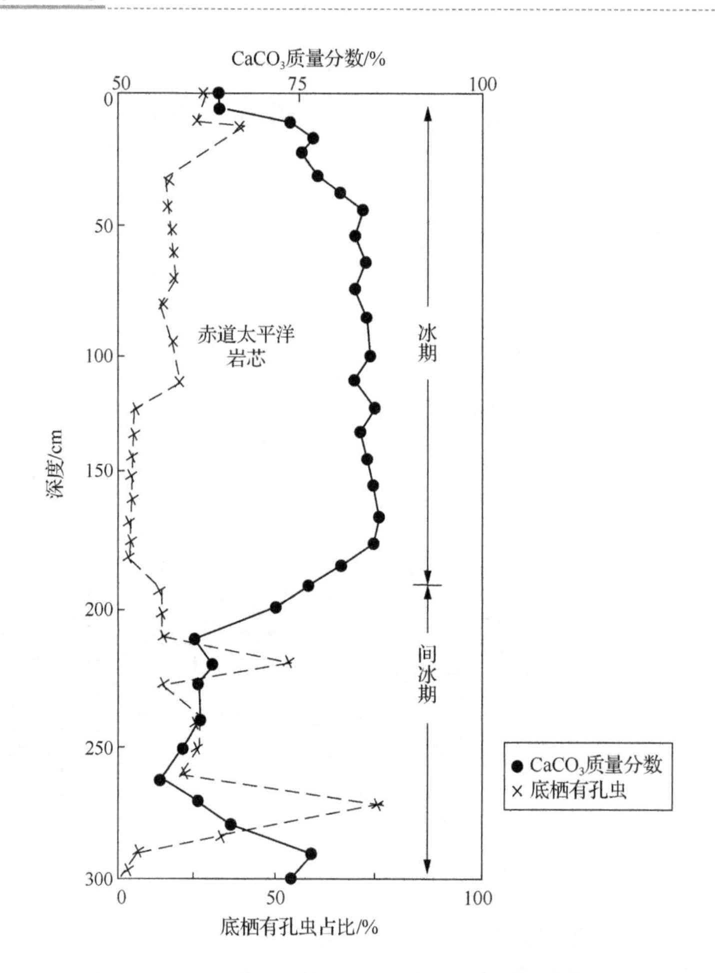

图 7.11 赤道太平洋深海岩芯 $CaCO_3$ 质量分数、底栖有孔虫在有孔虫总数中占比与冰期、间冰期关系（Arrhenius，1953）

7.3.8 世界大洋 $CaCO_3$ 溶解速率模型值与实测值的比较

Broecker（1982b）对世界大洋 $CaCO_3$ 溶解速率的计算值与实测值进行了比较，计算值和实测值分别为 1.5g/(cm^2·10^{3}a)和 1.2g/(cm^2·10^{3}a)，二者相当吻合，表明提出的数学模型是合理的。这里溶解速率是指每平方厘米海底、每千年 $CaCO_3$ 的平均溶解质量（g）。对比过程如下。

据统计，海洋生物每摄取 5 个碳原子中，用 4 个构建软组织，用 1 个构建硬组织，即 $CaCO_3$。

按双箱式海水混合模型，为了平衡大洋深水对表层水的碳输入，应有如下的生源碎屑总碳降回深水，并重新被溶解：

$$B = V_{混} \cdot (c_{深} - c_{表}) \tag{7.14}$$

式中，B 为降回深水的生源碎屑总碳；$V_{混}$ 为深水和表水每年交换的水量（以体积计）；$c_{深}$ 和 $c_{表}$ 分别为深水和表水的溶解碳浓度。因此，在生源碎屑总碳中，以 $CaCO_3$ 形式存在的碳量为

$$B_{CaCO_3} = \frac{1}{5} \cdot V_{混} \cdot (c_{深} - c_{表}) \tag{7.15}$$

已知 $V_{混}$ 等于 300cm 厚的一层海水平铺到 $1cm^2$ 海底上为 $0.3kg/(cm^2 \cdot a)$。$c_{深}$ 为 2.25×10^{-3} mol/kg，$c_{表}$ 为 2.00×10^{-3} mol/kg。这样，由表水降落至深水，并拆成重新溶解的 $CaCO_3$ 形式的碳为

$$1/5 \times 0.5\ g/(cm^2 \cdot a) \times (2.25 - 2.00) \times 10^{-3}\ mol/kg = 0.015 \times 10^{-3}\ mol/(cm^2 \cdot a)$$

也就是重新被溶解的 $CaCO_3$ 的溶解速率。而 $CaCO_3$ 的摩尔质量为 100g/mol，故

$$B_{CaCO_3} = 1.5g/(cm^2 \cdot 10^3 a)\text{（计算值）}$$

而按实际测量，位于 $CaCO_3$ 溶跃面以上的海底（以其沉积物 $CaCO_3$ 质量分数在 75%以上为特征）约占整个海底面积的 20%，且测得这里 $CaCO_3$ 的堆积速率为 $1.2g/(cm^2 \cdot 10^3 a)$，它与 $CaCO_3$ 碎屑的降落速率相等（因在溶跃面之上，$A=R$）。如果其余 80%的海底之上，生源 $CaCO_3$ 具有同样降落速率 $1.2g/(cm^2 \cdot 10^3 a)$，但因低于溶跃面，易于溶解。这些被溶解的 $CaCO_3$ 均摊到全洋底，则平均溶解速率为

$$1.2g/(cm^2 \cdot 10^3 a) \times 0.8 = 0.96g/(cm^2 \cdot 10^3 a)\text{（实测值）}$$

但真正的 $CaCO_3$ 溶解速率还应加上文石的贡献。据沉积物收集器资料，文石的沉降速率为方解石的 20%，且全部溶解，则方解石和文石溶解速率之和即 $CaCO_3$ 的总溶解速率应为

$$0.96g/(cm^2 \cdot 10^3 a) + 1.2g/(cm^2 \cdot 10^3 a) \times 0.2 = 1.2g/(cm^2 \cdot 10^3 a)\text{（最后实测值）}$$

7.4 生源 SiO_2 沉积作用地球化学

生源 SiO_2 沉积物指由硅藻、放射虫等硅质生物硬壳所形成的沉积物。矿物成分为非晶质或隐晶质蛋白石。典型代表有放射虫软泥、硅藻软泥。

7.4.1 生物 SiO_2 沉积物的海底分布

由于海水自上到下对蛋白石都是不饱和的，所以蛋白石在沉积物中的含量与深度无关，而主要取决于表层水中放射虫、硅藻的发展和硅质介壳的产率。上升流能自深部把丰富养分带到表层，维持硅质生物的发育和繁茂，因此，海底 SiO_2 沉积物即硅质沉积物的分布与上升流区是一致的，主要有环南极带、太平洋赤道带、大西洋的西非滨外及太平洋最北端，如图 7.12 所示。

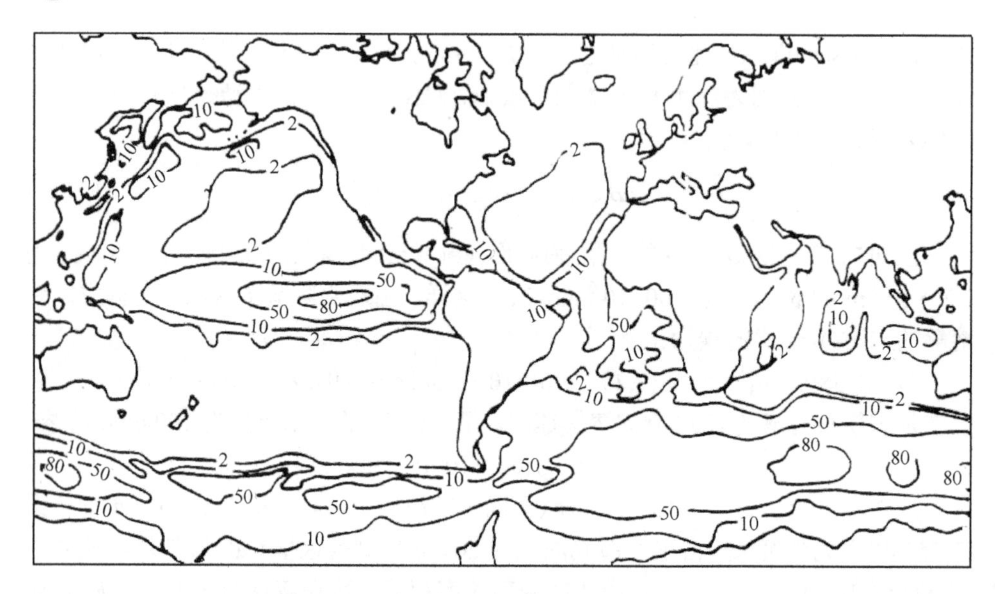

图 7.12 SiO_2沉积物在海底的分布以沉积物中蛋白石的质量分数（%）表示出来（Heath，1974）

7.4.2 SiO_2介壳在海底的溶解

SiO_2介壳在水柱中会发生一定程度溶解，随着水深增加、压力增大，非晶质SiO_2溶解度也趋增加。但SiO_2介壳的溶解主要在海底进行，并取决于以下因素。

（1）海底水和间隙水对于H_4SiO_4的不饱和程度和温度、压力状况，其中深海环境温度可视为常数。

（2）其他组分对蛋白石的稀释作用导致蛋白石的溶解速率降低。设一定条件下纯蛋白石沉积物的溶解速率为S^*，则不纯沉积物中蛋白石溶解速率S为

$$S = f^n \cdot S^* \tag{7.16}$$

式中，f为蛋白石在沉积物中的质量分数；指数n与溶解过程有关：仅沉积物顶部颗粒受溶，n=1；溶解主要与间隙水有关，n=0.5。

（3）生源SiO_2介壳的产率或降落速率越大，在其溶解前被埋葬的概率越大，越易被保存而少被溶解。

（4）在大型生物体内未消化的硅藻、硅鞭藻、放射虫等可进入粪粒中，因粪粒体积较大，下沉较快，外面有薄膜包裹，增加了抗蚀性，所以较易进入沉积物，得到保存。

（5）水动力因素，如密度流和辐聚流可将硅质介壳快速带入海底等。

下面定量讨论上述因素间的关系。以$R_{蛋}$表示蛋白石沉降速率、$S_{蛋}$表示蛋白石溶解速率、$A_{蛋}$表示蛋白石堆积速率、$A_{他}$表示其他组分堆积速率、f表示沉积物中蛋白石的质量分数，则有

$$R_{蛋} = A_{蛋} + S_{蛋}$$
$$f = A_{蛋} / (A_{蛋} + A_{他})$$
$$S_{蛋} = f^n \cdot S_{蛋}^* \tag{7.17}$$

以上三式联立，消去 f、$S_{蛋}$：

$$\frac{A_{蛋}}{R_{蛋}} = 1 - \frac{S_{蛋}^*}{R_{蛋}}\left(\frac{A_{蛋}}{A_{蛋} + A_{他}}\right)^n \tag{7.18}$$

此式反映了蛋白石的堆积速率与降落速率之比受其他组分影响。

先考虑两种极端情况：一种是沉积物由纯蛋白石组成，即 $A_{他} = 0$，则

$$\frac{A_{蛋}}{R_{蛋}} = 1 - \frac{S_{蛋}^*}{R_{蛋}} 或 A_{蛋} = R_{蛋} - S_{蛋}^* \tag{7.19}$$

发生蛋白石堆积的必要条件是 $R_{蛋} > S_{蛋}^*$。$S_{蛋}^*$ 估计值为 5g/(cm^2·10^{3}a)，远大于一般情况下的 $R_{蛋}$。因此，如要得到环南极带观测到的约 20g/(cm^2·10^{3}a)堆积速率，必须有 $R_{蛋}$ >25g/(cm^2·10^{3}a)才行。

另一种是一般的深海沉积环境。生源硅质碎屑产率很低，即 $A_{蛋} \ll A_{他}$，则

$$\frac{A_{蛋}}{R_{蛋}} = 1 - \frac{S_{蛋}^*}{R_{蛋}}\left(\frac{A_{蛋}}{A_{他}}\right)^n \tag{7.20}$$

若取 n=1，则

$$\frac{A_{蛋}}{R_{蛋}}\left(1 + \frac{S_{蛋}^*}{A_{他}}\right) = 1 或 \frac{A_{蛋}}{R_{蛋}} = \frac{A_{他}}{A_{他} + S_{蛋}^*} \tag{7.21}$$

深海沉积物堆积速率一般为 0.5g/(cm^2·10^{3}a)，比 $S_{蛋}^*$ 要小得多，因而有

$$A_{蛋} / R_{蛋} \approx A_{他} / S_{蛋}^* \tag{7.22}$$

取 $A_{他}$ 为 0.5g/(cm^2·10^{3}a)，$S_{蛋}^*$ 为 5g/(cm^2·10^{3}a)，有

$$A_{蛋} / R_{蛋} = 0.5 / 5 = 10\% \tag{7.23}$$

即到达海底的蛋白石只有 10%得以保存。

如果溶解主要与间隙水有关，则 n=0.5，取 $A_{他}$ =0.5g/(cm^2·10^{3}a)对不同的 $S_{蛋}^*$ 值 [1.0g/(cm^2·10^{3}a)、2.5g/(cm^2·10^{3}a)、5.0g/(cm^2·10^{3}a)、10.0g/(cm^2·10^{3}a)]，按公式(7.18)作 $\frac{A_{蛋}}{R_{蛋}}$-$R_{蛋}$ 图，得图 7.13。可见，对于每一 $S_{蛋}^*$ 值，蛋白石的保存量都随蛋白石降落速率的增大而增大。

因此，生源蛋白石的沉积速率（即产率）越高，在沉积物中被保存的分数越大，只有在特殊条件下，即生源蛋白石产率很高的海，如环南极带、赤道太平洋和西非滨外等有强烈上升流和硅质生物繁茂的海区，其下面的海洋沉积物中蛋白

石才有可能达到50%，甚至80%以上（图7.13）。

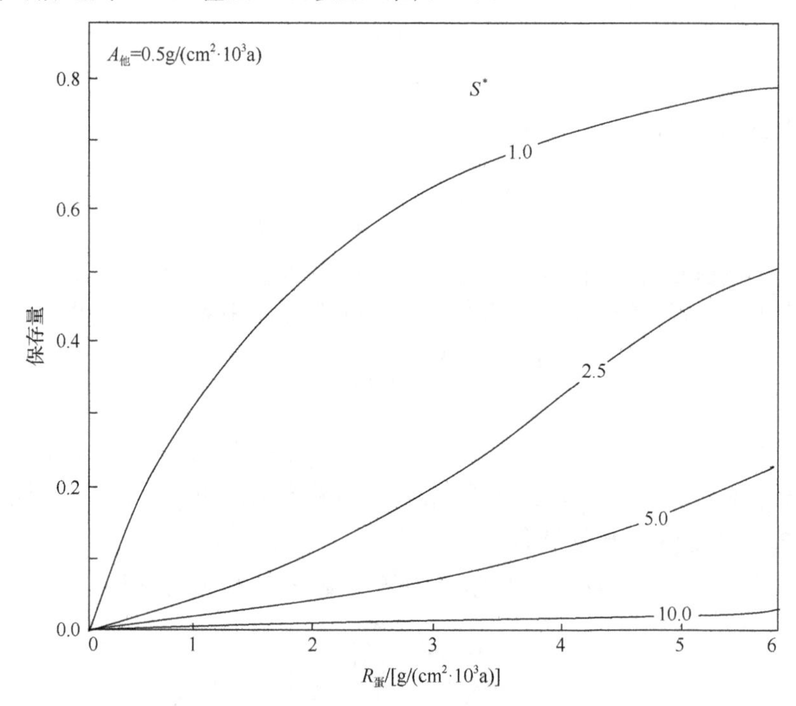

图7.13 生源硅质碎屑降落海底保存量与其降落速率（直接与产率有关）的关系（Broecker，1982b）

$A_他$ 表示其他组分堆积速率，S^*表示环南极带的沉积物中蛋白石中保存量与降落速率的关系

7.4.3 间隙水对蛋白石溶解作用

对深海岩芯间隙水的研究表明，其 SiO_2 含量随深度增加而增大，最后趋于饱和值，如实测图7.14所示。这意味着，溶解主要在沉积柱中发生，溶解产物经间隙水、以分子扩散方式从沉积物移出；间隙水溶液达到饱和浓度所相应的时间，决定着在沉积柱中达到饱和状态时的深度；在任一沉积柱深度 Z 处应符合平衡式：

$$D_s \frac{\partial^2 c_{间}}{\partial Z^2} = K(c_{饱} - c_{间}) \tag{7.24}$$

式中，D_s 为全沉积物扩散系数；$c_{间}$ 和 $c_{饱}$ 分别为沉积柱深度 Z 处间隙水 SiO_2 的实际浓度和饱和浓度；K 为不平衡的残余间隙水每秒钟移出分数。解此方程，得

$$(c_{间} - c_{底}) = (c_{饱} - c_{底})[1 - \exp(Z\sqrt{K/D_s})] \tag{7.25}$$

式中，$c_{底}$ 为海底水的 SiO_2 浓度。此式表明，沉积物间隙水的 H_4SiO_4 浓度，随着从岩芯顶部往下呈指数增加，最后趋于定值（饱和值）。该式为实测曲线的数学描述式。

通过沉积物-水界面的溶解 SiO_2 通量为

$$D_s\left(\frac{\partial c}{\partial Z}\right)_{Z=0}=(c_{饱}-c_{底})\sqrt{f_{D_s}/\tau^*} \tag{7.26}$$

式中，τ^*为沉积物由纯蛋白石组成时，间隙水 SiO_2 达饱和浓度所对应的时间；f 为沉积物的蛋白石质量分数。

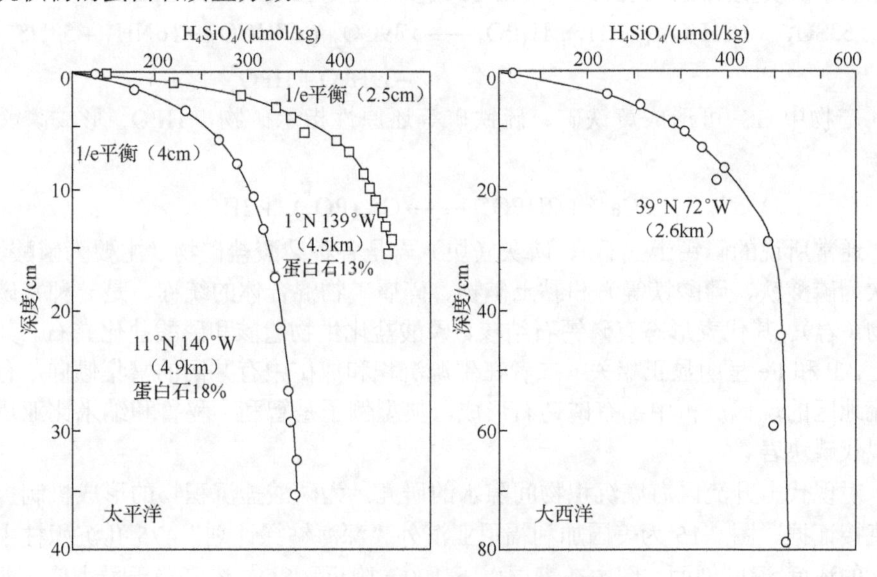

图 7.14　间隙水 H_4SiO_4 浓度剖面图

左图的两个钻孔位于赤道太平洋（Emerson et al.,1984），
右图的岩芯为北大西洋大陆边缘的半远洋沉积物（Sayles et al., 1973）

对大洋中生源 SiO_2 降落速率的估算，一种方法是以大洋中溶解 SiO_2 的总量（约 18×10^{16}mol）被大洋底面积（$3.6\times10^{18}cm^2$）和大洋深水平均流通时间（10^3a）相除而得出，其值为 5×10^{-2} mol/($cm^2\cdot10^3$a)或约 3g/($cm^2\cdot10^3$a)。

7.5　磷酸盐沉积作用地球化学

磷为营养元素，在表层水中被生物摄取，加入有机组织。此后随生物碎屑自表层水下落，在深水层被分解而重新进入海水，深水中得到富集，不分解部分加入海底沉积物。

磷酸盐沉积的形成与强烈上升流密切相关。由于冷暖洋流交汇产生的上升流将大洋深部的营养成分带到表层，促进生物繁茂，形成有机质的高生产力区。从全球渔业总收货量上看，东北大西洋和西北大西洋、北太平洋和东南太平洋的海岸带区占总收货量的 75%，沿岸上升流区占总收货量的 25%，体现世界渔业产量与强烈上升流分布的关系。

海洋生物软组织中C∶N∶P约为106∶16∶1。在近海沉积速率较大的条件下，具有此比值的有机质会被快速埋藏起来。而后在沉积柱中，随着有机质的分解，造成缺氧还原环境，借助SO_4^{2-}的缺氧氧化作用，而使磷酸根从有机质分离出来，使间隙水中磷质量浓度比周围海水高出10倍多（由0.1mg/L升到1mg/L）：

$$53SO_4^{2-}+(CH_2O)_{106}(NH_3)_{16}H_3PO_3 \longrightarrow 39CO_2+67HCO_3^-+16NH_4^++53HS^- +39H_2O+HPO_4^{2-}$$

产物中HS^-可形成黄铁矿、硫铁矿等还原性指示矿物，HPO_4^{2-}形成磷酸盐矿物：

$$3Ca^{2+}+2HPO_4^{2-} \longrightarrow Ca_3(PO_4)_2+2H^+$$

通常所说的磷钙土（石）、磷灰（块）岩是各种磷酸盐矿物（主要为磷酸钙，其次为磷酸铁、磷酸镁等）和黏土矿物、碎屑矿物混合体的统称，是一种富磷沉积物（岩）。其代表形态有磷钙石结核、磷酸盐化生物遗骸和磷酸盐化粪石。其成分上，P和Fe呈明显正相关，二者在生源沉积和成矿中有共同的富集倾向。有上升流地区的现代沉积中都有磷钙石形成，典型例子是智利—秘鲁和纳米比亚近海的现代磷块岩。

对现代上升流区海底沉积物间隙水的研究，为磷酸盐沉积物的形成机制提供了直接证据。图7.15为美国加利福尼亚滨外“深海钻探计划”475孔沉积柱中间隙水的浓度-深度剖面。图中在表层以下100m附近，SO_4^{2-}浓度趋于最小值（即大部分被细菌还原为HS^-，沉淀为金属硫化物），伴随SO_4^{2-}浓度的降低，NH_4^+和PO_4^{3-}从有机质中被释放出来，在间隙水中的浓度达到最大值，同时碱度也趋于最大值，而PO_4^{3-}浓度最大值之后的快速下降，说明磷酸盐从间隙水快速析出，表明富磷沉积的形成是一种与生物作用密切相关的沉积-成岩过程。此时NH_4^+浓度及碱度的下降，则与它们为黏土矿物所摄取有关。

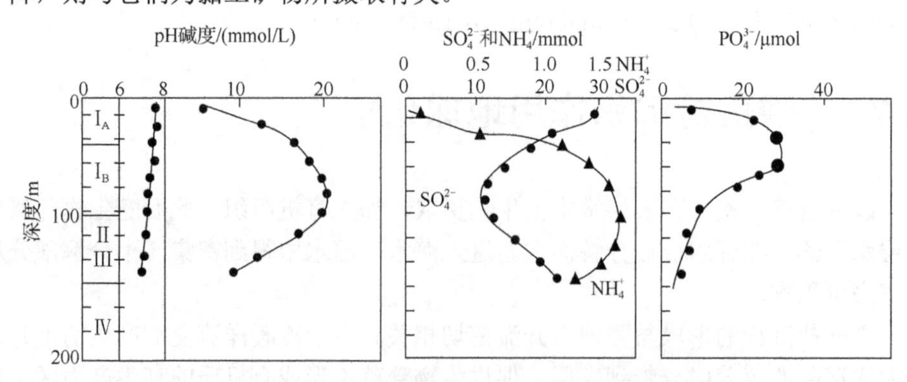

图7.15 DSDP475(23°03′N，109°03′W)孔沉积柱中间隙水浓度-深度剖面(Elderfield et al., 1982)

岩性：I_A. 超微化石黏土及粉砂；I_B. 黏土质粉砂及粉砂质黏土；

II. 硅藻粉砂质黏土；III. 沸石黏土，白云石质泥岩，磷钙石；IV. 变火山岩质砾岩

元古宙-寒武纪交界时间期（570～510Ma 前）为一全球性磷矿床成矿期，澳大利亚北部乔治娜盆地、越南老街地区、中国云贵高原、哈萨克斯坦卡拉套地区、蒙古库苏古尔盆地均有磷块岩储量达数十亿吨的大磷矿。许多学者对这一时期的磷矿床成矿条件进行了研究，提出的主要观点有：

（1）元古宙以前，海洋处于相对停滞状态。在元古宙，海洋与板块运动及裂谷作用有关，形成了狭窄大洋，这有助于形成上升流，并提高对流速率，有利于深层的营养成分进入表层。

（2）元古宙冰川作用形成的冷而密度大的表层水，或表层水蒸发形成咸而密度大的表层水，促进了表层水和深层水的对流循环。研究表明，元古宙-寒武纪的磷块岩和蒸发岩（硫酸盐）具有 $\delta^{34}S$ 高值（约+33‰），为深层水混合的结果。深层水由于受 SO_4^{2-} 细菌还原作用，其所剩余的 SO_4^{2-} 以具有高 $\delta^{34}S$ 为特征，而碳酸盐 $\delta^{13}C$ 低值（约−0.7‰）的出现与有机质的高含量有关。这就为表层水和深层水的混合提供了证明。

（3）由于海平面的升高，形成了广阔的陆源浅海，不仅有利于生物的繁衍生息，也为磷酸盐物质提供了聚集场所。

（4）透光带中营养成分的增加，导致浮游生物大量增加、生物繁茂。海洋中产生大量出现介壳生物增强了摄食、防御和竞争能力，其骨骼硬组织即主要由磷酸钙组成，并为形成磷矿床提供了物质来源。随着磷酸盐自海水移出和成矿，造成了海水磷浓度的明显下降。因此以后的介壳生物的磷酸钙骨骼就逐渐为碳酸钙骨骼所代替。

（5）当时的缺氧条件和 CO_2 浓度较高，有利于营造还原环境进而导致磷酸盐自生物碎屑的释放和沉淀。

7.6 海底地形概述

7.6.1 海底地形综述

世界海底由大陆边缘和大洋底组成，前者是大陆和大洋的过渡带。

（1）大陆边缘，可分出陆架、陆坡、陆隆、边缘海盆和海沟等次级单元。大西洋型被动大陆边缘呈陆架-陆坡-陆隆组合；太平洋型活动大陆边缘或呈陆架-陆坡-海沟组合（智利型），或呈陆架-陆坡-边缘海盆-岛弧-海沟组合（马里亚纳型），如图 7.16 所示。

陆坡：为陆架坡折带以外的向海斜坡，宽百公里以内，水深百米至 4km 不等，坡度 3°～6°，平均 4°，局部可超过 15°。在浊流和构造作用下常发育有陡崖、海底峡谷等正、负地形，后者是大陆物质转运往深海的主要通道。

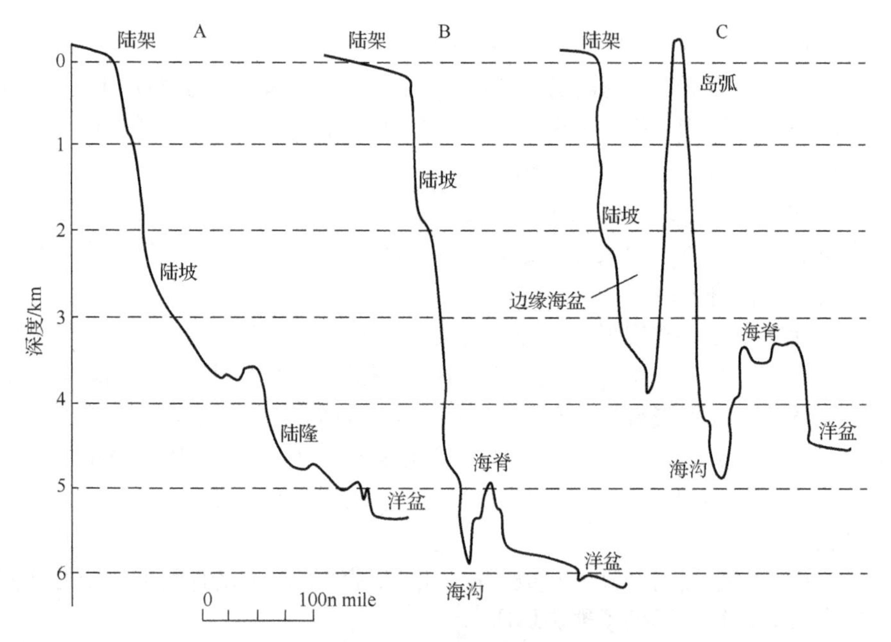

图 7.16　大陆边缘的类型（Tchernia，1980）

A. 大西洋型；B. 智利型；C. 马里亚纳型

陆隆：位于陆坡坡麓的楔形沉积物裙，宽百千米至千千米，平均坡度 0.2°～1.6°，水深千余米至 5km。主要存在于大西洋型大陆边缘，其他分布于印度洋、北冰洋边缘和南极洲周围。在太平洋西部边缘海的向陆一侧也有大陆隆，但在太平洋周围的海沟附近因陆源物质受海沟截拦，缺失大陆隆。大陆隆的沉积物主要来自大陆的黏土及砂砾，厚度约在 2km 以上。大陆边缘底为洋壳。

边缘海盆：即弧后盆地，位于太平洋边缘，被海沟或岛弧与洋盆隔开，最大深度＞2km。其形成与弧后的扩张及岛弧的向外迁移有关，如图 7.17 所示。

岛弧和海沟：为大洋板块俯冲到另一板块之下所形成的最复杂的板块边界。岛弧为带状岛屿，靠洋一侧为海沟，靠陆一侧为边缘海盆，有强烈火山活动，重力、热流值异常。海沟是大陆边缘和洋盆之间最深的带状洼陷，马里亚纳海沟和汤加海沟轴底水深分别达 10924m 和 10882m，如图 7.18 所示。

（2）大洋底指水深在 2km 以上、基底为洋壳的水域，又可分出洋中脊和洋盆底两巨形单元。

洋中脊：为沿大洋中部延伸的环球海底山系，总长 84000km，高出海底 1～3km，宽千千米以上，平均水深 2.5km，是海底的扩张中心。横向上由脊岭和槽谷组成。大西洋中脊中部有中央裂谷，其宽数十千米至百余千米，深 1～2km，如图 7.19 所示。太平洋中脊未发现有中央裂谷。洋中脊常被与脊轴垂直或斜交的转换断层所错断。错距达数百千米至数千千米。

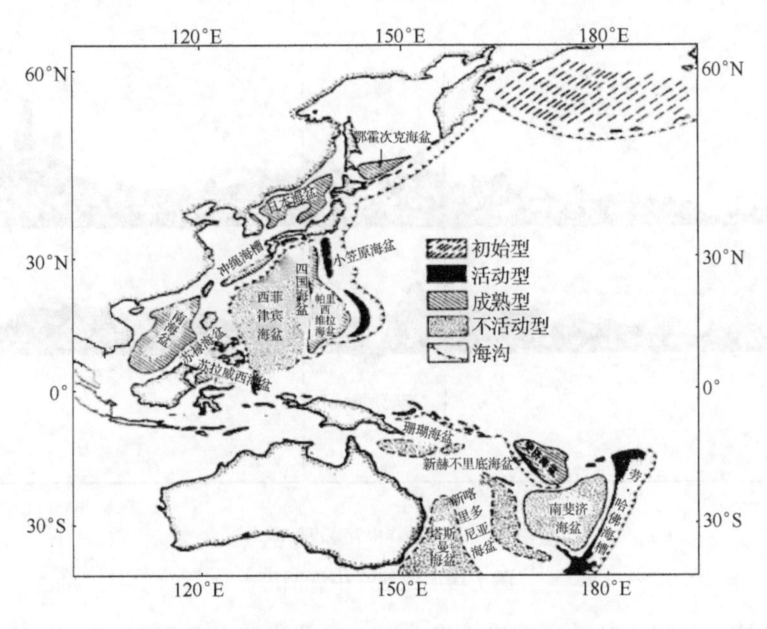

图 7.17　西太平洋的边缘海盆（Karig，1971）

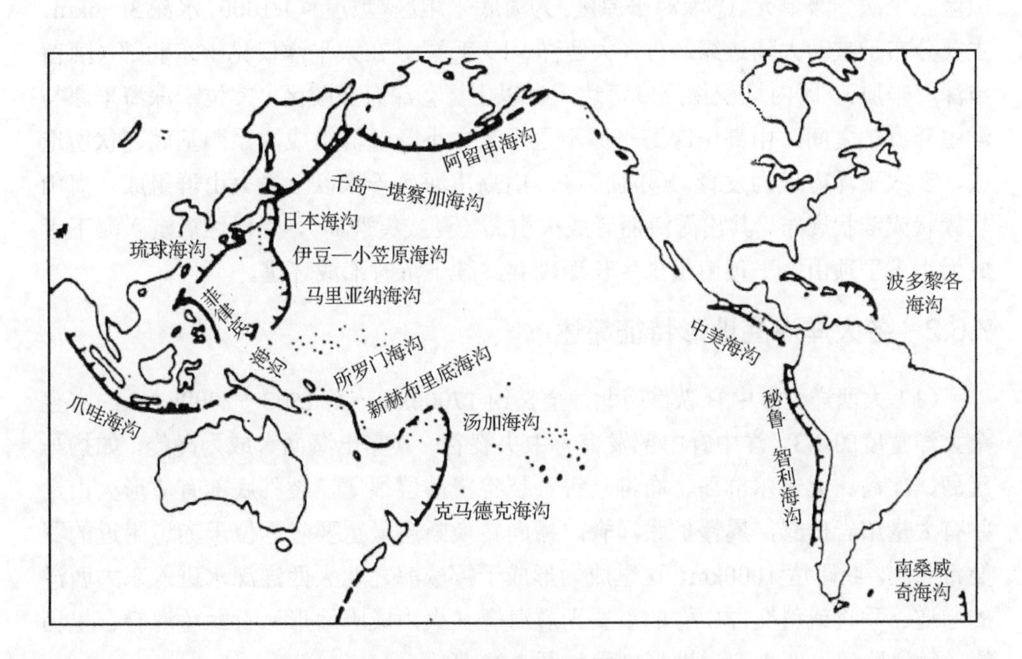

图 7.18　海沟的分布（小林和男等，1980）

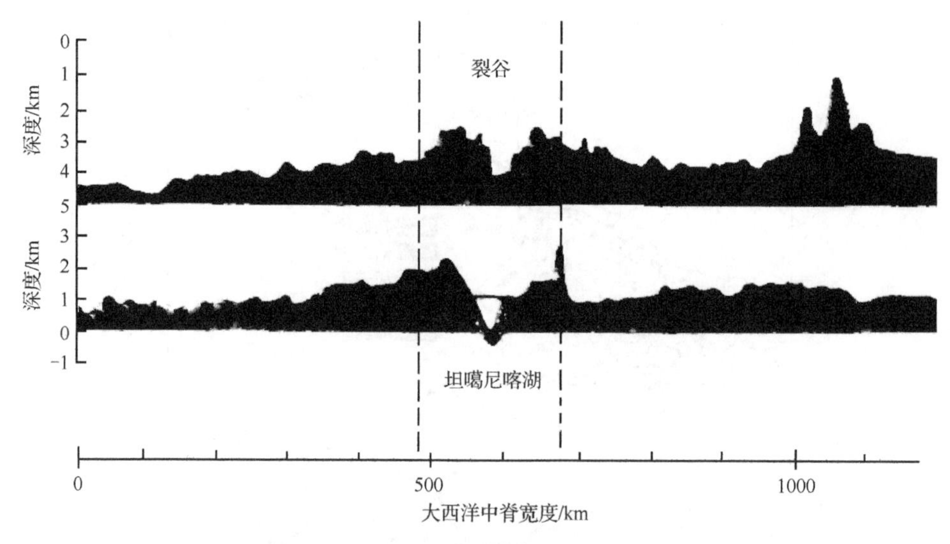

图 7.19 大西洋中脊剖面

洋盆底：位于大陆边缘和洋中脊之间，又分为深海平原区、深海丘陵区及海山区三个次一级单元。①深海平原区：为海底平坦区，坡度<1/1000，水深 3～6km。主要分布于被动大陆边缘之外（大西洋、印度洋），在太平洋仅见于东北部（阿留申深海平原）。区内堆积物厚度可达千米以上。②深海丘陵区：常位于深海平原与洋中脊翼部之间，由高出深海平原不足千米之小隆起群组成，系因基底起伏所造成，在太平洋内最为发育。③海山区：由高出海底千米以上之火山群组成。海山呈簇状或链状展布。其出露海面者成火山岛（夏威夷群岛），受侵蚀后沉入海下者成为水下平顶山，平顶山顶部生长珊瑚并继续下沉时形成环礁。

7.6.2 各大洋海底地形特征简述

（1）大西洋。洋中脊纵贯南北，全长约 17000km，宽 1500～2000km，约占整个大洋宽度的 1/3。洋中脊中部发育有中央裂谷。其露出海面者成为岛屿，如扬马延岛、冰岛、亚速尔群岛、布维岛等。裂谷覆盖层很薄，裂谷底部有盾形火山，并有大量熔岩出露，属慢扩张洋脊。横向转换断层最重要者为位于赤道附近的罗曼希断裂，断距达 1000km，这里成为形成于挪威海之北大西洋深水进入东大西洋的通道。垂直或斜交洋中脊的重要无震海脊（火山成因地形）有鲸鱼海脊、里乌格兰德海隆等。西大西洋地形剖面如图 7.20 所示。

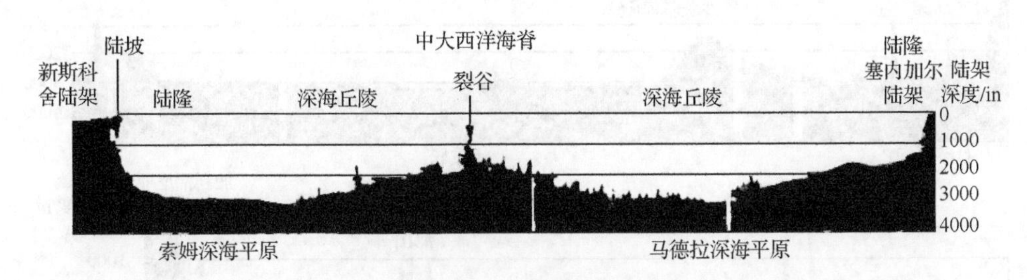

图 7.20　西大西洋地形剖面

1in=2.54cm，余同

（2）印度洋。洋中脊呈倒置 Y 形，由大西洋绕过非洲南端进入印度洋的洋脊构成其西支，北支为卡尔伯格海脊（顶部有裂谷），东支为中印度洋海脊。此外有 NS 向的东经 90° 海脊（无震海脊）将印度洋分为东、西两部分。这里有世界最大的深海扇（孟加拉深海扇和印度深海扇），基底为洋壳，沉积物厚达 5km 以上。马达加斯加岛以南的马达加斯加海底高原具有大陆地壳性质，称为微型大陆。

（3）太平洋。洋中脊自印度洋绕过澳大利亚进入南太平洋，称为太平洋-南极海脊，转向东北后，称为东太平洋海隆，一直延伸到 24°N 附近。东太平洋海隆为比较平缓的隆起，宽 2000～4000km，顶部未发现有中央裂谷，覆盖层很薄，为快扩张洋脊，横向断裂极多。与东太平洋海隆相交的次一级海脊有加拉帕戈斯海隆、智利海隆等，二者是东太平洋海隆的侧向分支，亦为扩张中心。

整个格局是东部为东太平洋海隆所占据和由其侧向分支所分割成的多块深海盆地，如智利海盆、秘鲁海盆等。东北端为阿留申深海平原；中部为中太平洋海山区，这里海山密集，多呈链状沿 NW－SE 向展开。海山出露部分成为群岛，如夏威夷群岛、莱恩群岛、土阿莫土群岛、马绍尔群岛等。未出露者为水下平顶山，也有环礁发育。海山列、岛屿之间为深海丘陵区；而西太平洋为岛弧-海沟-边缘海区。重要的边缘海盆、海沟如图 7.17 和图 7.18 所示。岛弧多位于海沟的向陆一侧，新西兰、汤加、马来西亚、印度尼西亚、日本列岛、千岛群岛、堪察加、阿留申等都属于岛弧。北太平洋地形剖面如图 7.21 所示。

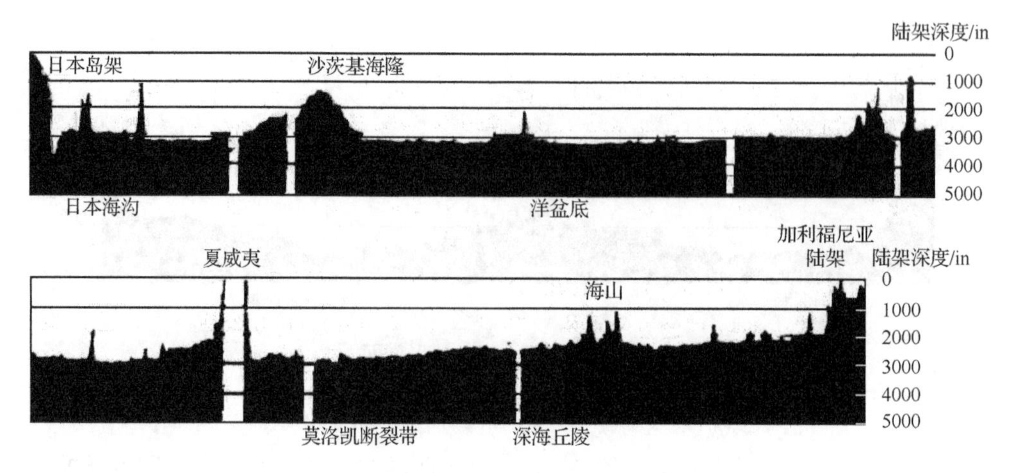

图 7.21 北太平洋地形剖面

思考题

1. 主要浮游生物与其在大洋系统中的生态位有何联系?

2. 简述海洋中主要浮游生物的分布特征。

3. 什么叫碳酸盐的饱和面、溶跃面和补偿深度?对于文石和方解石，上述三个深度是否相同?详细说明。

4. 碳酸盐的溶解速率有哪些影响因素?

5. 什么叫过渡带?其宽度与形态有什么联系?

6. 地壳运动如何影响碳酸盐补偿深度?

7. 生源 SiO_2 沉积物的海底分布有什么特征?

8. 分析介壳 SiO_2 在海底溶解的影响因素。

9. 简述间隙水对蛋白石的溶解有哪些影响。

10. 简述磷酸盐沉积作用地球化学特征。

11. 按照历史演化的观点，磷矿床是如何成矿的?

12. 图示说明大陆边缘的类型。

13. 简述各大洋海底地形特征。

第 8 章

自生物质沉积作用地球化学

自生物质指在海洋环境中形成的自生矿物。自生矿物或水生矿物用以区别于来自海洋外部的“他生”矿物和来自生物碎屑的生源矿物。自生矿物可分为两类：一类是从海水沉淀的，如蒸发盐类矿物和构成海底铁锰结核的铁锰氧化物和氢氧化物等，具有原生性质；另一类是形成于大洋基底岩石水热蚀变和海底沉积物早期成岩作用的次生产物，如沸石、蒙脱石、黄铁矿、白云石、海绿石等。但是，原生和次生的划分也不是很绝对的，例如磷酸盐类矿物一般被归入第一类，但它的形成与生物作用和早期成岩作用都有密切关系。硫酸盐如重晶石也一样，可形成于火山活动海区的低温热水沉淀，又是沉积柱中早期成岩作用的产物。

海洋自生矿物中的许多物质是重要的矿产资源，其他一些则可能是潜在资源。海洋自生矿物是判别沉积环境的重要指示矿物。

8.1　海底铁锰结核的自生沉积作用

8.1.1　铁锰结核在海底的分布和产状

铁锰结核是一种铁锰氧化物或氢氧化物的凝块，是产于大洋底的一种数量最大和最重要的自生沉积矿产，是仅次于海底石油的重要矿产资源。仅太平洋底的锰结核储量就达 1.66 万亿 t。

在海洋沉积物中，以质量计算，铁锰结核仅次于硅酸盐碎屑沉积和生物软泥。铁锰结核一般以岩石颗粒或微体化石为核心、包以铁锰质黑褐色同心层的团块，出现于海底，也有呈平板状覆盖于海底岩石或沉积物之上，或以小颗粒（粒径＜1mm）浮于海水、散布于沉积物之中。

铁锰结核还含有 Ni、Co、Cu 等组分，且含量高于陆地矿石。铁锰结核至今仍在生长，每年约增长 1000 万 t。

自 1872～1876 年英国“挑战者”号海洋考查船首次发现铁锰结核以来，迄今对它的性质、成分、矿物组成、产状及分布都积累了一定的资料。

从大陆架的浅水区到6km以下深水海底，都有铁锰结核的存在，但富集情况有很大差别。如北大西洋的结核产出较少，是因为其入海径流携带大量泥沙，沉积速率高，南大西洋情况则相反，且洋中脊所占面积比例也小，因而结核产出较多。印度洋地区的马达加斯加海盆、南非滨外以东海域等，都有铁锰结核。北太平洋是世界最大的海盆，由于周围海沟阻挡了大陆径流的直接注入，所以缓慢沉积区甚为广大，尤其是产出放射虫软泥和红黏土沉积的地区较多，都有铁锰结核富集，南太平洋海盆的沉积格局与北太平洋海盆相同，很多地区都富集铁锰结核。

此外，边缘海区如黑海、波罗的海等也存在铁锰结核。

（1）铁锰结核的共生沉积物。铁锰结核可与海洋所有类型的沉积物共生，但以在红色黏土中分布最广，产出频度以在放射虫软泥中为最高，其次为红黏土，而后依次为钙质软泥、硅藻软泥、碎屑沉积等。太平洋铁锰结核的产出频度和沉积类型的关系如表8.1所示。

表8.1　太平洋铁锰结核的产出频度和沉积类型的关系（Skornyakova et al., 1974）

沉积类型	样品分布面积/km^2	样品数/个	含结核样品		金属质量分数高的结核	
			样品数/个	含结核样品比例/%	样品数/个	高质量分数结核的比例/%
红黏土	577.1	308	155	51	65	21
碳酸钙	621.6	395	67	17	19	4.8
放射虫软泥	70.6	29	20	69	5	17.3
硅藻软泥	—	56	5	9	—	—
碎屑沉积物	—	204	6	3	—	—

（2）铁锰结核在海底的产状。在大洋底，铁锰结核存在于各种松散沉积物内，特别在沉积物-水界面处最为富集。在太平洋的铁锰结核分布区内，铁锰结核能覆盖海底面积的20%～50%，有的地方可达75%～90%，甚至形成铁锰结核覆盖层。

在中南太平洋，65%的铁锰结核分布于沉积物-水界面处，其余35%均匀分布于界面以下3～4m深度的范围内；在北太平洋，上述界面处可达91%，界面以下不超过20%，且越往深处，频度越低，如图8.1所示。

在东太平洋洋底表层以下400m深处岩芯样品中有铁锰结核存在，并发现从新生代（66Ma至今）直到现代的沉积物中都有其产出。

铁锰结核是被底栖生物的活动推移到沉积物表面上来的，构成铁锰结核在海底的产状。因为许多照片表明，结核周围存在生物活动痕迹。对于布满海底的铁锰结核覆盖层的发育，他认为是大规模的侵蚀作用，把沉积物中年代较老的结核冲刷了出来，以致形成了结核覆盖层。推测出覆盖层中的铁锰结核，可能是各时代的化石结核混杂物。

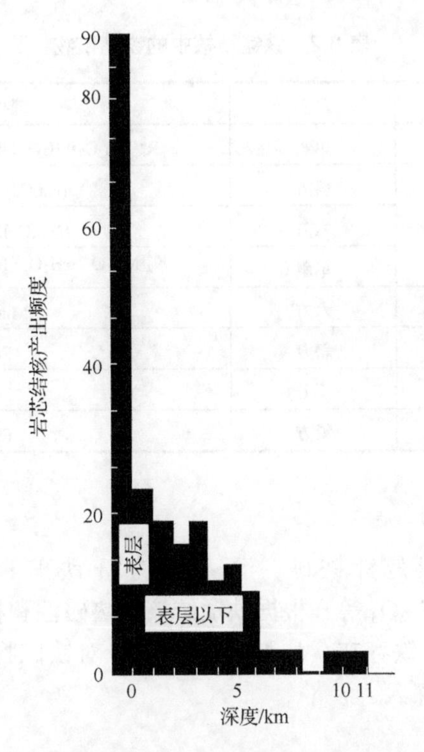

图 8.1　北太平洋岩芯中铁锰结核在沉积柱不同深度的存在频度（Horn et al., 1973）

Bender 等（1971）认为是海底流的推动作用使铁锰结核免遭埋没，因为发现铁锰结核与波痕常常共存，而且在南极底层流存在的地方，发育着大规模的铁锰结核覆盖层。

8.1.2　铁锰结核的矿物组成

铁锰结核的组成矿物主要有铁锰氧化物和氢氧化物，还有以黏土矿物为主的铝硅酸盐。研究其矿物组成有利于探讨铁锰结核的成因。

1. *锰矿物类*

铁锰结核矿物的命名和矿物成分的测定尚未统一和标准化，这是因为矿物颗粒非常细小、结晶程度差、不同成分的微晶共生，鉴定困难；样品的保存和制备不当时，矿物组成可能发生很大变化；深海底环境下的许多物相可能处于准稳态和过渡相等。

已报道的主要矿物组成如表 8.2 所示，其中分布最广泛的是 10Å 水锰矿、7Å 水锰矿和 δ-MnO_2。此外，还有钾硬锰矿、水黑锰矿、六方锰矿、硬锰矿、软锰矿、钙锰矿、复水锰矿和纤锌锰矿等。

表 8.2　铁锰结核中的铁锰矿物

矿物名称	晶系	理想分子式
10Å 水锰矿（钡镁锰矿）	单斜	$R^{2+}Mn_2O_7 \cdot xH_2O$（R:Mn、Ca、Ba、K 等）
7Å 水锰矿（钠水锰矿）	斜方	$(Na,Ca)Mn_7O_{24} \cdot xH_2O$
δ-MnO_2	六方	$(Mn,Ca)Mn_6O_{18} \cdot xH_2O$
硬锰矿	单斜	$R_2^{2+}Mn_5O_{10} \cdot xH_2O$（R:Mn、Ca、Ba、Mg 等）
六方锰矿（γ-MnO_2）	六方	$Mn(O,OH)_2$
针铁矿（α-FeOOH)	斜方	FeOOH
四方纤铁矿（β-FeOOH)	正方	FeOOH
纤铁矿（γ-FeOOH)	斜方	FeOOH

2. 铁矿物类

铁矿物类的代表是针铁矿，还有四方纤铁矿、纤铁矿、氢氧化铁（$FeOOH \cdot xH_2O$）和 γ-Fe_2O_3 等。根据铁锰结核的热磁性和穆斯堡尔谱特征，大部分铁以非晶质水合氧化铁存在，如 Fe_2O_3-nH_2O。对铁矿物在铁锰结核中的存在形式，尚研究得不够深入。

3. 铝硅酸盐类

铁锰结核的层间和层内都含有黏土质物质，主要是蒙脱石、伊利石等黏土矿物和钙十字沸石、斜发沸石等沸石类矿物，其他还有石英、长石、蛋白石、金红石、锐钛矿、重晶石和绿脱石等。

4. 矿物形成机理

Cronan 等（1969）对卡尔斯伯格洋脊的铁锰结核进行了研究，认为矿物与结核的化学成分间存在关系。钡镁锰矿的结核产于海底深处，富含 Ni、Cu，Mn/Fe 值超过 2；钠水锰矿的结核多产于浅海底，富含 Co、Pb、Ti，Mn/Fe 值较小；两种锰矿的 O/Mn 值测定，钡镁锰矿低于钠水锰矿。Cronan 等认为，比值的差异反映了两种矿物氧化程度或沉积区氧化条件的不同。钡镁锰矿是弱氧化条件的深海盆铁锰结核的特征矿物，而钠水锰矿是海山及浅海等强氧化海区的铁锰结核所特有的。

东太平洋海隆以东海渊样品是铁锰结核，由钡镁锰矿组成，富含 Mn、Ni、Cu、Zn 和 Ba；皮壳主要由 δ-MnO_2 构成，富含 Fe 和 Co。基于铁锰皮壳生长于洋底基岩上，而铁锰结核埋藏于表层沉积物中的事实，他们认为：δ-MnO_2 形成于海水中非晶质铁锰氧化物和氢氧化物的直接沉淀，同时掺进铝硅酸盐矿物碎屑；钡镁锰矿则形成于沉积物中，即来源于东太平洋海隆附近的热水溶液中的铁、锰和

沉积物中的生源 SiO_2 反应，生成绿土，残留的 Mn 在有 Cu、Ni、Zn 等存在条件下沉淀、结晶、生成：

蛋白石（Cu、Ni、Zn）+Fe-MnO(OH) $\longrightarrow$ Fe 绿土+钡镁锰矿（Cu、Ni、Zn）

8.1.3　铁锰结核地球化学特征

1. 铁锰结核的化学成分及元素共生规律

铁锰结核的元素组成是研究最详细的性质之一，尤以太平洋资料为最多。铁锰结核及皮壳中所含化学元素达 38 种，如表 8.3 所示，表中未包括 O、H、C。可见，结核的主要成分为 Mn 和 Fe，其次为 Si、Al、Ca、Mg、Na、K、Ti，次要成分有 Ni、Cu、Co 等。与地壳元素平均含量相比，在铁锰结核中富集的元素有 28 种，其中 Mn、Ni、Co、Mo、Cu、Pb 等含量高出地壳的 46～274 倍。

铁锰结核的化学成分随产地不同而不同，甚至同一地点、同一结核的不同部位，其化学成分的变化也很大。太平洋深处结核的每一层化学成分的最外层接触海水的一面，其中 Fe、Co、Pb 含量相对较高，而被沉积物埋没的一面则 Mn、Cu、Ni、Mo 富集，而 Fe、Co、Pb 相对较少。具体地说，在被沉积物埋没的半粒的顶点，Mn 等元素含量最大，向沉积物-水界面处减少，至接触海水半粒的顶点处最小；而 Fe 等元素则呈相反的分布特征；结核内部各层之间微量元素变化较小，同一层内，如果构造不同，金属含量不同。

表 8.3　世界各大洋铁锰结核化学元素的平均质量分数（Cronan, 1975）（单位：%）

元素	太平洋	大西洋	印度洋	南大洋	世界大洋平均值	地壳含量	富集系数
B	0.0277	—	—	—	—	0.0010	27.7
Na	2.054	1.88	—	—	1.9409	2.36	0.822
Mg	1.710	1.89	—	—	1.8234	2.33	0.782
Al	3.060	3.27	3.60	—	3.0981	8.23	0.376
Si	8.320	9.58	11.40	—	8.624	28.15	0.306
P	0.235	0.098	—	—	0.2244	0.105	2.13
K	0.753	0.567	—	—	0.6427	2.09	0.307
Ca	1.960	2.96	3.16	—	2.5348	4.15	0.610
Sc	0.00097	—	—	—	—	0.0022	0.441
Ti	0.874	0.421	0.629	0.640	0.6424	0.570	1.13
V	0.053	0.053	0.044	0.060	0.0558	0.0135	4.13
Cr	0.0013	0.007	0.0014	—	0.0014	0.01	0.14
Mn	19.78	15.78	15.12	11.69	16.174	0.095	170.25
Fe	11.96	20.78	13.30	15.78	15.608	5.63	2.77
Co	0.335	0.318	0.242	0.240	0.2987	0.0025	119.48
Ni	0.634	0.328	0.507	0.450	0.4888	0.0075	65.17
Cu	0.392	0.116	0.274	0.210	0.2561	0.0055	46.56

续表

元素	太平洋	大西洋	印度洋	南大洋	世界大洋平均值	地壳含量	富集系数
Zn	0.068	0.084	0.061	0.060	0.0710	0.007	10.14
Ga	0.001	—	—	—	—	0.0015	0.666
Sr	0.085	0.093	0.086	0.080	0.0825	0.0375	2.20
Y	−0.031	—	—	—	—	0.0033	9.39
Zr	0.052	—	—	0.070	0.0648	0.0165	3.92
Mo	0.044	0.049	0.029	0.040	0.0412	0.0015	274.66
Pd	0.602×10^{-6}	0.574×10^{-6}	0.391×10^{-6}	—	0.553×10^{-6}	0.665×10^{-6}	0.832
Ag	0.0006	—	—	—	—	0.000007	85.71
Cd	0.0007	0.0011	—	—	0.00079	0.00002	39.50
Sn	0.00027	—	—	—	—	0.00002	13.50
Tc	0.0050	—	—	—	—	—	—
Ba	0.276	0.498	0.182	0.100	0.2012	0.0425	4.73
La	0.016	—	—	—	—	0.0030	5.33
Yb	0.0031	—	—	—	—	0.0003	10.33
W	0.006	—	—	—	—	0.00015	40.00
Ir	0.939×10^{-6}	0.932×10^{-6}	—	—	0.935×10^{-6}	0.132×10^{-7}	70.83
Au	0.266×10^{-6}	0.302×10^{-6}	0.811×10^{-7}	—	0.248×10^{-6}	0.400×10^{-6}	0.62
Hg	0.82×10^{-4}	0.16×10^{-4}	0.15×10^{-6}	—	0.50×10^{-4}	0.80×10^{-8}	6.25
Tl	0.017	0.0077	0.010	—	0.0129	0.000045	286.66
Pb	0.0846	0.127	0.070	—	0.0867	0.00125	69.36
Bi	0.0006	0.0005	0.0014	—	0.0008	0.000017	47.05

铁锰结核所含金属元素之间的相关关系以 Mn-Ni-Cu-Zn-Mo、Mn-Fe、Fe-Co-Pb 的相关关系最为清楚，如表 8.4 所示。Mn 与 Fe 负相关，与 Cu、Ni、Zn 正相关；Fe 与 Pb、Co 正相关，而与 Ni、Cu、Zn 负相关。各元素间的相关关系，在不同地区有所变化。例如太平洋铁锰结核中 Cu-Ni 皆呈正相关，远洋性结核中 Cu(%)-Ni(%)曲线斜率约为大陆边缘及半远洋区结核中该曲线斜率的 4 倍。

表 8.4　铁锰结核中各主要元素间的相关关系（分析样品 50 个）

元素	Mn	Fe	Cu	Pb	Zn	Ni	Co
Mn	1.000	−0.891	0.942	−0.452	0.857	0.954	−0.11
Fe	—	1.000	−0.970	0.463	−0.826	−0.971	0.566
Cu	—	—	1.000	0.429	0.858	0.989	−0.513
Pb	—	—	—	1.000	−0.642	−0.507	0.096
Zn	—	—	—	—	1.000	0.843	−0.238
Ni	—	—	—	—	—	1.000	−0.534
Co	—	—	—	—	—	—	1.000

铁锰结核化学组成和元素共生规律的制约因素有：

（1）铁锰结核中的 Mn、Fe、Co、Ni、Cu 等，属第一过渡系元素。它们在氧化条件下成高价态，在还原条件下成低价态。

（2）Fe、Mn 是铁锰结核的主导成分，两元素的地球化学行为对结核的形成具有关键作用。Fe、Mn 属于在低价态下被搬运，在高价态下发生沉淀的元素。例如，Fe^{2+}、$FeCl^{+}$形态可进行搬运，而在 pH＞6、氧化条件水中很快氧化为 Fe(III)，易水解为 $Fe(OH)_3$、$Fe(OH)_2^{+}$，发生絮凝和沉淀。Mn^{2+}、$MnCl^{+}$可搬运，但氧化为 Mn(IV)所需电势较高，氧化速率较慢。因此，以岩屑、火山玻璃、生物骨骼、牙齿等某种物质为核心，首先沉淀的是铁的氢氧化物，并可为 Mn 的随后沉淀提供初始活性表面，对 Mn(II)氧化具有催化作用，使之氧化为 Mn(IV)。MnO_2 沉淀后，又可吸附更多的 Mn(II)和 Fe(II)，成为促使后者氧化的催化表面，如此反复，结核持续增长，而生长条件只需 Fe、Mn 的不断供给。电子扫描观察证明，事实正是这样：围绕核心的总先是铁矿物，而后是锰矿物，再后又是铁矿物等，形成了很好的互层结构。

（3）铁锰氢氧化物对于许多金属元素是最有效的吸附剂，可以吸附或以离子置换形式容纳这些金属元素。锰矿物以吸附 Ni、Cu、Zn 更有效，而铁矿物以吸附 Co、V、Ti、Pb、Sn 为特征，因而形成了不同的元素共生组合类型。

根据晶体场理论，Co^{2+}氧化为 Co^{3+}所获得的八面体场稳定化能数值大，Ni^{2+}氧化为 Ni^{3+}所相应的稳定化能小，因此 Co^{3+}有优先进入八面体配位的明显优势，将优先以吸附态或离子置换形式加入形成较早的氢氧化铁组成中，表现为特征的 Fe、Co 元素共生组合。但在强氧化条件下，Ni^{2+}氧化为 Ni^{4+}可获得大的稳定化能，这时 Ni^{4+}趋于加入在此条件下形成的高价锰矿物的组成，以吸附态或固溶体形式 $(Mn,Ni)O_2$ 存在，表现为 Mn、Ni 的特征共生。

当沉积物沉积速率快时，有利于铁沉积，沉积速率慢时有利于锰沉积。因此，形成于边缘海区、海底高地和洋脊顶部海区的结核富含 Fe，且 Co、V、Pb 等含量高；形成于远洋的结核富含 Mn，且 Ni、Cu、Zn 的含量高。

2. 铁锰结核的区域性特征

铁锰结核的化学成分因地区而异。太平洋不同区域结核和皮壳的显著化学特征如图 8.2 所示。引人注意的是，东赤道带富 Ni、Cu。中太平洋呈现的区域性变化取决于金属元素的潜在来源、距离大陆的远近，以及沉积区的环境。

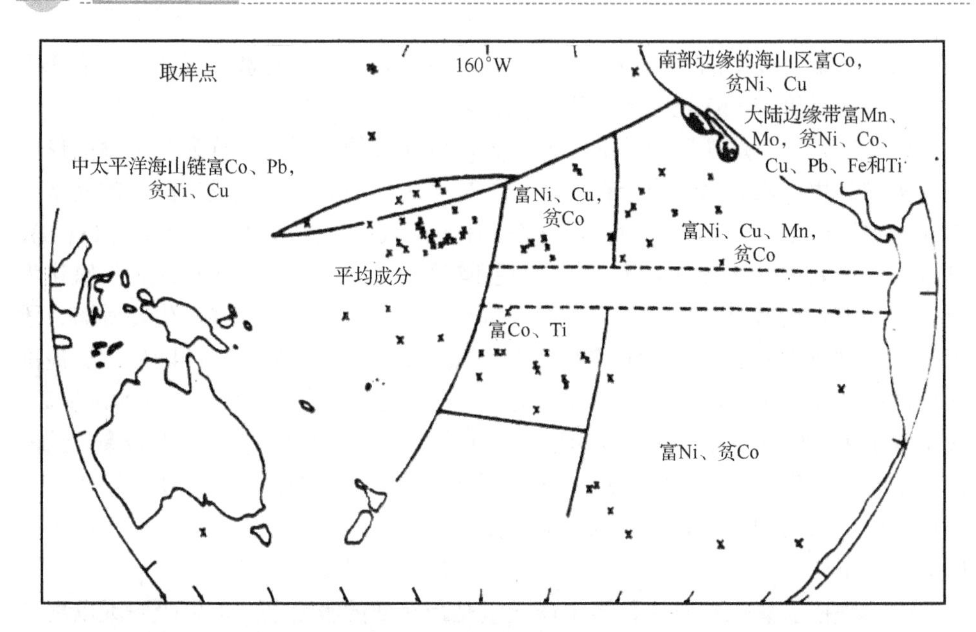

图 8.2 太平洋不同区域结核和皮壳的显著化学特征（Cronan，1975)

在具有高生产力的赤道带南北毗邻地区内，结核中 Mn/Fe 比值高，富含 Cu、Ni，沉积速率低（$<1mm/10^3a$）。而在高沉积速率的赤道带内，Mn/Fe 比值低，Ni、Cu 含量也低。

在南北太平洋中央地带，结核中 Mn/Fe 比值低，Ni、Cu 含量也低，一般认为，这是该地区浮游植物生产力较低的反映。

铁锰结核的化学成分也随水深变化而变化，如表 8.5 所示。Co 和 Pb 富集于水深 3～4km 及以下水域的铁锰结核中，Cu 和 Ni 则富集于更深水中，反映了生物来源的特征。浅水区峰值是由浮游生物所富集的微量元素，在生物软组织被微生物分解后，被释放出来造成的；而深水区的峰值则是由进入生物硬组织（$CaCO_3$ 骨骼）中的元素，由于 $CaCO_3$ 分解而释放出来的结果。

表 8.5 大洋中不同深度处铁锰结核中 Ni、Cu、Co、Pb 质量分数的变化（Cronan et al., 1969）

（单位：%）

元素	水深/m					
	0～1000	1000～2000	2000～3000	3000～4000	4000～5000	5000～6000
Ni	0.318	0.413	0.323	0.363	0.651	0.624
Cu	0.096	0.058	0.053	0.199	0.361	0.457
Co	1.823	0.805	0.641	0.306	0.220	0.255
Pb	0.382	0.122	0.101	0.033	0.035	0.032

3. 铁锰结核的生长速率

许多学者采用放射性同位素测定办法对铁锰结核的生长速率进行了研究，涉及 $^{230}Th/^{232}Th$、$^{230}Th/^{231}Pa$、$^{234}U/^{238}U$ 等办法，测得的生长速率一般在 2～8mm/10^6a。推古海山半径为 6cm 的结核中 ^{234}U、^{230}Th、^{231}Pa 在表层生长的速率为 10mm/10^6a，其内部生长速率不同，表明该结核在早期迅速生长之后，又继之以缓慢生长。

皮壳的生长速率也可用放射性同位素法测定。大西洋断裂带石灰岩上的皮壳的生长速率为 11mm/10^6a，大西洋中脊裂谷带内皮壳的生长速率为 100～200mm/10^6a。可能是裂谷带内热水溶液提供了大量锰的缘故。

利用铁锰结核外壳中含有的各种微体化石，进行测年的方法称为生物地层法。这时，只要能准确地鉴别所含化石的生物地层带，就能直接确定各层的地质年代。但此法在确定结核生成时代上的准确性主要取决于生物地层学的发展水平和知识水平。另外，利用其中所含的微体化石进行不同地区结核的对比，也是实际可行的，还可以帮助恢复结核生成时的古海洋环境。

浅海结核的生长速率一般为 n～$n\times10^2$ mm/10^3a。

各种测定方法都表明铁锰结核的生长速率比其周围沉积物的沉积速率要慢得多，相差千倍以上。结核没有被沉积物所掩埋的原因：一是受海底流的影响，二是受底栖生物的影响。比如海底蠕虫在其生命活动中，设每年推动结核上举 3μm，则在 10^6a 内可使结核上举 3m 多，从而使在这一周期生长的结核完全免受埋没。

4. 铁锰结核的成因

关于铁锰结核的成因尚无详尽的理论成果。这里主要介绍两方面情况。

1）关于铁锰的来源

Fe、Mn 属于难溶或典型的近程搬运元素，在河口、海岸带大部分 Fe、Mn 加入沉积物离开海水。如果 Fe、Mn 主要源于大陆，那么它们是如何到达远洋的？对此部分学者提出跳跃式阶段搬运说，认为 Fe、Mn 在大陆边缘沉淀后，随着沉积物加厚和有机质腐解，可在表层之下出现缺氧还原环境，这时 Fe、Mn 被还原成低价态，即被活化，并通过间隙水向上扩散，而重新进入海水，随之被搬运向远洋方向，其间受氧化可再次沉淀下来，而被埋藏后又可再度被活化和被搬运。如此不断地经过氧化沉淀—还原活化—再氧化沉淀—再还原活化，而跳跃式或阶段式被逐步搬运到远洋，最终成为结核的 Fe、Mn 来源。

由于 Fe 氧化所需求的电势比 Mn 要低，因此在氧化条件下，Fe 比 Mn 易氧化、易沉淀；而高价锰还原不需要像还原高价铁那样低的电势，因此在还原条件下，Mn 又比 Fe 易活化、易搬运。

另外，通过海底基岩蚀变、海底热液活动、海底火山作用等的 Fe、Mn 海底来源，对于铁锰结核的形成具有重要意义。它的表现是：在快扩张海底（如太平洋）的铁锰结核分布远多于慢扩张海底（如大西洋）；在快扩张海底中，又以活动洋脊邻近海区的铁锰结核分布最多。因为这些地区的火山和热液活动剧烈，海底的 Fe、Mn 含量多，有利于铁锰结核形成。

其他微量元素的来源也有外源和内源两种。尽管它们在海水中的浓度很低，但很易被铁锰氢氧化物从海水中吸附加入铁锰结核。

2）铁锰结核的形成机制

一种机制认为铁锰结核是由 MnO_2 的胶体沉积作用形成的，这种沉积作用进行得非常缓慢。这是许多地球化学家的传统见解。

另一种机制是与底栖生物活动有关的。底栖生物附于某种基础（核）之上，迅速地形成多孔质的骨架层，同时利用各种微化石和微结核作为壳层的材料，并分泌 Fe 质将其胶结。由于各类生物在其中形成了生物群落，因而菌类和拟菌类等微生物，便也可能出现于该群落之中，于是骨架之间的空隙便渐渐地被无机物或由 Mn 氧化细菌形成的 Mn-Fe 氧化物沉淀所充填。在海洋上层生产力较高时，大量生物遗体便以碎屑形式沉积于海底，作为食物被底栖生物群落所利用，由生物遗体富集的金属元素，也随同生物碎屑一起被输送到海底。有学者认为，Mn 氧化细菌活动于有机质和氧含量少的环境中，而 Mn 还原细菌则活动于富含有机质和氧的环境中，因而生物碎屑的供给量可能是既促进又抑制了 MnO_2 的沉淀。事实上，包括结核构造层在内，各层生物骨架的大小和自生矿物的含量都存在着很大差异。这种差异反映出它们是在不同的时代和不同的环境中形成的。

Burns（1971）发现，在同放射虫一起产出的铁锰结核表面上，覆盖着硅质微体化石，沉淀着 δ-MnO_2 和非晶质 Mn、Fe 氧化物。结核内部的硅质微体化石已被溶解，其外膜被自形的钙十字沸石充填。这种钙十字沸石富含 K，表面一般由 Mn、Fe 氧化物覆盖着，在这种 Fe、Mn 氧化物薄膜上，发育着呈网格状分布的富含 Cu、Ni 和 Zn 的钡镁锰矿石微晶。有时这种微晶充填了硅质微体化石的外膜。

基于上述现象，海水中的重金属经浮游生物富集起来，并随这些生物的遗体一起迁移到海底，这种生物遗体和其他碎屑物质，非晶质 Mn、Fe 氧化物及 δ-MnO_2 等缓慢地沉淀于结核表面上，并逐渐被包裹到铁锰结核中。在结核内部，SiO_2 被溶解，黏土矿物和海水中的碱金属反应生成钙十字沸石（海底沉积物中钙十字沸石的生长速率约为 0.3 mm/10^6a，与锰结核的钙十字沸石的生长速率一致）。这时，生物遗体中的有机物质被 δ-MnO_2 和 δ′-FeOOH 氧化，释放出富集的金属。被释放出来的 Fe^{2+} 被氧化，形成 δ′-FeOOH 而覆盖于钙十字沸石的晶体上，这种钙十字沸石就成为钡镁锰矿物的生长场所。钡镁锰矿在有 Ni、Cu 等重金属存在的情况下，由 δ-MnO_2 重结晶而成。这就解释了赤道太平洋富 Cu、Ni 的铁锰结核的形成过程。

8.2　自生矿物的环境指示意义

海洋自生矿物种类繁多，重要的有：硅酸盐类的高岭石、蒙脱石、伊利石、鳞绿泥石、鲕绿泥石、山软木、海泡石及沸石族矿物；氧化物类的铁锰氧化物、蛋白石、石英；盐类的磷酸盐、重晶石、石膏、方解石、文石、白云石、菱铁矿、菱锰矿；硫化物类的黄铁矿、白铁矿等。

每种自生矿物的生成条件都是非常复杂多样的，但总的趋势还是有规律的。例如由强氧化环境到强还原环境，将依次出现：褐铁矿、赤铁矿、海绿石、磷绿泥石、鲕绿泥石、菱铁矿、白铁矿和黄铁矿。温暖浅水条件利于生成鲕绿泥石（被称为温水矿物），而寒冷较深水条件则有利于形成海绿石（被称为凉水矿物）。高岭石主要形成于温暖潮湿的大陆环境，而蒙脱石和伊利石易发育于碱性的海洋环境。温暖浅水也是磷块岩的有利生成条件，特别是临近上升流的地区。

碳酸盐种类与环境条件的关系表现为：在中性、偏碱性条件下，利于生成菱铁矿、白云石、菱锰矿；在碱性环境下，利于生成方解石；热带浅海区最有利于生成礁灰岩。

硫化铁在酸性和强还原性条件下生成白铁矿，在中性、碱性和强还原性条件下生成黄铁矿。

此外，如前所述，生成于深海区的铁锰结核总是比生成于浅海区的铁锰结核含有更多的 Cu、Co、Ni、Zn 等金属元素。

总之，自生矿物可为沉积环境的判断提供一定的依据。

思考题

1. 什么是自生物质？自生矿物分为哪几类？
2. 简述铁锰结核的矿物组成。
3. 铁锰结核有哪些化学成分？元素共生规律如何？铁锰结核化学组成和元素共生规律之间有什么制约因素？
4. 简述铁锰结核的区域性特征。
5. 如何理解自生矿物的环境指示意义？

第 9 章

海底火山、热液活动及成矿作用地球化学

近年来，通过大洋调查，深海钻探，地球物理和地球化学研究，高温高压实验对产自大洋中脊、大洋岛屿、岛弧、弧后盆地以及大陆边缘从早太古代到近代火山岩的研究，在地球深部地质方面、地幔地球化学方面取得了很多成果。这对于阐明地球、地幔和地壳的地球化学演变、物质分异、矿床形成和海洋地球化学平衡都具有重要的理论和实际意义。本章主要介绍海底火山作用、热液活动及海底成矿等地球化学问题。

9.1　地壳与岩石圈

地球的外部表层称为地壳，其中在大陆部分的称为陆壳；在海洋部分的称为洋壳。

陆壳又可分为上陆壳和下陆壳，总厚约为 40km，在造山带可达 65km。上陆壳由沉积岩、岩浆岩和变质岩组成，下陆壳由变粒岩、角闪岩和榴辉岩组成。已测定出的最老陆壳约为 38 亿年，如加拿大地盾。更老的陆壳可能由于那时频繁的陨石轰击已受到破坏。

洋壳厚度一般为 6～7km，不超过 10km。洋壳分为三层：上层为沉积物，厚为 0.3～0.5km；中层为枕状玄武岩，平均厚约 1.4km；下层为玄武岩墙、岩床、辉长岩，均厚 5km。DSDP 在哥斯达黎加断裂带的 504B 孔，进尺 1.7km，穿越了上层、下层细碧岩化玄武岩（0.6km），并进入下层的细碧岩化玄武岩墙、变基性岩、蛇纹石化超镁铁岩和辉长岩（1.1km）。洋壳的最老年龄不超过侏罗纪（1.8 亿年）。

陆壳与洋壳在厚度、岩性、化学及矿物学组成上都有明显差别。比如，上陆壳以富含高度不相容元素 Cs、U、Th、Bi、Tl、Pb、Rb、Li、Nb、La、Ce、K 等为特征；下陆壳偏于铁镁质和富含过渡元素 V、Co、Cu、Ni、Cr、Sc、Ag 等；洋壳较下陆壳更偏于铁镁质。陆壳与洋壳的岩石组成如图 9.1 所示，图中还提供

了其他有关数据资料。上陆壳与下陆壳的丰度对比如图 9.2 所示。

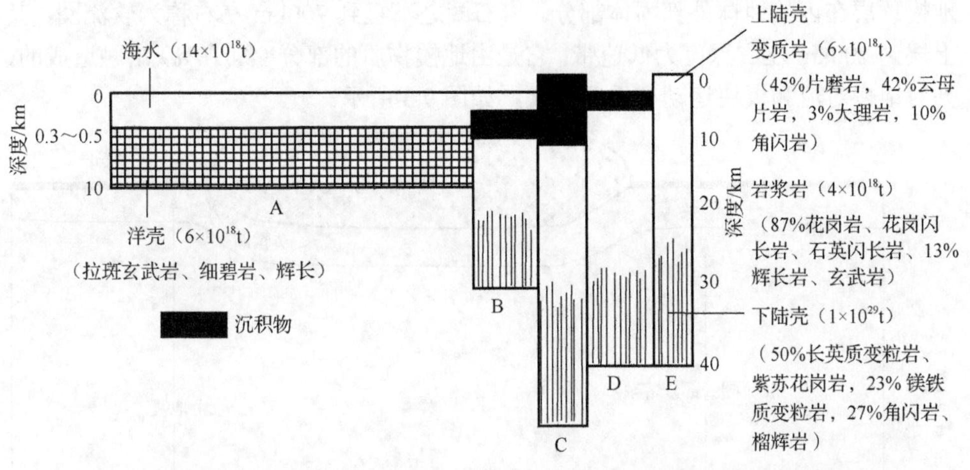

构造类型	面积/（10^6km^2）	沉积物质量/t	沉积类型
A. 深海	296(58%)	3×10^{17}	80%黏土、粉砂质软泥
B. 大陆架、大陆坡	65(12.7%)	5×10^{17}	20%碳酸盐软泥
C. 年轻造山带	53(10.4%)		52%页岩、粉砂岩
D. 陆台	67(13.2%)	13×10^{18}	25%杂砂岩、砂岩
E. 地盾	29(5.7%)		22%碳酸盐岩石

图 9.1　陆壳与洋壳的岩石组成（Wedepohl，1985）

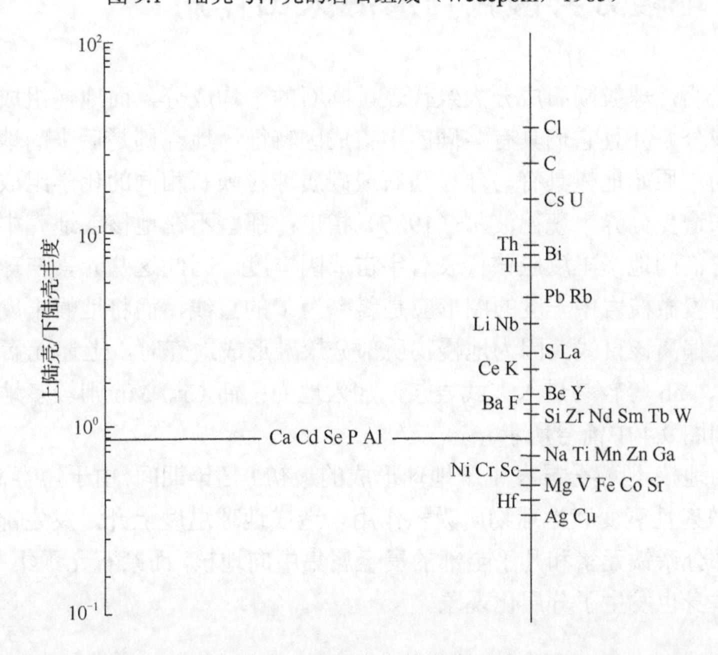

图 9.2　46 种元素在上陆壳、下陆壳中的丰度对比（Wedepohl，1985）

地壳与上地幔之间的地球物理不连续面称为莫霍面。岩石圈是包括地壳和上地幔顶层在内的地球外部固体部分。岩石圈之下直到700km左右称为软流圈，其上层到200km左右深度为低速带，它是由地幔物质的部分（约10%）熔融造成的，并对地幔对流和板块运动有重要意义，如图9.3所示。

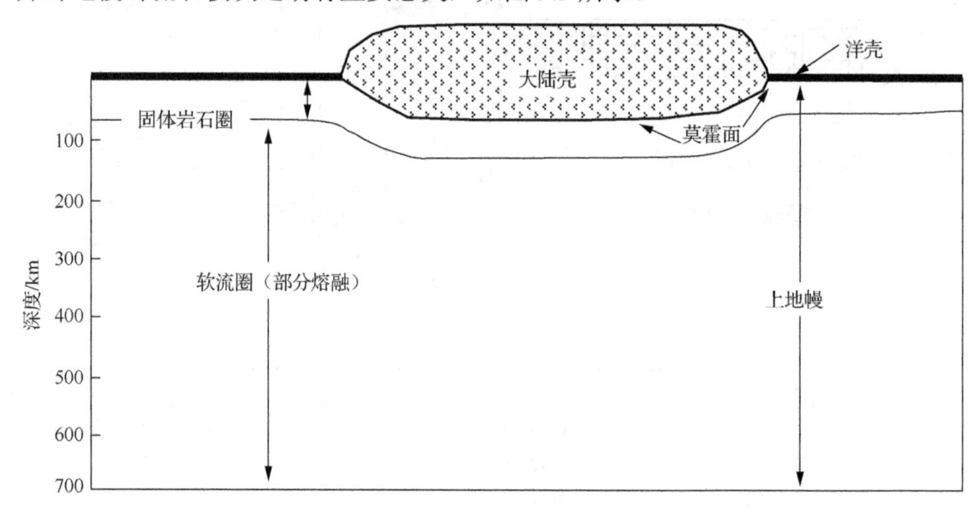

图9.3 岩石圈、软流圈和陆壳、洋壳之间的相互关系示意图

9.2 地幔分异演化与海底火山作用

研究表明，球粒陨石成分大致代表了陨石的平均成分，而地幔组成代表了地球的平均成分，并且它们具有共同的宇宙成因特征；地壳则是后来的地幔分异过程中产生的。原始地幔具有与球粒陨石或碳质球粒陨石相同的化学组成，该现象称为地幔未遭受分异。魏德波尔（1985）指出：那些不在地核或地壳中倾向富集的元素，它们的地幔丰度应该代表着宇宙成因丰度。因此这些元素在球粒陨石中丰度对在地幔橄榄岩中丰度的图形应是斜率为1的直线，而将地幔丰度换为地壳丰度时，会偏离该直线。因为地幔物质部分熔融形成地壳时，上述元素中的Ca、Al、Li、Y、Yb等较易进入玄武岩浆，加入地壳；而Cr、Mn则较多地为地幔矿物相容，如图9.4中箭号所示。

地球的地核-地幔分异发生于地球形成的最初1亿年期间，由于短寿命同位素，如^{26}Al的放射性衰变和地球物质吸积作用，造成地球温度上升，发生部分熔融，结果使大部分亲铁元素和几乎全部的贵金属集中向地核，而亲石元素集中向地幔，同时地幔本身也发生了分层化现象。

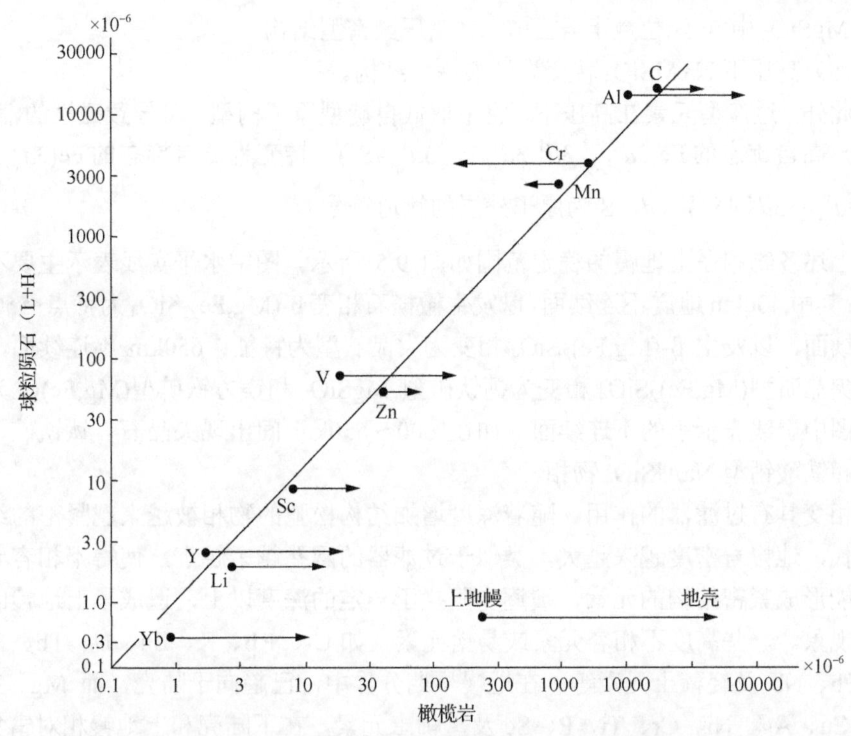

图 9.4　某些元素在球粒陨石和地幔橄榄岩（及地壳）中含量的关系图解（Wedepohl，1985）

L.低铁陨石，占陨石的大约 40%；H.普通球粒陨石，占陨石的大约 46%

9.2.1　上地幔的相转变

由地表往下面，随着深度及压力增大，物质越倾向于转变为紧密结构，这个过程称为相转变。上地幔发生的相转变类型主要有以下六方面。

（1）顽火辉石 $MgSiO_3$ 转变为橄榄石 Mg_2SiO_4 和斯石英 SiO_2。

斯石英具有金红石结构，是 SiO_2 的最紧密结构相（密度 4.28～4.35）。同样，岛状结构的橄榄石比链状结构的辉石更为紧密。

（2）Mg_2SiO_4 转变为 β-$(Mg,Fe)_2SiO_4$。

（3）β-$(Mg,Fe)_2SiO_4$ 转变为尖晶石型$(Mg,Fe)_2SiO_4$。该类型由橄榄石型的非均匀结构（指结构中存在配阴离子 SiO_4^{4-}）转变为尖晶石型的均匀结构（产物中 Mg 取代尖晶石中 Al，配位数保持为 6；产物中的 Si 取代尖晶石中 Mg，配位数仍为 4），空间利用率得到了提高。

（4）尖晶石型$(Mg,Fe)_2SiO_4$ 转变为钙钛矿（$CaTiO_3$）型$(Mg,Fe)SiO_3$ 和镁方铁矿型$(Mg,Fe)O$。在钙钛矿 $CaTiO_3$ 结构中，Mg 和 Si 分别取代 $CaTiO_3$ 中 Ca 和 Ti，配位数分别为 12 和 6，高于通常情况下 Mg 配位数，同时形成结构紧密的$(Mg,Fe)O$。

（5）尖晶石型 Mg_2SiO_4 与 SiO_2 转变为钛铁矿（$FeTiO_3$）型 $MgSiO_3$。在钛铁

矿型 $MgSiO_3$ 中 Si 配位数上升至 6，属高压紧密型结构。

（6）高压下 $NaAlSiO_4$ 转变为铁酸钙型结构。

此外，过渡型元素在高压下，将采取低自旋型原子构型，可导致磁性的消失。例如，高自旋态的 $Fe(3d_{x^2-y^2}^2 3d_{xy}^1 3d_{xz}^1 3d_{yz}^1 3d_{z^2}^1 4S^2)$ 转变为低自旋态的 $Fe(3d_{xy}^2 3d_{xz}^2 3d_{yz}^2 3d_{x^2-y^2}^0 3d_{z^2}^0 4S^2)$（*d*、S 为原子外层的轨道符号）。

上述各物相在上地幔的稳定范围如图 9.5 所示。图中水平实线表示主要不连续面：其中 400km 地震不连续面，以发生橄榄石相变 β-$(Mg,Fe)_2SiO_4$ 为特点；550km 不连续面，以发生 β-$(Mg,Fe)_2SiO_4$ 相变为尖晶石型为特征；650km 不连续面，以发生尖晶石型$(Mg,Fe)_2SiO_4$ 相变为钙钛矿型 $MgSiO_3$ 和镁方铁矿型(Mg,Fe)O 为特征。图中虚线表示小的不连续面，如在 600～650km 间出现尖晶石、钛铁矿、钙钛矿和铁酸钙型 $NaAlSiO_4$ 物相。

相变具有过滤器的作用。随着深度增加结构松弛的物相被越来越紧密的结构所替代，地幔岩密度越来越大，类似于过滤器的网孔越来越小，使得不相容元素和不能形成紧密结构的元素，被逐步阻拦于一定的深度以上，造成了上地幔的分层化现象。一些高度不相容元素或易熔元素，如 Cs、Rb、K、Ba、U、Th、Bi、Tl、Pb、Nb 及轻稀土元素等，在地幔早期分异中，已趋向于陆壳，而 Mg、V、Co、Cu、Ag、Ni、Cr、Ti、P、Sc 及重稀土元素，在下陆壳和上地幔相对富集，并随着地幔物质运动和相变进一步被分异。

9.2.2 上地幔的化学演化

上地幔具有不均匀性，即存在化学和矿物学分层。对此，Rinywood（1982）提出多种模型和假说。

Rinywood（1982）认为，地幔的化学分层现象是自组分均一的上地幔中不断分出岩浆物质和地幔对流造成的。在大洋中脊，因地幔分异形成的层状岩石圈向地幔的俯冲，对物质分异、岩浆源形成、地幔对流、火山作用以及产自不同构造环境玄武岩和各类型火山岩的矿物学、地球化学特征都有重要影响，从而较详细地说明了上地幔化学过程。

（1）在俯冲带，即板块边界，大洋岩石圈向下俯冲的驱动力与整个板块构造运动（地幔对流）有关。冷的岩石圈俯冲于热的上地幔，其密度大于周围地幔岩，也是向下俯冲力的重要促进因素。这种俯冲过程会导致如下的重要现象：俯冲板块（大洋岩石圈）有最上部的玄武岩壳，还有其下部脆性的方辉橄榄岩层和再下部柔性的亏损性（指 Rb、K、Ba、U 及轻稀土元素等高度不相容元素的亏损）上幔岩层，其在地表总厚度为 80～100km，当其俯冲至 600km 深度时，减至为约 40km。俯冲力集中于玄武岩壳和方辉橄榄岩层，如图 9.6 所示。

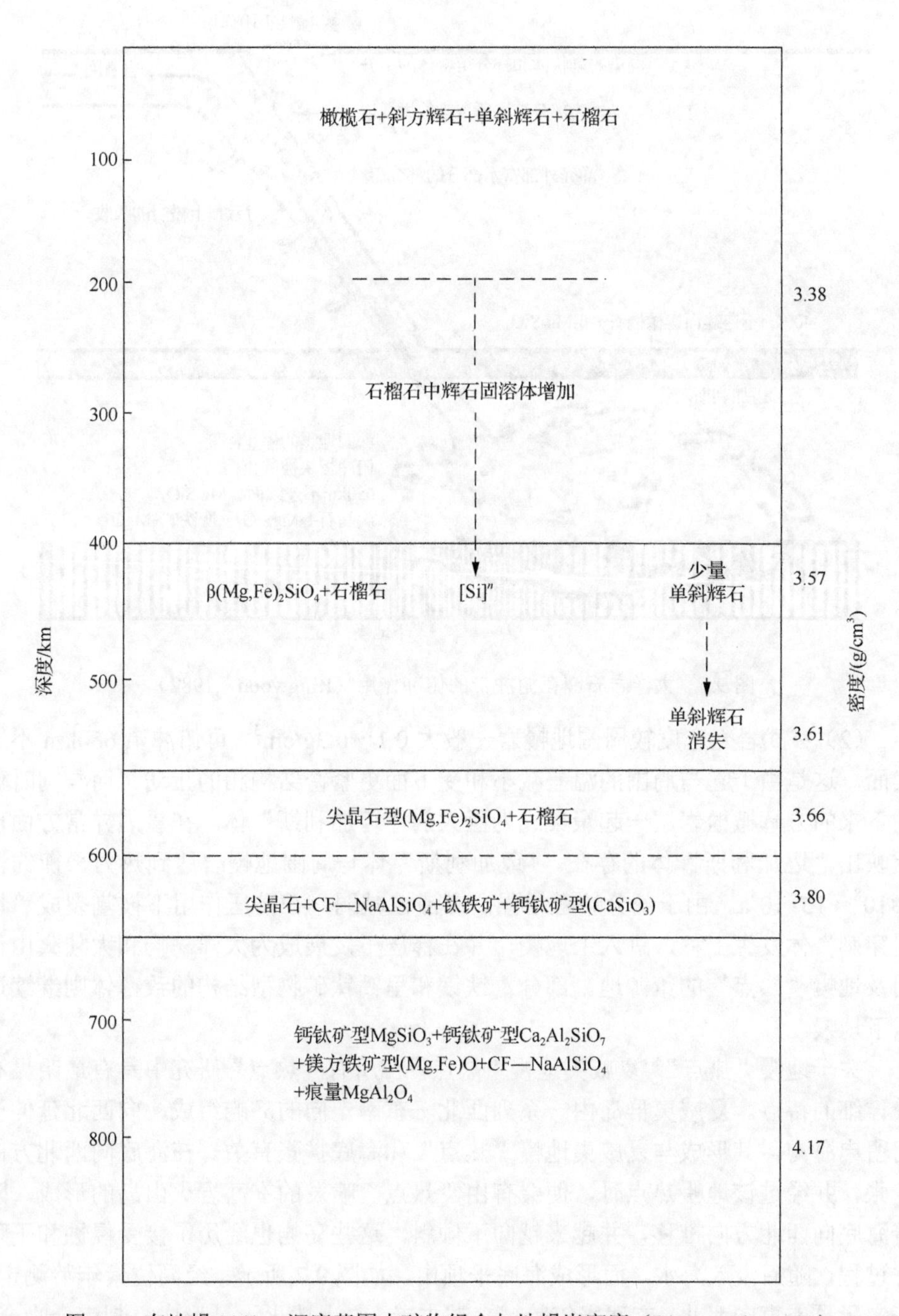

图9.5　在地幔900km深度范围内矿物组合与地幔岩密度（Rinywood，1982）

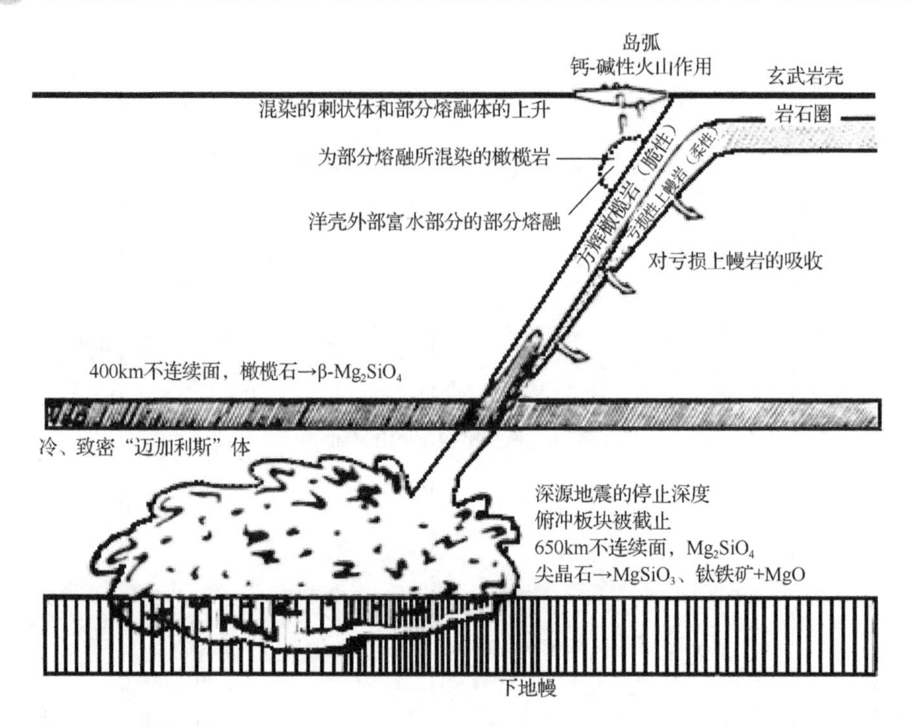

图 9.6　大洋岩石圈在俯冲带的俯冲作用（Ringwood，1982）

（2）玄武岩壳密度较周围地幔岩一般大 0.1～0.3g/cm^3，可俯冲至 650km 不连续面。这是由于它与周围的温差减小和受下面更紧密结构相的止动，而与同时俯冲下来的方辉橄榄岩层一起聚集成为巨大的“迈加利斯”体。在重力异常方面可反映出“迈加利斯”体的存在。“迈加利斯”体与周围地幔岩达到热力平衡约需 5×10^8～15×10^8a。由于部分熔融增强，黏滞性减弱，在挤压作用下被割裂成“地幔穿刺”体发生上移，进入上地幔，并在释压下发展成为大洋岛屿和大陆火山作用及地幔“热点”的策源地。部分富铁镁和呈钙钛矿物型结构的致密体则继续进入下地幔。

关于地幔“热点”，夏威夷地幔“热点”在所有“热点”研究中具有最明显和最详细的特点。夏威夷群岛由一系列西北—东南走向的岛屿组成，向西北延伸至阿留申海沟，其形成与夏威夷地幔“热点”和海底扩张有关。在海底向西北方向扩张，并经过该地幔热点时，便会有由“热点”喷发的玄武岩火山岛的形成。随着海底向西北方向推移，并越来越向下倾斜，这些岛屿也经历了接受侵蚀和平顶化过程，随后没入海水，而形成海底平顶山，如图 9.7 所示。经同位素年龄测定，证实了夏威夷向西北，玄武岩年龄越来越古老，与上述火山岛形成机制完全吻合，如图 9.8 所示。地幔热点已在世界大洋的其他许多地方被发现。

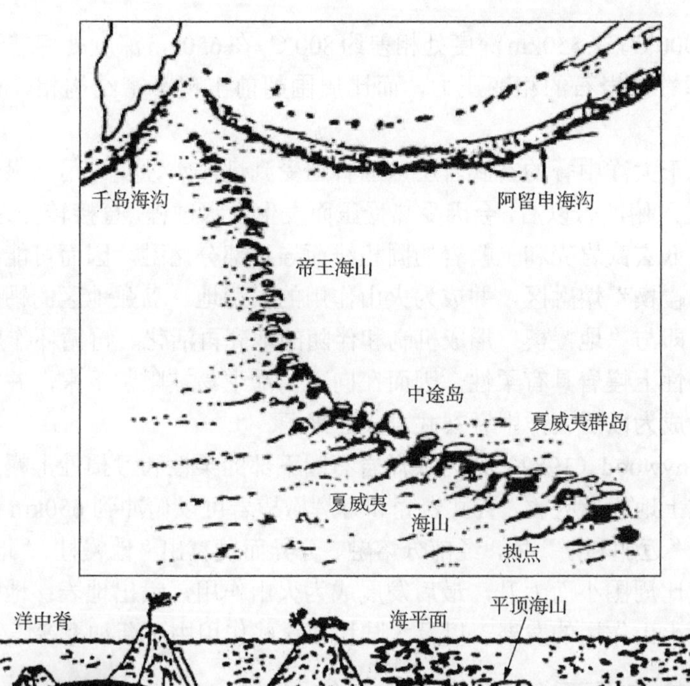

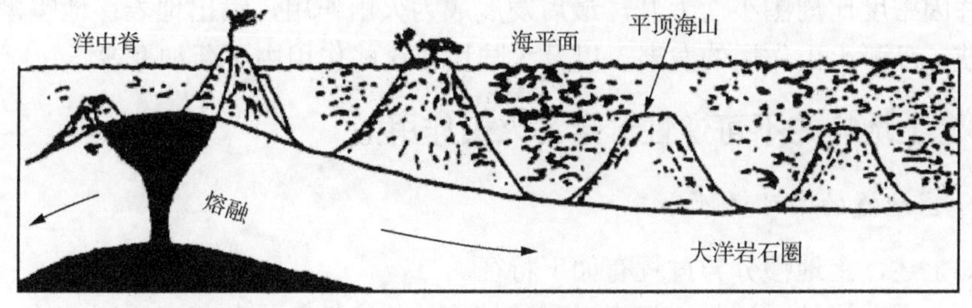

图9.7 夏威夷群岛

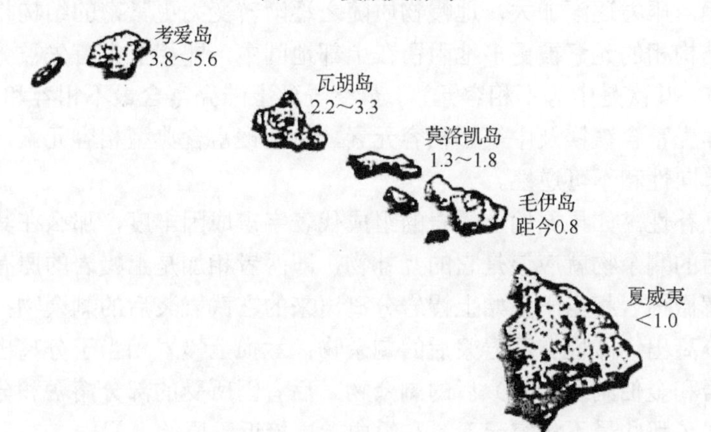

图9.8 夏威夷群岛年龄测定（单位：Ma）

（3）向下俯冲的方辉橄榄岩也由于温度低于周围地幔岩而具有较大密度，并且较低温度可降低相转变所需压力。据估算，在400km深度处，俯冲板块与周围温度相差约1000℃，在550km深度处相差约800℃，在650km深度处相差约400℃，这会降低方辉橄榄岩石的相变压力，而比周围超前出现紧密结构相，有利于向下俯冲。

（4）形成于大洋中脊的玄武岩层，因普遍受到过热水蚀变作用（水化和碳酸盐化），因而进入俯冲带以后，会因受热受压而发生脱水过程，直接转变为榴辉岩。水的存在可降低玄武岩壳和上幔岩的固相线而导致部分熔融，因而可能在俯冲带之上形成“地幔楔”熔融区，并成为火山作用的发源地。岛弧地区的钙碱性玄武岩火山作用，即与“地幔楔”形成机制和伴随的地壳再活化、再循环作用有关。

（5）亏损性上幔岩具有柔性，因而在向下俯冲中易被阻留下来，并很快被上地幔所吸收，成为以后大洋中脊玄武岩浆的来源。

总之，Rinywood（1982）认为大洋岩石圈下部的柔性和亏损性上幔岩在向下俯冲中很快被上地幔所吸收，玄武岩壳和方辉橄榄岩可以俯冲到650km的不连续面，积集成为“迈加利斯”体，经部分熔融、分异而发育出“地幔柱”“地幔穿刺”体，并因密度比周围小而上升，最后发展成为火山作用，喷出地表；地幔楔熔融区促使了岛弧火山作用的发展，以及大陆块在这些作用中不断加厚等。

9.2.3 上地幔的不可逆性分异和火山作用

1. 上地幔的不可逆性分异

如上述，上地幔分异过程有如下特征。

（1）不可逆性。这是由元素对晶体结构的相容性差异和相变所决定的。由地壳到上地幔，压力逐渐加大，地幔物质随之逐渐转变为更紧密的结构相，使得不适合紧密结构相的元素被更多地阻留在上部地圈中，即相变中首先被分出的是最不相容元素，其次是中等不相容元素，最终导致上陆壳富含最不相容和易熔元素，下陆壳及洋壳富含铁镁及中等不相容元素，上地幔富含典型相容元素。这种分异作用具有单向性和不可逆性。

（2）互补性。如果原始上幔岩的组成代表宇宙成因丰度，那么在其分离出玄武岩浆之后的剩余物就应该是它的互补物，即两者相加是上幔岩的原有组成。据研究：方辉橄榄岩相当于原始上幔岩分离出来的玄武岩浆后的剩余物；方辉橄榄岩相当于分离出钙碱性玄武岩浆后的剩余物；亏损上幔岩相当于分离出碱性玄武岩浆（霞岩和金伯利岩岩浆）后的剩余物。后者因所受的部分熔融和分异作用最弱，只亏损了那些最不相容元素，在组成上更接近于原始上幔岩。

地壳是上地幔分异作用的产物，并且是在650km深度以内的地幔中分异出来的。因此，设想把整个地壳物质回归650km深度以内的上地幔，则将得到原始上地幔所应具有的宇宙丰度水平。

（3）地壳形成的多阶段性。地壳并非上地幔一次性分异造成的。

洋壳形成于海底扩张中心。在大洋中脊扩张中心，亏损性上幔岩在部分熔融和释压下，上升而形成大洋岩石圈。它从上到下，由大洋中脊玄武岩壳、方辉橄榄岩和柔性亏损性上幔岩组成，总厚度为 80～100km。在扩张中心形成的岩石圈向两翼扩张，在板块接触带向下俯冲进入上地幔，开始下阶段的复杂演化过程。

新陆壳的形成是板块运动的最终产物。板块构造运动本质是一种热对流运动。在 40 多亿年前，放射性热源十分强烈，是板块形成和造成板块俯冲运动的动力源泉。大部分甚至全部陆壳是板块构造所导致的分异过程的“附产品”。

有学者认为，陆壳的增长可能是阶段性进行的。阶段性增长可能与下地幔和大洋岩石圈俯冲至 650km 深度形成的“迈加利斯”体之间的相互对流作用有关。

2. *海底火山作用*

火山作用是由地幔对流和板块运动造成的。根据构造部位不同，岩浆源形成过程、形成的岩浆岩类型及其矿物学、地球化学特征都有所不同。

（1）大洋中脊玄武岩，即一般的拉班玄武岩，由部分熔融的对流上幔源所形成。如前述，柔性亏损性上幔岩向下俯冲受阻，为上地幔吸收，部分熔融中失去不相容元素。在它和一般上幔岩混合，发生更广泛的部分熔融时，形成了拉班玄武岩岩浆。地幔柱型和过渡型大洋中脊玄武岩一般产出于大洋岛屿附近。

（2）大洋岛屿玄武岩，其岩浆源来自于地幔柱和下地幔，因其化学组成接近于原始地幔成分，$^{206}Pb/^{204}Pb$ 约为 17.8，$^{87}Sr/^{86}Sr \geq 0.704$，$^{143}Nd/^{144}Nd$ 约为 0，$^{3}He/^{4}He$ 为大气中（1.4×10^{-6}）的 20～50 倍等。其代表为夏威夷群岛、冰岛和亚速尔群岛的拉班玄武岩。大洋岛屿玄武岩还有其他来源，如近大陆边缘的由岩石圈再活化所形成的岩浆源（南大西洋鲸鱼洋脊玄武岩为例）、低速带顶部岩浆源（太平洋萨摩亚群岛碱性玄武岩为例）等。

（3）钙碱性火山岩，包括玄武岩、玄武安山岩、安山岩、英安岩和流纹岩，以玄武岩质为主，主要发生于岛弧和大陆边缘环境。如前述，洋壳俯冲中，首先转变为角闪岩和榴辉岩，部分熔融下形成富含不相容元素和水的酸性流体，后者上升到俯冲带上方的楔形区和上幔岩反应，导致了不相容元素和挥发成分的强烈富集。含水条件下进一步部分熔融和结晶分异而形成了钙碱性岩浆源。

（4）碱性岩套，包括碱性橄榄岩、碧玄岩、霞岩和金伯利岩。在大陆和大洋环境都可发生，但岩浆源深度一般比钙碱性火山岩深，与俯冲带关系不明显。

在火山作用、上地幔岩石学和地球化学研究中，放射性同位素和稳定同位素的应用具有重要意义。例如，^{3}He 是宇宙成因的，因此火山岩的 $^{3}He/^{4}He$ 比值越高，其岩浆源越接近于原始地球物质组成。

^{238}U 和 ^{87}Rb 属于高度不相容元素，具有在地幔早期分异中被分离出去，并向

地壳富集的明显趋势，因此二者在地壳中含量高于地幔，相应二者的子体 ^{206}Pb、^{87}Sr 在地壳中产率也高于地幔。所以凡由受到古老地壳再活化和再循环混染的地幔源所形成的玄武岩会具有较高的 $^{206}Pb/^{204}Pb$、$^{87}Sr/^{86}Sr$ 比值。相反，凡由受地壳混染的地幔源所形成的玄武岩，将具有较低的 $^{143}Nd/^{144}Nd$ 比值，而由成分接近原始地幔的岩浆源所形成的玄武岩，应具有较高的 $^{143}Nd/^{144}Nd$ 比值。例如，大洋中脊玄武岩具有最低比值的 $^{87}Sr/^{86}Sr$ 为 0.7027，$^{206}Pb/^{204}Pb$ 为 18.3，以及最高比值的 $^{143}Nd/^{144}Nd$ 为 12，反映岩浆源未受到大陆壳的混染，即代表了来源于亏损性对流上幔源的典型组成。

9.3 大洋基底的海水循环与热液活动

调查发现，往往是先有海水通过活动洋脊玄武岩的对流循环，而后有被加热并富集了重金属的热液活动。换言之，成矿热液并不总是来源于地球内部的原始溶液。地幔也是参与了海洋物质平衡的重要储圈。它提供了洋壳玄武岩，也提供了 H_2O、CO_2、HCl 等挥发物，而海水与玄武岩的相互作用是制约海水化学组成和热液成矿活动的重要因素，特别在活动洋脊区更是如此。

9.3.1 大洋基底海水循环与热液活动的地球物理证据

通过地球物理测量可对大洋基底中的海水循环做出判断和定量估计。

1. 海底热流测量

根据板块学说，在活动洋脊生成洋壳，然后向二翼扩张，过程中洋壳温度逐渐下降，趋于定值。但实际测量的热流曲线与理论曲线并不符合，如图 9.9 所示。两曲线之间的面积所代表的热值只能认为是被海水对流带走的（忽略化学反应热），经验计算值为 1.67×10^{20}J/a。

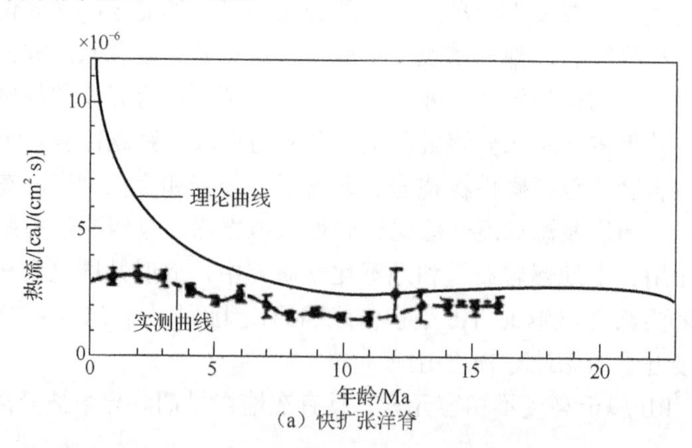

（a）快扩张洋脊

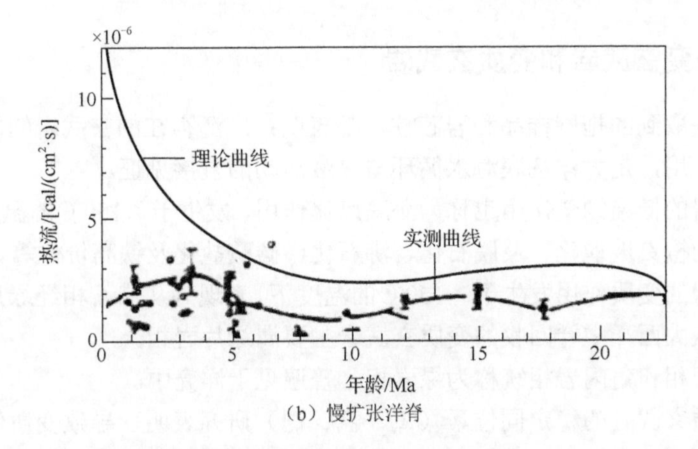

（b）慢扩张洋脊

图 9.9　作为洋壳年龄函数的理论和实测热流曲线比较（Wolery et al.，1976）

图中表示出测量值的标准误差范围[1cal/(cm^2·s)=4.1868J/(cm^2·s)]

海水对流循环是一种大规模的自然现象，它不仅在扩张中心很活跃，还可延及洋脊翼部以至大洋盆地。根据“深海钻探计划”资料及冰岛（大西洋洋脊出露海面部分）微地震震源群的分布，海水深入大洋基底的深度推测可达 5km，因为在此深度上仍有橄榄石的蛇纹石化现象。大约 60%以上的洋壳（取洋壳总厚度为 7 km）会受到海水的蚀变作用。

2. 磁性测量

实际测量玄武岩洋壳的磁化率和剩磁都表现出扩张轴部的数值大于翼部，并随着离开扩张轴部距离的增大而减小。例如磁化率扩张轴部为 $6\times4\pi\times10^4$～$30\times4\pi\times10^4$，翼部为 0.4×10^4～0.6×10^4；剩磁扩张轴部为 $36\times4\pi\times10^7$～$113\times4\pi\times10^7$A/m，翼部为 $0.02\times4\pi\times10^7$～$0.11\times4\pi\times10^7$A/m。原因是新生玄武岩在循环海水作用下，发生低温蚀变和高温反应时，使原生磁性矿物（钛、铁矿物）遭到了破坏，降低了玄武岩的磁化率和剩磁。离扩张轴越远，受蚀变时间越长，上述数值越小。大西洋洋脊、红海阿特兰蒂斯 II 海渊、冰岛的雷克雅内斯热液区都表现出上述规律性。

但橄榄石在蛇纹石化过程中可形成磁铁矿，能增高蚀变岩石的磁化率和剩磁，不过玄武岩中橄榄石含量并不多。

3. 压缩波速测量

大洋基底的压缩波速也呈现离洋脊越远，压缩波速越低的规律。这同样因为玄武岩的水化和低温蚀变，导致了岩石密度的减小和压缩波速的降低，离洋脊越远，遭受水化及低温蚀变时间越长，从而压缩波速也越低。

海水对流循环需要的条件是存在可渗透介质和温度梯度，这两个条件扩张洋脊都具备。

9.3.2 蚀变玄武岩和变质玄武岩

从海底取到的拖网样品和岩芯柱样都表明：广泛存在的玄武岩的低温蚀变和高温变质作用，是大洋基底海水循环与热液活动的直接见证。

玄武岩的低温蚀变作用也称为海底风化作用，发生于<150℃的温度下，表现为玄武岩的橙玄玻璃化、蒙脱石化、沸石化、碳酸盐化及铁高价化等。

玄武岩的变质作用发生于>150℃的温度下，表现为从沸石相经绿片岩相到角闪岩相。从大西洋中脊回收的变质玄武岩主要属绿片岩相。

绿片岩相和角闪岩相统称为绿岩相，普遍见于洋壳中。

对变质玄武岩的稳定同位素（氧、氢、锶）研究表明，导致变质作用的溶剂就是被加热的海水。在热的海水作用下，发生了玄武岩的蚀变、变质和金属硫化物的沉积等。

被加热海水与大洋基底的反应是影响海水的化学组成、蚀变岩石化学和矿石成分的重要因素。实验证明，在海水温度<150℃、水∶岩=10∶1 条件下，反应导致 Ca、Si 自岩石的放出和岩石自海水摄取 Mg、K、Na 与实际相符。在 150～350℃条件下，生成透闪石、阳起石、黄铜矿、黄铁矿，溶液中含较高浓度的还原性 S、Fe、Mn、Ni、Zn 和 Cu。在高的水/岩比值下（相当于岩枕外部）、300～400℃和在低的水/岩比值下（相当于岩枕内部）、400～500℃下进行反应，都可自岩石淋滤出许多重金属元素。

9.4 海底热液成矿作用与海底热泉

9.4.1 海底热液成矿作用

研究者对发生于海底扩张中心或洋脊轴部的热液成矿作用的直接观测（借助潜水器和海底电视等手段）和研究，不仅得出大量文献，而且建立了新概念：成矿热液的来源并非都是岩浆，而主要是被加热的海水，直接从蚀变和变质玄武岩淋滤，并携带出多种金属组分（如东太平洋海隆），或者又受到海底火山加热，形成成矿热卤水溶液（如红海）。这些被火山作用加热的热液或热卤，在向上运移过程中，因介质条件发生改变，既可在海底以下的玄武岩中沉淀为侵染状和网络状金属硫化物（如塞浦路斯），又可在海底之上沉淀为块状金属硫化物和富含多种金属的层状铁-锰沉积物（如东太平洋海隆）或重金属泥（如红海矿）。

因此，上述成矿过程既与海底火山作用相关，又具有沉积成因特征，一般被称为“火山-沉积矿床”。所以传统观念的“热液矿床”与沉积矿床之间并无严格的界限。

根据矿床产出构造部位或成矿环境的不同，将这些矿床分为两大类：一类是形成于洋脊轴部或海底扩张中心，受大陆壳影响小，成分以 Fe、Mn、Cu、Zn 等为主，如红海、塞浦路斯和东太平洋海隆矿床；另一类是形成于俯冲带，受大陆壳影响大，成分较复杂，除 Cu、Zn 外，Pb 明显增多，如日本黑矿。前一类简称“塞浦路斯”型，后一类简称“黑矿”型，还存在着中间类型。大陆上的斑岩型铜-钼矿床，则是由大气水被火山作用加热后，在陆相环境下形成的矿床。

9.4.2　海底热泉

1. 加拉帕戈斯热泉

这是详细研究过的代表性热泉，位于东太平洋加拉帕戈斯洋脊裂谷区。1979 年考利斯等人采用“阿尔文”号潜水器，首次对该区热泉进行了直接观察：裂谷宽 3～4km，水深约 2450m，比周围低 200～250m，中间有一东西向、高出平均深度 20m 左右的脊轴，如图 9.10 所示，基底由席状和枕状玄武岩组成。该区海底扩张速率为 3.5cm/a。

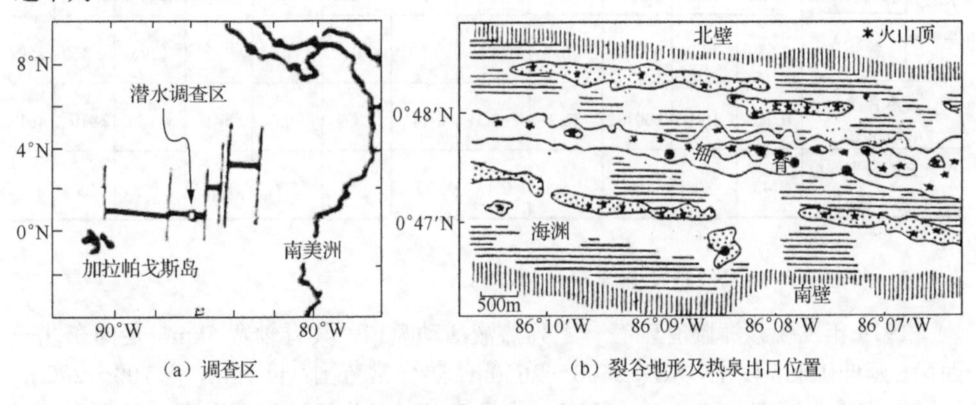

（a）调查区　　（b）裂谷地形及热泉出口位置

图 9.10　加拉帕戈斯裂谷及热泉出口（Corliss et al.，1979）

●表示热泉出口，并自西向东分别命名为蛤泉、蛤泉 II、须腕动物泉、牡蛎泉和蟹泉

已现场取样的四个热泉位于脊轴附近的枕状玄武岩区，热泉喷流速率为 2～10L/s，温度为 7～17℃，周围温度为 2℃。热泉分别发育了特征的底栖生物群，并以此将各热泉分别命名为蛤泉、须腕动物泉、蟹泉和牡蛎泉，各出口区形成了独立的生态系统。

Edmond 等（1979）研究认为，热泉溶液的 Si 含量与温度有较好的线性关系。这样，由温度 t℃，可求出 Si 摩尔浓度（μmol/L），并由此求出与 Si 存在相关性的其他组分浓度，如表 9.1 所示。表中 350℃为石英饱和水的临界温度，此时 Si 浓度作为端元热液的 Si 浓度，将 2℃周围海水中的 Si 浓度视为另一端元冷液的

Si 浓度。可见 Li、K、Rb、Ca、Ba、Si、Mn 浓度都随温度升高而增加，但斜率随出口不同而异。Mg、SO_4^{2-}、F^-含量则随温度升高而减少等。

表 9.1 加拉帕戈斯热泉溶液的化学组成（Edmond et al.,1979）

		Li	K	Rb	Mg	Ca	Ba	SO_4^{2-}	F^-	Cl	Si	Mn	Na
海水中浓度		28～59 μmol/L	10.08～10.37 mmol/L	1.32～1.88 μmol/L	51.1～52.7 mmol/L	10.31～11.0 mmol/L	0.15～1.1 mmol/L	27.39～28.55 mmol/L	0.072～0.074 mmol/L	34.41～34.74 mmol/L	0.165～0.775 mmol/L	1～33 μmol/L	—
由 Si 回归方程得出的梯度/(μmol/kcal)	蛤泉	3.2	25	0.0545	−154	86	0.122	−75	−165	156	61	3.8	76
	蟹泉	3.2	25	0.0569	−154	69	0.049	−75	−216	6	61	1.3	−32
	须腕动物泉	3.2	25	0.0459	−154	69	0.049	−75	−223	−419	61	1.6	−424
	牡蛎泉	1.9	25	0.0347	−154	41	0.049	−75	−223	−629	61	1.2	−580
外推至 350℃时溶解浓度/(mmol/L)	蛤泉	1.142	18.7	0.0203	0	40.2	42.6	0	0	595	1296	1.140	487
	蟹泉	1.142	18.8	0.02127	0	34.3	17.2	0	0	543	1296	0.390	451
	须腕动物泉	1.142	18.8	0.0173	0	34.3	17.2	0	0	395	1296	0.480	313
	牡蛎泉	0.689	18.8	0.0134	0	24.6	17.2	0	0	322	1296	0.360	259
海水含量/(mmol/L)		0.028	10.1	0.00132	52.7	10.3	0.145	28.6	70.8	541	0.160	2×10^{-6}	461
拉斑玄武岩平均组成/(mol/kg)		1.45	30	13	—	2.13	73	—	5.3	1.27	—	29	1.2

2. 东太平洋海隆 21°N 热泉

1979 年发现该海隆脊轴有一系列热液活动喷口，其脊轴宽 5km，走向东北—西南，延伸 10km 以上，水深 2600～2650m。热异常范围：长 7km，宽 100～200m，该区海底扩张速率为 6cm/a，基底由枕状熔岩（东北部）和熔岩席（西南部）组成，如图 9.11 所示。

由东北向西南分布有不活动喷口（即死喷口，以硫化物沉积为特征），经温泉、热泉到产生硫化物的喷口区。

外推至 350℃的热液组成与加拉帕戈斯类似。

可见，热泉喷口和温泉、热泉活动，实际为连续的统一过程。

此外，在“横穿大西洋地质测量”（trans-Atlantic geotraverse，TAG）期间，首先发现了位于 26°N 的大西洋中脊的热液活动体系，被称为 TAG 区。该区底水中存在热异常，并有过剩 ^3He 的注入，附近水柱中存在颗粒态 Fe 和 Mn，并有富含金属元素的沉积物和纯的钡镁锰矿沉积，加上变质玄武岩的存在，都表明过去曾属于热液活动区。

还有位于红海扩张中心的火山作用区的红海热卤。这里被火山作用加热的海

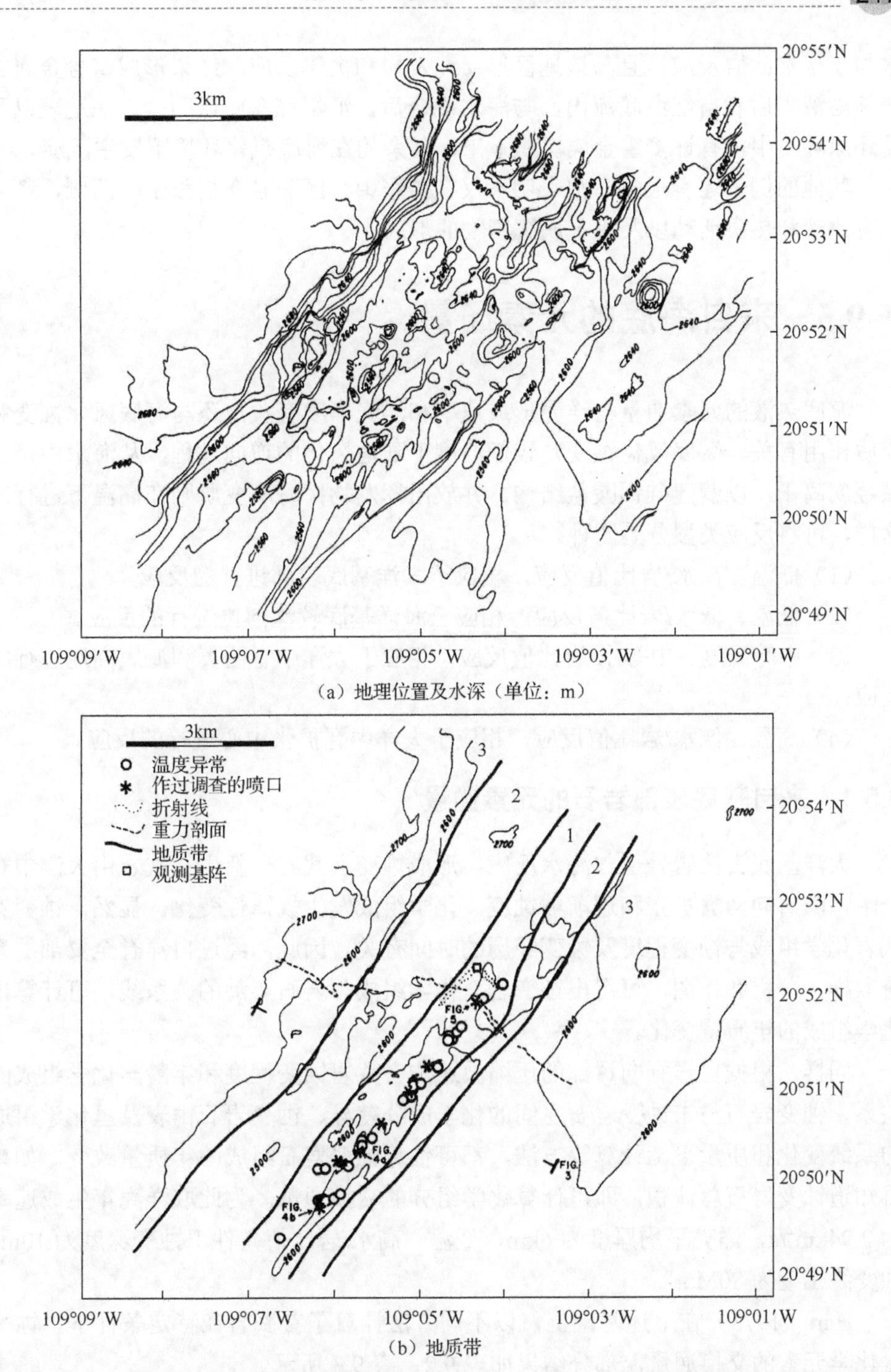

图 9.11 21°N 喷口区水深及地形图（Spiess et al.，1980）

1. 火山喷发带及所有活动喷口位置；2. 扩张带；3. 主要块状断裂带

水与下伏玄武岩反应，且与该地区厚层蒸发岩和页岩反应，结果形成富含金属的热卤溶液。后者自红海底流出，与海水混合后，汇集在海底低凹区。在地表以下的还原环境中，有许多重金属沉积下来，其余的在海底氧化环境下发生沉淀。

其他的例子还有很多，都表明不仅在扩张中心区而且在扩张中心两侧，都可以有热液和热泉活动以及重金属沉积物的形成。

9.5 来自海底的元素通量

海底热液的元素通量与洋壳形成速率和洋壳厚度有关，还与海底风化蚀变和变质作用有关。海底风化蚀变是较低温度下陆地风化的逆向过程，从海水中摄取碱金属离子，以营建硅铝酸盐结构，并放出挥发物；海底变质则在高温下进行。这样，可将反应类型分为四种。

（1）低温、高水/岩比值反应，相应于大洋基底表部进行的反应。

（2）低温、低水/岩比值反应，相应于海洋基底较深部位进行的反应。

（3）中等温度、中等水/岩比值反应，相应于大洋中脊两翼和海底高地进行的反应。

（4）高温、低水/岩比值反应，相应于大洋中脊扩张中心进行的反应。

9.5.1 来自基底表部岩石的元素通量

大洋基底玄武岩普遍与海水反应，形成蚀变玄武岩。新生玄武岩由大洋中脊产生，随着向两翼扩张和逐渐被蚀变，化学组成发生规律性变化。显然，蚀变玄武岩化学组成与蚀变程度及蚀变经历的时间有关。因此，经过自洋脊至翼部的系统取样、分析和作图，可得出蚀变岩石化学组成与岩石年龄的关系线，可计算出化学组成的年质量变化。

同样，根据自洋脊向翼部的压缩波速与玄武岩蚀变程度和年龄与化学组成的关系，蚀变岩石与未蚀变岩石之间的化学成分差异、蚀变岩石由表及里化学组成的系统变化和质量平衡计算等方法，都可估算蚀变岩石组成的年质量改变。如果再知道蚀变岩石总体积，即可计算化学组分的交换通量。为此取洋壳年生成速率为 2.94km^2/a，洋壳平均厚度为 6km，低温、高水/岩比值条件下蚀变深度为 10m，蚀变终止期为 80Ma。

Hart（1973）在上述基础上，以不同方法计算了玄武岩在特定条件下，蚀变时化学元素的交换通量，部分结果如表 9.2、表 9.3 所示。

表 9.2　玄武岩海底风化作用中化学交换的不同估算比较和一些元素的计算通量

交换物质	不同文献计算结果/[10^{-9}g/(cm^3·a)]										通量* /(10^{14}g/a)
	1	2	3	4	5	6	7	8	范围	平均	
H_2O	+3.0	+2.6	+1.0	+1.0	+6.1	+3.0	+2.0	+3.7	+0.1～+6.1	+2.8	+0.066（H_2O）
K_2O	+0.8	+0.22	+0.6	+0.5	+1.2	+0.5	+0.5	+1.1	+0.2～+1.2	+0.68	+0.013（K）
SiO_2	−7.3	−3.3	−6.3	−3.2	−11.5	−2.7	−2.2	−7.4	−11.5～−2.2	−5.5	−0.064（Si）
CaO	−4.0	−2.5	−2.1	−2.2	−2.7	−3.1	−2.0	−2.9	−4.6～−2.0	−2.7	−0.045（Ca）
MgO	−3.8	−1.2	−1.5	−0.4	−0.9	−1.1	−1.5	−3.8	−3.8～−0.4	−1.8	−0.025（Mg）
Na_2O	−0.7	−0.2	−0.1	−0.1	−0.4	−0.2	−0.3	−0.3	−0.7～−0.1	−0.3	−0.005（Na）

注：得、失皆对玄武岩而言，“+”为得，“−”为失（后同）。

1 中数值据 Thompson（1983），基于年龄为 0～57Ma 的 30 个挖样分析结果计算。

2 中数值据 Thompson（1983），基于年龄为 30Ma 的枕状玄武岩详细分析结果计算。

3 中数值据 Thompson（1983），基于年龄为 35Ma 的岩枕详细分析结果计算。

4 中数值据 Thompson（1983），基于年龄为 57Ma 的岩枕分析结果计算。

5 中数值据 Thompson（1983），DSDP 孔的 10 个玄武岩样，年龄为 16Ma。

6 中数值据 Thompson（1983），玄武岩挖样，年龄 80Ma。

7 中数值据 Hart（1973），基于 7 个玄武岩样的分析、岩壳和样品的地震波速改变。

8 中数值据 Hart（1973），基于 112 个玄武岩挖样分析，年龄 0～18Ma。

* 假定平均年交换持续 80Ma，蚀变深度 10m。

表 9.3　表层玄武岩海底风化中的化学交换和通量计算（Thompson，1983）

元素	岩枕内部的年交换①[10^{-12}g/(cm^3·a)]	岩枕边缘的年交换②[10^{-12}g/(cm^3·a)]	通量③/(10^{10}g/a)
B	0.9±0.5	60±40	+0.45
Li	1.3±0.5	35±30	+0.44
Rb	0.49±0.08	9±6	+0.14
Cu	1.4±0.8	140±130	+0.88
Zn	2.5±0.6	30±5	+0.71
Ba	1.3±0.5	31±27	+0.43

① 30 个年龄 0～56Ma 岩枕样品，交换量±1 标准偏差。

② 20 个年龄 0～57Ma 岩枕样品，交换量±1 标准偏差，假设交换终止年龄为 5Ma。

③ 假定平均年交换持续 80Ma（内部）和（边缘），蚀变深度为 10m。

可见，各方法所得结果一致。海底风化的基本特征还有：

（1）风化中 Al_2O_3 和 TiO_2 变化最小。

（2）FeO 和 MnO 变化不确定，包括对玄武岩的得与失，并与它们在岩石表面和裂缝中的沉积作用有关。

（3）P_2O_5 变化，由得到 0.25×10^{-9}g/(cm^3·a)到失去 0.07×10^{-9}g/(cm^3·a)，摄取略占优势。

（4）轻稀土元素有一定捕获。

（5）V、Cr、Co、Ni、Ga、Y、Zr 受影响较小。

（6）Sr 有大量的得与失，变化最大。

9.5.2 来自基底深部岩石的元素通量

基底深部反应主要表现为已蚀变矿物的改组和自间隙水中某些矿物的沉淀，与上覆水的交换反应较弱。对典型岩芯柱样的分析计算，Thompson（1983）提出某些组分的通量值，如表 9.4 所示。

表 9.4 DSDP 418A 孔玄武岩的化学交换（Thompson，1983）

交换组分	质量变化①/(10^{-2}g/mL)	年质量交换②/[10^{-9}g/(mL·a)]	通量③/(10^{14}g/a)
SiO_2	−7.5	−25.1	−0.517（Si）
MgO	−2.9	−9.7	−0.258（Mg）
CaO	−0.8	−2.6	−0.319（Ca）
Na_2O	+1.0	+3.5	+0.115（Na）
K_2O	+0.75	+2.5	+0.092（K）
P_2O_5	+0.015	+0.05	+0.001（P）
H_2O	+1.5	+4.9	+0.216（H_2O）
CO_2	+1.4	+4.6	+0.202（CO_2）
Rb	$+9.5\times10^{-4}$	+0.0031	+0.000137（Rb）
Ba	$+18.6\times10^{-4}$	+0.0062	+0.000273（Ba）
B	$+18.2\times10^{-4}$	+0.0061	+0.000269（B）
Li	$+16.4\times10^{-4}$	+0.0055	+0.000242（Li）

① 假定体积不变，密度变化由 2.9（最小蚀变岩石）到 2.8（平均岩石）。

② 假定蚀变完成于 3Ma 内。

③ 假设上述蚀变所涉及洋壳深度范围为 500m，并终止于 3Ma 内。

9.5.3 来自大洋中脊翼部的元素通量

在大洋中脊两翼存在温水循环。“深海钻探计划”417A 孔所做的通量计算结果如表 9.5 所示。

表 9.5 DSDP 417A 孔玄武岩的化学交换（Thompson，1983）

交换组分	质量变化①/(10^{-2}g/mL)	年质量交换②/[10^{-9}g/(mL·a)]	元素通量③/(10^{14}g/a)
SiO_2	−7.1	−23.7	−0.22（Si）
MgO	−3.0	−10.0	−0.11（Mg）
CaO	−11.2	−37.3	−0.47（Ca）
Na_2O	−0.9	−3.0	−0.04（Na）

续表

交换组分	质量变化①/(10^{-2}g/mL)	年质量交换②/[10^{-9}g/(mL·a)]	元素通量③/(10^{14}g/a)
K_2O	+4.5	+15.0	+0.22（K）
P_2O_5	+0.3	+1.0	+0.008（P）
Rb	$+73\times10^{-4}$	+0.024	+0.000423（Rb）
Ba	$+190\times10^{-4}$	+0.063	+0.000110（Ba）
B	$+88\times10^{-4}$	+0.029	+0.000512（B）
Li	$+64\times10^{-4}$	+0.021	+0.000370（Li）

① 假定体积不变，密度变化由 2.9（最小蚀变岩石）到 2.73（平均岩石）。

② 假定蚀变完成于 3Ma 内。

③ 假设蚀变涉及洋壳深度范围为 200m，并终止于 3Ma 内。

9.5.4　来自大洋中脊轴部的元素通量

加拉帕戈斯洋脊区传递热与溶解 ^{3}He 异常之间存在关系，即 3.3×10^{-2}J/mol。有学者在对大洋中脊观察基础上得到世界大洋 ^{3}He 通量为 6.5×10^{26} 原子/a。如果认为 ^{3}He 都来自洋脊热水溶液，则得到热通量为 2.1×10^{20}J/a（与地球物理数据 1.7×10^{20}J/a 相当一致）。Edmond 等（1979）用温度与浓度异常关系结合热通量数据，计算了来自热液的其他组分通量，如表 9.6 所示。表中给出了来自河流的相应组分通量，二者基本属于同一个数量级。只有 Mg 和 SO_4^{2-} 在热液中亏损较大（超过河流的输入）。Li 和 Rb 的输入通量超过了河流输入。

表 9.6　加拉帕戈斯喷口各组分的热液通量与河流通量的比值　　（单位：mol/a）

类型		Li	K	Rb	Mg	Ca
热液通量	蛤泉	160×10^9	12.5×10^{12}	27×10^9	-7.7×10^{12}	4.3×10^{12}
	蟹泉	160×10^9	1.25×10^{12}	2.8×10^9	-7.7×10^{12}	3.5×10^{12}
	须腕动物泉	160×10^9	1.25×10^{12}	2.3×10^9	-7.7×10^{12}	3.5×10^{12}
	牡蛎泉	95×10^9	1.25×10^{12}	1.7×10^9	-7.7×10^{12}	2.1×10^{12}
河流通量		13.5×10^9	1.9×10^{12}	0.37×10^9	5.3×10^{12}	12×10^{12}
类型		Ba	SO_4^{2-}	F	Cl	Si
热液通量	蛤泉	6.1×10^9	-3.75×10^{12}	-8.25×10^9	7.8×10^{12}	3.1×10^{12}
	蟹泉	2.45×10^9	-3.75×10^{12}	-10.8×10^9	0.3×10^{12}	3.1×10^{12}
	须腕动物泉	2.45×10^9	-3.75×10^{12}	-11.5×10^9	-21.3×10^{12}	3.1×10^{12}
	牡蛎泉	2.45×10^9	-3.75×10^{12}	-11.5×10^9	-31.0×10^{12}	3.1×10^{12}
河流通量		10×10^9	3.7×10^{12}	165×10^9	6.9×10^{12}	6.4×10^{12}

9.5.5 来自海底的元素总通量与河流通量

将上述表 9.1～表 9.5 的通量数据综合为一个表，并与河流通量对比，得到表 9.7。

表 9.7 海洋基底与海水之间的元素通量估计

		Si	Ca	Mg	K	B	Li	Rb	Ba
河流通量/(10^{14}g/a)		-1.99	-4.88	-1.33	-0.74	-47.0	-9.4	-3.2	-137.3
估算 A	表部/(10^{14}g/a)	-0.006	-0.045	-0.03	+0.013	+0.45	+0.44	+0.14	+0.43
	较深部/(10^{14}g/a)	-0.52	-0.082	-0.26	+0.09	+2.69	+2.42	+1.37	+2.73
	翼部/(10^{14}g/a)	-0.2	-0.47	-0.11	+0.22	+5.12	+3.7	+4.23	+1.1
	脊轴部/(10^{14}g/a)	-0.87	-1.3	+1.87	-0.49	0	-111	-20.5	-46
	总计/(10^{14}g/a)	-1.60	-1.90	+1.47	-0.17	+8.26	-104.5	-14.76	-41.74
	基底通量占河流通量比例/%	80.4	38.9	110.5	23	17.6	1111.7	461.3	30.4
估算 B	表部/(10^{14}g/a)	-0.006	-0.045	-0.03	+0.013	+0.45	+0.44	+0.14	+0.43
	较深部/(10^{14}g/a)	-0.52	-0.082	-0.26	+0.09	+2.69	+2.42	+1.37	+2.73
	翼部/(10^{14}g/a)	-0.2	-0.47	-0.11	+0.22	+5.12	+3.7	+4.23	+1.1
	脊轴部/(10^{14}g/a)	-0.087	-0.13	+1.0	-0.049	0	-11.1	-2.05	-4.6
	总计/(10^{14}g/a)	-0.82	-0.73	+0.6	+0.27	+8.26	-4.54	+3.69	-0.34
	基底通量占河流通量比例/%	41.2	15.0	45.1	36.5	17.6	48.3	115.3	0.2

此表说明：

（1）基底玄武岩蚀变反应的组分通量与其他高温反应相比，占次要地位。

（2）自基底岩石对海洋的 Ca、Si 输入通量占有重要地位。

（3）基底岩石低温反应中对 K 的摄取量小于高温反应中的释放量，因而基底对海洋有净的 K 输入通量，但按第二种计算，K、Rb、B 最终为洋脊玄武岩所消耗。

（4）基底岩石低温反应中向海洋释放的 Mg 量，远小于高温反应中对 Mg 的摄取量，因此总体上，河流对海洋 Mg 输入通量的近一半，为洋脊玄武岩对 Mg 的消耗所抵消。

（5）海洋中 Li、Rb、Ba 等微量元素，主要来自基底输入。

考虑对高温、低水/岩比值反应中，组分通量估算的不确定性，表中同时给出了两种估算值。由于已有研究资料有限，因此对已有数据有待不断修正，更多组分通量有待补充。

重要结论是：海底热液活动普遍存在，它和基岩间的化学反应对于海洋的地球化学质量平衡和保持海洋的稳定状态，具有重要的理论和现实意义。

■思考题

1. 什么叫地幔的化学分层现象？

2. 上地幔的分异过程具有哪些特征？

3. 什么叫火山作用？火山作用会形成哪些岩浆岩类型？分述其矿物学及地球化学特征。

4. 大洋基底海水循环与热液活动有哪些地球物理证据？

5. 如何理解海底热液成矿作用？

6. 海底变质分为哪些类型？

第10章

深海沉积简介

水深＞200m 的海域称深海环境，包括半深海（水深 200～2000m）环境和深海（水深＞2000m）环境，在深海环境下形成的沉积物称为深海沉积物。深海沉积物主要是生物作用和化学作用的产物，还包括陆源的、火山的与来自宇宙的物质。其中浊流、冰载、风成和火山物质在某些洋底也可以成为主要来源。由于海底自生矿产资源主要产于深海，而且古海洋学、古气候学的发展也有赖于深海沉积物的研究。因此，深海沉积的研究日益受到重视。

由于深海沉积物较难进行直接观测，自 19 世纪 70 年代英国“挑战者”号环球考察开始，研究者才第一次对深海沉积物进行综合研究。近代相继进行了深海海底取样与摄影、深潜观察、深海地球物理调查，1968 年“格洛玛•挑战者”号实施了“深海钻探计划”，至今世界各大洋已经钻取了三千余孔岩芯，并提供了异常丰富的深海沉积方面的资料。这使人们对深海沉积物的来源、性质、组成、沉积作用等有了较为深入的了解。

10.1　深海沉积特征

深海沉积物在性质上不均匀，是通过不同的沉积作用形成的。现代大洋沉积物的组成是多种多样的。主要沉积物有陆源碎屑沉积物、硅质沉积物、钙质沉积物、深海黏土、深海软泥，与冰川有关的沉积物和大陆边缘沉积物等。现代大洋底部深海沉积物类型如图 10.1 所示。

1. 水动力等条件特征

洋流流动缓慢，海底温度低，物理风化作用微弱，化学作用也很缓慢，沉积速率很低。沉积构造：水平层理、韵律层理、块状层理。沉积物：主要由深海软泥和深海黏土组成。

软泥或深海软泥：由质量分数＞30%的微体生物残骸组成，如抱球虫软泥和放射虫软泥（放射虫残骸占 50%以上）。碳酸盐质量分数平均 65%，也可称为钙质软泥。碳酸盐少于 30%，可称为硅质软泥。深海黏土：少于 30%的微体生物残骸组成称滑。图 10.2 为安徽栖霞组海绵骨片灰岩。

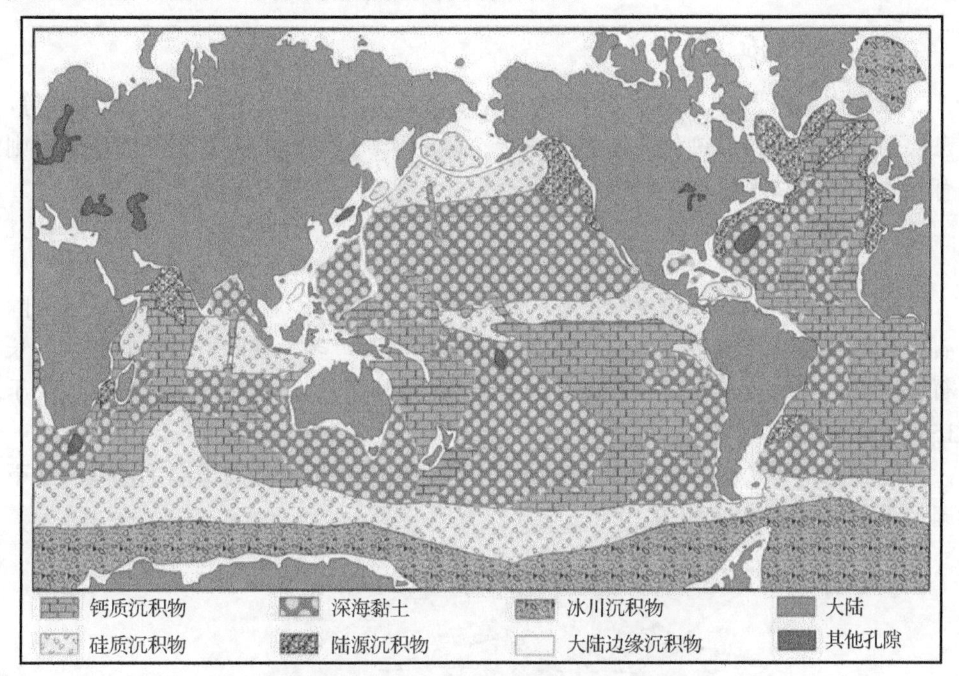

图 10.1　现代大洋底部深海沉积物类型

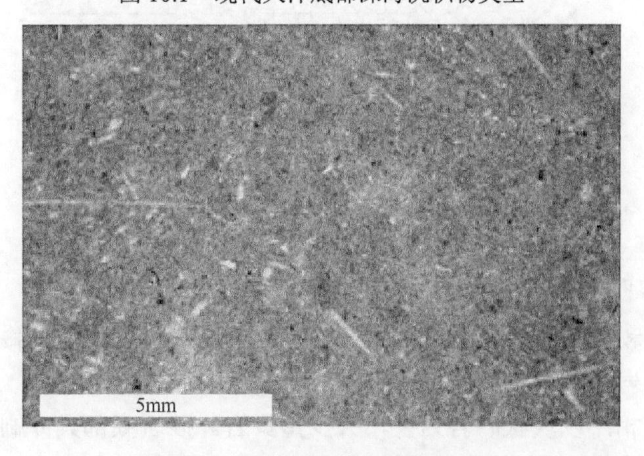

图 10.2　安徽栖霞组海绵骨片灰岩

深海黏土中，褐色黏土是深海远洋中最主要的一种沉积物类型，主要由黏土矿物及陆源稳定矿物残余物组成，尚有火山灰和宇宙微粒。碳酸盐质量分数少于 30%。

在局部地区，各种矿物的化学和生物化学沉淀作用也是形成深海沉积的一个重要因素，如锰结核、钙十字沸石等，可导致 Fe、Mn、P 等矿产的形成。另外，海底火山、火山喷发、风以及宇宙物质也为深海环境提供了一定数量的物质来源。

2. 古生物特征

浊流作用停息时，深海沉积中含典型的远洋浮游生物，如有孔虫、放射虫等，在层面上有复杂的遗迹化石，如弯曲状、螺旋状、网格状化石等。在浊积岩中则有异地带来的浅水化石，如浅水底栖有孔虫、钙藻和大型介壳化石等。

3. 岩矿特征

深海浊积砂岩的成熟度低，其矿物成分为陆源碎屑，且多为不稳定成分。除石英之外，还有相当多的岩屑、长石、云母和泥质，多为硬砂岩或岩屑砂岩及长石砂岩类，有时含浅水生物碎屑。其分选和磨圆均较差，基质质量分数一般大于 15%（基质支撑结构）。

海底扇主要是由浊流和部分滑塌作用在海底峡谷出口处的深海中形成的水下扇形堆积体（图 10.3 和图 10.4）。

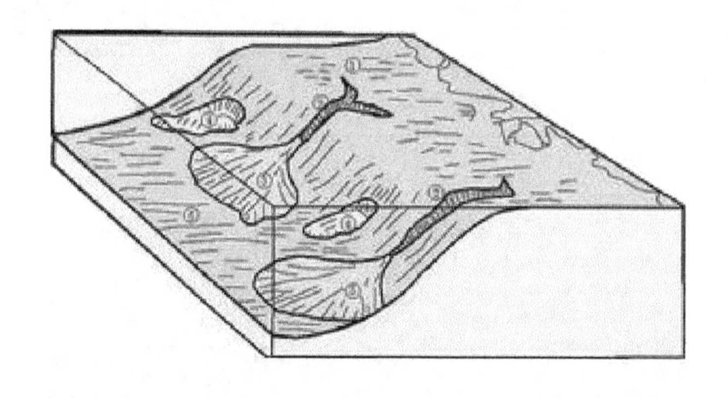

图 10.3　海底扇

4. 海底扇的主要岩相类型

海底扇沉积中除了浊流沉积外，还包括下列主要岩相类型（按海底扇沉积体系表达，浊积岩和鲍马序列只是其中一部分）。

块状砂岩相：以块状砂岩为主，夹少量页岩。砂岩底部具冲刷构造，递变层理不明显。由液化流或颗粒流形成的。

具碟状和管状构造的块状砂岩相：其特征与块状砂岩相类似，所不同的是发育有液化作用形成的碟状构造和管状构造。

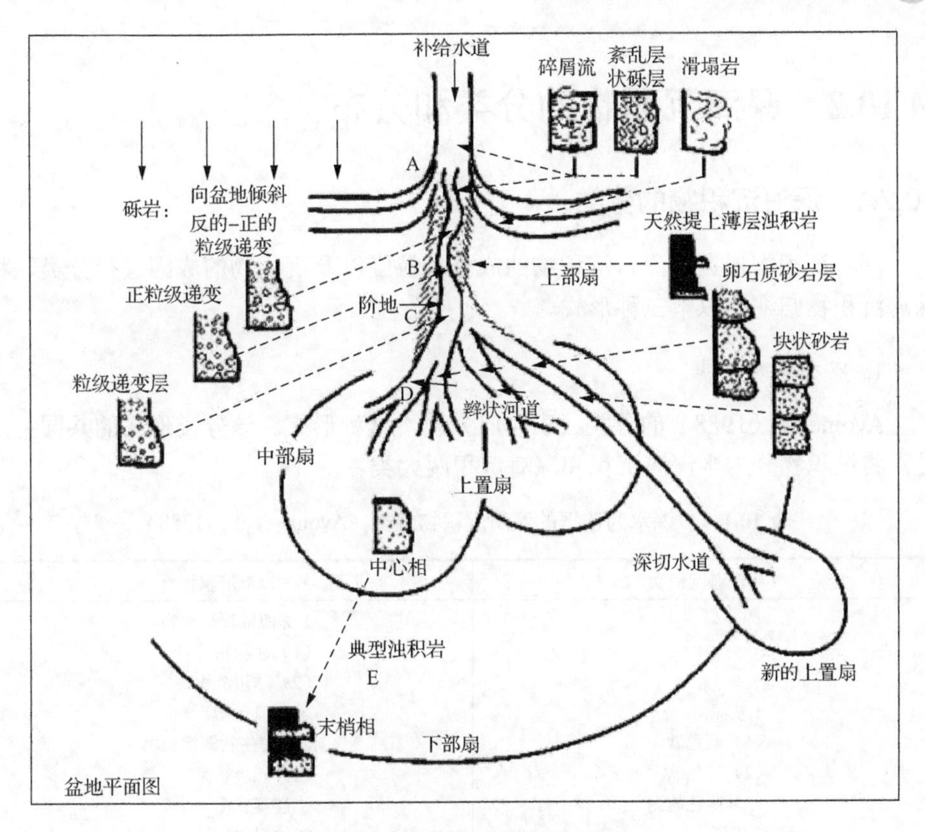

图 10.4　海底扇沉积模式

递变层理砾状砂岩相：粒度比浊积岩的 A、B 段粗，页岩和泥岩很少。底界冲刷面和底痕，递变层理，平行层理。

颗粒支撑的砾岩相：分为块状混杂砾岩、双向递变砾岩、正递变砾岩和递变-层状砾岩。

基质支撑的块状混杂砾岩相：在砾石之间含有大量泥和砂的基质，分选性差，无定向组构，形成于水下碎屑流。

滑塌岩相：具有基质支撑的混杂结构，有明显的滑塌现象。

扇根：是主水道发育区；主要是各种粗碎屑堆积（砾岩组成的非浊流块体——重力搬运沉积物）；块状混杂砾岩、双向递变砾岩、递变——层状砾岩。水道两侧天然堤上主要是粉砂和黏土组成的低密度浊积岩，相当于鲍马层序的 C、D、E 段。

扇中：网状水道和扇前朵叶的分布区。网状水道中主要发育递变层理砾状砂岩、块状砂岩、具碟状构造的块状砂岩；水道之外的漫堤沉积物主要是细粒的低密度远洋浊积岩，相当于 C、D、E 段。

扇端：平缓，无水道发育，主要是浊积岩，为末梢浊积岩或称远源浊积岩：主要由 C、D、E 段组成。

10.2 深海沉积物的分类和分布

10.2.1 深海沉积物的分类

深海沉积物根据水深、沉积物的成分和粒度以及沉积物的成因进行分类，将深海沉积物归纳为以下三种形式。

1. 以水深为依据

Avoine 等（1988）的分类（表 10.1）属于这种形式。该分类形式的共同特点是，将沉积物分为半深海沉积和深海沉积两大类。

表 10.1 以深水为依据的深海沉积物分类（Avoine et al.，1988）

半深海沉积物	深海沉积物
1.软泥 （1）蓝色软泥 （2）红色软泥 （3）绿色软泥 2.碎屑 （1）珊瑚碎屑 （2）火山碎屑 （3）冰碛物 （4）浊积物	1.深海陆源沉积物 （1）浊积物 （2）冰川沉积物 （3）风运物 2.深海生物源沉积物 （1）硅质软泥 ①硅藻软泥 ②放射虫软泥 （2）钙质软泥 ①有孔虫软泥 ②翼足类软泥 ③颗石藻软泥 3.深海黏土 4.锰结核 5.多金属软泥

2. 以成分、粒度为依据

该分类形式的共同特点是以沉积物颗粒成分、粒度及其含量为依据，不涉及沉积物的水深（表 10.2）。该分类形式很适合对大洋钻探样品进行自动化鉴定，近年来在深海钻探及近海调查中被广泛采用。

3. 以成因为主要依据的分类

沈锡昌等（1992）将深海沉积物划分为五大成因类型：陆源碎屑沉积、生物源沉积、火山碎屑沉积、深海黏土沉积和自生成因沉积。各大类下又分若干亚类，详见表 10.3。

表 10.2　以成分、粒度为依据的深海沉积物分类

远洋黏土（硅质壳质量分数＜30%，自生组分常见）	非常见沉积物	陆源碎屑沉积物
远洋硅质沉积物（$CaCO_3$ 质量分数＜30%，粉砂、黏土质量分数＜30%，硅质壳质量分数＞30%）	过渡型硅质沉积物（粉砂、黏土质量分数＞30%，硅藻质量分数＞10%，$CaCO_3$ 质量分数＜30%）	火山碎屑沉积物（$CaCO_3$ 质量分数＜30%，硅藻质量分数＜10%，自生组分稀少）
远洋钙质沉积物（粉砂、黏土质量分数＜30%，$CaCO_3$ 质量分数＞30%）	过渡性钙质沉积物（粉砂、黏土质量分数＞30%，$CaCO_3$ 质量分数＞30%）	

表 10.3　深海沉积物的成因分类

大类	亚类	大类	亚类
陆源碎屑沉积	浊流沉积	火山碎屑沉积	火山灰沉积
	等深流沉积 海洋冰川沉积 风运沉积	深海黏土沉积	深海黏土沉积
生物源沉积	1.钙质软泥沉积 有孔虫软泥 颗石藻软泥（钙质超微化石软泥） 翼足类软泥 2.硅质软泥沉积 硅藻软泥 放射虫软泥 3.珊瑚碎屑沉积 4.有机沉积	自生成因沉积	锰结核和锰结壳 金属硫化物（多金属软泥和块状硫化物） 磷块岩 自生蒙脱石

沉积物分类的最终目的是要了解各种沉积作用及其相互联系。因此，沉积学的一个重要目标就是发展一种既能反映沉积物成因又能反映其历史的分类系统。

10.2.2　深海沉积物的分布

不同的沉积类型，其分布不同。概括地说，深海沉积物分布的状况是：各大洋中以钙质软泥和褐黏土为主，钙质软泥主要分布在海岭和高地上；褐黏土则见于深海盆地；硅质软泥和冰川沉积物主要分布在南、北极附近海域；放射虫软泥主要分布在太平洋赤道附近；自生沉积物分布在太平洋中部和南部以及印度洋东部；浊流沉积物分布在洋盆周围；火山沉积物散布在各地并在火山带附近富集。

1. 钙质软泥

钙质软泥约覆盖大洋面积 45.6%，主要分布在大西洋、西印度洋与南太平洋，分布水深平均约 3600m。以有孔虫软泥分布最广，颗石藻软泥次之，翼足类软泥

主要由文石组成，易于溶解，分布很窄，主要存在于大西洋热带区水深小于2500～3000m的地方。

2. 硅质软泥

硅质软泥主要包括硅藻软泥和放射虫软泥。硅藻软泥约覆盖大洋面积10.9%，主要分布在南、北高纬度海区（南极海域与北太平洋），平均水深约3900m。放射虫软泥主要分布在赤道附近海域，平均水深约为5300m。

3. 褐黏土

褐黏土也称红黏土或深海黏土，为生源物质质量分数小于30%的黏土物质。因含铁矿物遭受氧化而呈现褐色至红色。在大洋中所占面积约30.9%，主要分布在北太平洋、印度洋中部与大西洋深水部位，平均分布水深约5400m。由于分布水深较大，生源物质大部分被溶解，所以非生源组分占优势。褐黏土的主要成分是陆源黏土矿物，此外还有自生沉积物（如氟石、锰结核等）、风成沉积物、火山碎屑、部分未被溶解的生物残体及宇宙尘等。

4. 自生沉积物

海水中由化学作用形成的各种物质主要有锰结核、蒙脱石和氟石等。锰结核的分布十分广泛，但其成分因地而异（见深海锰结核）。蒙脱石与氟石在太平洋与印度洋比较丰富，大西洋稀少。

5. 火山沉积物

火山沉积物是来自火山作用的产物，主要分布在太平洋、印度洋东北部、墨西哥湾与地中海等地。

6. 浊流沉积物

浊流沉积物是由浊流作用形成的沉积物，常呈陆源砂和粉砂层夹于细粒深海沉积物中，主要分布在大陆坡麓附近，在太平洋北部和印度洋周围较发育。

7. 滑坡沉积物

滑坡沉积物是由海底滑移或崩塌形成的物质，主要分布在大洋盆地的边缘及一些地形较陡的海域。

8. 冰川沉积物

大陆冰川前端断落于海中形成的浮冰挟带着来自陆地和浅水区的碎屑物质，可达远离大陆的深海地区。当浮冰融化，碎屑物质沉落海底，便形成冰川沉积物。

其主要分布在南极大陆周围和北极附近海域。

9. 风成沉积物

风成沉积物为风力搬运入海的沉积物，主要分布在太平洋和大西洋南纬 30°和北纬 30°附近的干燥气候带及印度洋西北海区。风成沉积物有时不单独列为深海沉积的一个类型。

此外，在深海沉积物中经常发现的宇宙尘，因其数量较少，一般也不单独列为一种沉积类型，但是深海宇宙尘的研究具有重要的价值。表 10.4 列出了三大洋中深海沉积物主要成因类型的面积分布频率。

表 10.4 三大洋中深海沉积物主要成因类型的面积分布频率

成因类型		大洋			
		大西洋	太平洋	印度洋	全世界
钙质软泥沉积	钙质软泥	65.1	36.2	54.3	47.1
	翼足类软泥	2.4	0.1	—	0.6
硅质软泥沉积	硅藻软泥①	6.7	10.1	19.9	11.6
	放射虫软泥	—	4.6	0.5	2.6
深海黏土沉积		25.8	49.0	25.3	38.0
占大洋总面积的百分比		23.0	53.4	23.6	100.0

① 主要是有孔虫类和颗石藻类（Berger，1976）。

10.3 深海沉积物的地球化学特征

深海沉积物有各种类型，它们都是在特定环境下由多种含量不同的化学元素组成的。研究这些元素的分配、集中、分散、共生组合和迁移演化规律即地球化学特征，有助于揭示沉积物的形成机制。

10.3.1 深海沉积物中主要元素的地球化学特征

分布在大洋底部的深海沉积物有钙质软泥、硅质软泥和深海黏土三种类型，它们的平均化学成分见表10.5，可知，SiO_2为主要成分，其平均质量分数为42.77%；其次为 $CaCO_3$ 和 Al_2O_3，平均质量分数分别为 24.87%和 12.29%；Fe_2O_3、MgO、K_2O 等为含量较少的组分。主要元素的含量取决于沉积物的主要矿物组成，Ca 集中分布在钙质软泥沉积中，其中主要矿物是方解石和文石；Al 在深海黏土中较多，范围分布于各种矿物中；Si 主要分布在硅质软泥和深海黏土中，蛋白石和黏土矿物分别是两者的主要矿物。另外，石英为深海沉积物中的常量矿物，其质量分数有时超过 25%，这也是造成各类深海沉积物中 SiO_2 含量高的原因之一。

表 10.5 深海沉积物的平均化学成分 （单位：%）

成分	钙质软泥 1	钙质软泥 2	硅质软泥	深海黏土	太平洋平均值
SiO_2	26.96	31.21	63.91	55.34	42.77
TiO_2	0.38	0.43	0.65	0.84	0.59
Al_2O_3	7.97	9.119	13.30	17.48	12.29
Fe_2O_3	3.00	3.31	5.66	7.04	4.89
FeO	0.87	0.95	0.67	1.13	0.94
MnO_2	0.33	0.37	0.50	0.48	0.41
CaO	0.30	0.34	0.75	0.93	0.60
MgO	1.29	1.46	1.95	3.43	2.18
MnO	0.80	0.83	0.94	1.53	1.10
Mn_2O_3	1.48	1.17	1.90	3.26	2.10
K_2O	0.15	0.16	0.27	0.14	0.16
P_2O_5	3.91	4.25	7.13	6.54	5.35
H_2O	50.09	43.16	1.09	0.79	24.87
$CaCO_3$	2.16	2.30	1.04	0.83	1.51
$MgCO_3$	0.31	0.32	0.22	0.24	0.27
有机碳	—	0.014	0.016	0.016	0.015
有机氮	—	—	—	—	—
合计	100.00	100.00	100.00	100.00	100.00

注：钙质软泥 1 包括 2 个极高钙质样品；钙质软泥 2 不包括 2 个极高钙质样品。

10.3.2 深海沉积物中痕量元素的地球化学特征

痕量元素在深海沉积物中的分布见表 10.6。痕量元素的含量分布受物源、存在形式和沉积过程的影响，是深海沉积物的重要地球化学特征。Cr、V、Ga 存在于矿物晶格内，主要分布在陆源碎屑矿物中，因此它们在近岸和深海黏土中的浓度基本一致；Cu、Ni、Co、Pb、Zn、Mn、Fe 等主要以吸附态存在，吸附前均溶于海水（内源——火山、热液；外源——陆源、宇宙源）中，它们从海水中移除速率是均匀的。黏土微粒沉降时吸附痕量元素，沉降软泥中的碳酸盐矿物以海洋源为主，沉积较快，痕量元素除 Mn、Fe 外均较贫；深海黏土中的黏土矿物以陆源为主，颗粒细、沉积慢、痕量元素较富。因此，深海黏土中非晶格痕量元素含量为沉积速率的函数（赵其渊，1989）。

表 10.6　痕量元素在深海沉积物中的分布　　（单位：mg/kg）

痕量元素	近岸泥[①]	深海钙质软泥[②]	大西洋深海黏土[③]	太平洋深海黏土[④]	东太平洋海隆沉积物[⑤]	锰结核[⑥⑦]
Ce	100	11	86	77	55	10
V	130	20	140	130	450	590
Ga	19	13	21	19	—	17
Cu	48	30	130	570	730	3300
Ni	55	30	79	293	430	5700
Co	13	7	35	116	105	3400
Pb	20	9	45	162	—	1500
Zn	95	35	130	—	380	3500
Mn	850	1000	4000	12500	60000	220000
Fe	69900	9000	82000	65000	180000	140580

① Wedepohl（1960）。
② Turekian 等（1961）。
③ Wedepohl（1960），Turekian 等（1966）。
④ Goldberg 等（1958），El-Wakeel 等（1961），Landergren（1964）。
⑤ Boström 等（1969），除去碳酸后的数据。
⑥ Chester（1965）。
⑦ 赵其渊（1989）。

10.3.3　深海沉积物中的有机组分及其特征

在深海沉积物中，有机质仅占 1%左右，近岸可达 2.5%。在太平洋北部的沉积物中有机质为 1%～1.15%，南部为 0.45%～1%。大洋的沉积物中有机质质量分数为 0.3%～1.5%。海洋沉积物中有机质的组分繁多，其中包括有机碳、蛋白质、核酸、碳水化合物、脂类及残余物等，通常以有机碳或氮的质量分数来表示；而 Trask（1932）则用 C 的质量分数×1.8（或 1.724）或 N 的质量分数×18 值来表示。由于氮的演化速率快于碳，所以 C/N 值可用于表示有机质分解程度的指标。如 C/N 值在各类沉积物中平均约 8.5，在有孔虫软泥中可达 20.8，褐色黏土中仅为 4.5。C/N 值之所以出现这样大的波动，是因为有机质已在下沉过程中发生分解而使 C/N 值增大。但如果有机质被充分氧化（在褐色黏土中），则氮和碳都被消解到最低值，C/N 值又趋变小。有机质分解残留下来的为稳定的腐殖质。

不溶性有机质为各类沉积物最主要的组分，从浅海至深海占沉积物中有机质的 45%～70%，在改制软泥中可超过 80%。这类物质最稳定，甚至在成岩过程中也不会消失，并可演化为石油的母质。

深海沉积物中对有机组分的研究随着有机地球化学的进展及石油成因研究和海洋地质学的发展越来越被重视。现已从深海沉积物中检出了所有种类的氨基酸，并利用其外消旋作用进行地质年代的测定。另外，对有机质演化成石油和天然气的过程以及探索生命起源等方面的研究也都在迅速发展中。

10.4 深海沉积速率与分布规律

10.4.1 深海沉积速率

深海沉积速率可由地层厚度和年龄资料计算获得。根据 1300 个样品经过铀铅钍法和放射性碳（^{14}C）法测定的绝对年龄以及用古生物法确定的相对年龄与实测的沉积厚度，计算得到的现代深海沉积物的沉积速率通常为 0.1～10cm/10^3a。

从大洋沉积速率等值线分析，现代沉积速率最低带和陆上的干旱气候带沉积速率相一致，一般约为 0.1cm/10^3a，太平洋小于此数，大西洋则为 0.3～1cm/10^3a；三条沉积速率最高带与南北温湿带和赤道带一致，为 1～3cm/10^3a，在轴部可达 10cm/10^3a，显然受生物生产力的影响。受陆源供应物的影响，从洋盆边缘到中心，沉积速率由大逐渐变小（图 10.5）。当洋底处在 CCD 以下时，沉积速率降低，如褐色黏土的沉积速率通常<0.1cm/10^3a；在 CCD 以上的洋底沉积速率往往增高，如抱球虫软泥的沉积速率等值线分布的格局与古近纪、新近纪时相似，与古地理推断的中生代以来的气候带的位置一致。

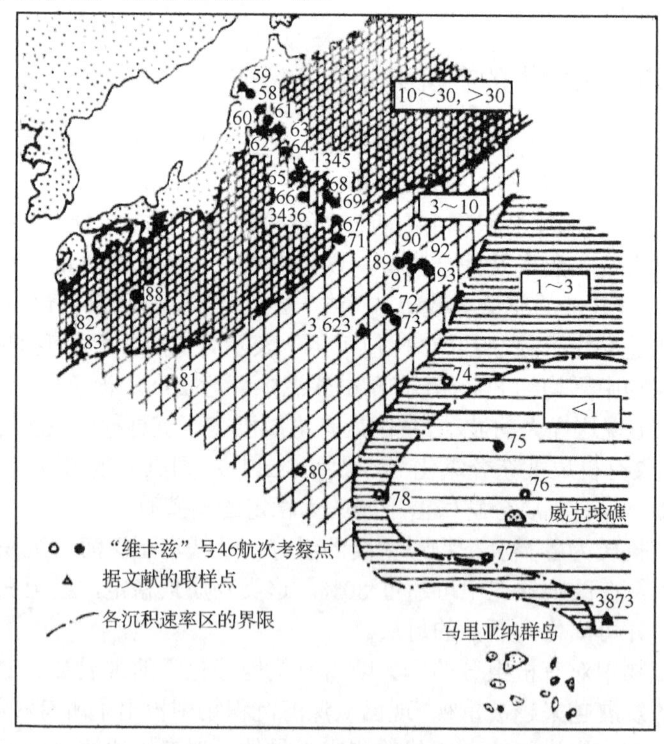

图 10.5 日本—威克岛太平洋西北海盆沉积速率

方框内的数据表示平均沉积速率（mm/10^3a）

各大洋中同一类型沉积物的沉积速率不一，有的差值较大，如大西洋、印度洋中抱球虫软泥的沉积速率分别为 $1.2cm/10^3a$ 和 $0.6cm/10^3a$，相差一倍。不同类型沉积物间的沉积速率可相差更大，如太平洋西北海盆中生物软泥的沉积速率为 $3.2cm/10^3a$，非生物软泥的沉积速率为 $0.26cm/10^3a$，相差十几倍；而大西洋中的褐色黏土的沉积速率却可达 $0.86cm/10^3a$，印度洋中硅藻软泥的沉积速率仅为 $0.5cm/10^3a$。马古鲁海盆中，通常的沉积速率为 $7cm/10^3a$，而其中夹有火山灰的沉积层却可达 $66cm/10^3a$。上述资料表明，深海沉积速率因地因层而异，这是由其沉积环境和沉积作用决定的。

10.4.2 深海沉积分布规律

深海沉积作用既受气候、距陆地的远近、水深等外力作用因素控制，也受内力作用即构造因素制约。这就是说，影响深海沉积分布规律的大洋沉积作用存在着气候（纬度）地带性、环陆地带性、垂直地带性及构造地带性。

1. 气候地带性

地球上明显地存在着纬向分布的气候带，不同的气候带及其所造成的大洋环流特点控制着海洋生物的繁衍和分布。因此，气候带的差异必然会在海洋沉积中得到反映。在大洋中从两极往赤道方向可划分出冰带、温带、干燥带、赤道带。温带和赤道带都属于湿润带的范畴，其间被干燥带（相当于亚热带）所分隔。

（1）冰带。冰带广布着海洋冰川沉积。南冰带以冰山沉积为主；在北冰带，格陵兰附近为冰山沉积，北冰洋地区多海冰沉积。

（2）温带。南温带以硅质软泥占优势，北温带除硅质沉积外多钙质沉积和陆源沉积。该带的黏土矿物主要是伊利石和绿泥石；深海黏土沉积见于邻近干燥带的海域。

（3）干燥带。该带以钙质软泥和深海黏土沉积为主，铁锰结核在该带亦常见。

（4）赤道带。该带广布放射虫、有孔虫和颗石软泥，黏土矿物主要为高岭石和蒙脱石。在水深较浅的海山或海岭上发育有珊瑚礁，水深大的地方有深海黏土沉积。

总体看来，海洋冰川沉积主要见于冰带，深海黏土多限于干燥带和赤道带的深水区。在冰带，生物沉积作用几乎消失；在干燥带，由于水动力停滞，生物沉积作用相对较弱（有钙质沉积但缺少硅质沉积）；只有在水动力活跃的温带，生物沉积作用最为旺盛（既有钙质沉积也有硅质沉积），硅质软泥主要分布在温带（以南温带为主），放射虫软泥则见于赤道湿润带。

气候地带性不但表现在沉积物的种类和性质上，而且也表现在沉积物的数量上，即在沉积速率和沉积厚度上也有反映。最低的沉积速率见于干燥带

（<0.1cm/10^3a），最高沉积速率则见于湿润带（>10cm/10^3a）。这样，在赤道两侧各有一个沉积速率最小地带（南干燥带、北干燥带），同时存在着三个高沉积速率带（南温带、北温带和赤道带）。相应地，在干燥带沉积厚度最小（在太平洋<100m），在湿润带沉积厚度最大（在太平洋达 600m）。沉积巨厚的赤道带夹于沉积较薄的干燥带之间。因此，人们往往根据某一地质时期大洋沉积厚度明显增大之处，来判断当时古赤道的位置。

2. 环陆地带性

在环绕陆地的洋缘地带广泛地发育了陆源沉积；而在远离陆地的远洋地带则沉积了深海黏土、钙质和硅质软泥等远洋沉积物。

3. 垂直地带性

碳酸盐沉积最严格地服从于垂直地带性，它见于水深小于碳酸盐补偿深度的海域；相反，深海黏土总是分布在深水区。在垂直地带性的一般图式中可划分三个相带：介壳保存完好的钙质沉积物（溶跃面以上）；介壳被溶蚀破碎的钙质沉积物（溶跃面以下）；非钙质沉积物（补偿深度以下）。

4. 构造地带性

深海沉积作用是在海底扩张（板块运动）的背景下进行的，新的大洋地壳一旦从中脊轴部新生出来便开始了接受沉积的过程；同时，海底边扩张，边沉降，边接受沉积。海底扩张速率约为每年数厘米，比深海沉积速率大好几个数量级，所以在中脊轴部，构造因素起主导作用，其上沉积层缺失或仅充填于凹地中；向两翼，随着洋底年龄的增大，沉积厚度也逐渐增加。

在深海沉积过程中，气候地带性、环陆地带性、垂直地带性和构造地带性是同时存在的，它们相互交织在一起，使得我们所看到的深海沉积物在分布上呈现出互相穿插的复杂格局。地带规律性的研究有助于揭示深海沉积物的类型以及数量上分布的根源。同时，掌握地带性规律对于运用现实主义原则恢复古代深海沉积的形成环境也是大有裨益的。

参 考 文 献

鲍永恩，付宇众，李仲超，等，1988. 锦州湾潮间带底质重金属对海水的污染[J]. 污染环境与防治，10(6)：8-14.
鲍永恩，刘娟，1995. 葫芦山湾沉积物中重金属集散特征及环境背景值[J]. 海洋环境科学，14(1)：1-8.
鲍永恩，马嘉蕊，1990a. 刍论大连湾底质地化环境[J]. 海洋科学(4)：43-47.
鲍永恩，马嘉蕊，1990b. 大连湾锌的集散特征及变化动态[J]. 环境科学学报，10(3)：371-377.
鲍永恩，马嘉蕊，1991. 小窖湾沉积化学要素分布规律及变化特征[J]. 海洋通报，10(4)：52-58.
曹添，於崇文，张本仁，等，1962. 地球化学[M]. 北京：中国工业出版社.
陈道公，支霞臣，杨海涛，等，1994. 地球化学[M]. 合肥：中国科技大学出版社.
陈丽蓉，徐文强，申顺喜，等，1979. 东海沉积物的矿物组合及其分布特征[J]. 科学通报(15)：709-712.
陈静生，周家义，1992.中国水环境重金属研究[M].北京：中国环境科学出版社.
陈俊，王鹤年，2004. 地球化学[M]. 北京：科学出版社.
陈毓蔚，毛存孝，朱炳泉，等，1980. 我国显生代金属矿床铅同位素组成特征及其成因探讨[J]. 地球化学(3)：215-229.
陈则实，王文海，吴桑云，等，2007. 中国海湾引论[M]. 北京：海洋出版社.
陈振胜，张理刚，1989. 水/岩交换作用及其找矿[J]. 地质与勘探(2)：7-11.
程嘉熠，张晓霞，陶平，等，2016. 大连葫芦山湾潜在生态环境风险评价研究[J]. 环境工程(1)：117-120.
戴敏英，周陈年，1982. 海水中多环芳烃的测定[J]. 海洋科学(4)：33-35.
戴敏英，周陈年，1983. 渤海湾水中多环芳烃含量的分布[J]. 海洋科学(4)：26-27.
戴敏英，周陈年，1984. 渤海湾沉积物中的多环芳烃[J]. 海洋科学(3)：34-36.
丁悌平，刘玉山，万德芳，等，1992. 石英-钨铁矿氧同位素地质温度计及其地质应用研究[J]. 地质学报，66(1)：48-58.
段玉成. 1988. 稳定同位素在研究太原西山煤田中的应用[J]. 煤田地质与勘探(3)：15-18.
范时涛，2004. 海洋地质科学[M]. 北京：科学出版社.
费富安，1988. 对苏北含油盆地下第三系古环境和古气候的探讨[J]. 沉积学报，6(1)：21-28.
顾宏堪，汪晶，1993. IV.1 海洋地球化学研究[C]. 中国海洋科学研究及开发文集. 青岛：青岛出版社.
韩妗文，马振东，2003. 地球化学[M]. 北京：地质出版社.
蓝先洪，马道修，徐明广，等，1987. 珠江三角洲若干地球化学标志及指相意义[J]. 海洋地质与第四纪地质，7(1)：39-49.
李维显，黄招莲，冯诗齐，等，1988. 冲绳海槽沉积物微量元素地球化学[J]. 矿物岩石地球化学通讯(1)：28-29.
李玉娜，邵秘华，邱春霞，等，2005. 锦州港疏浚沉积物中重金属的吸附和解吸[J]. 大连海事大学学报，31(2)：64-67.
李兆麟，1989. 实验地球化学[M]. 北京：地质出版社.
栗俊，鲍永恩，刘广远，2007. 东海陆架沉积物中重金属地球化学研究[J]. 海洋环境科学(1)：63-66.
林炳营，1989. 环境地学基础[M]. 北京：科学技术出版社.
林荣根，吴景阳，1992. 黄河口沉积物中无机磷酸盐的存在形态[J]. 海洋与湖沼，23(4)：387-395.
林荣根，吴景阳，1994. 黄河口沉积物对磷酸盐的吸附与释放[J]. 海洋学报（中文版），16(4)：82-90.
马德毅，章斐然，1988. 锦州湾表层沉积物中铅、锌、镉在各地球化学相间的分配规律[J]. 环境科学学报，8(1)：49-55.
马嘉蕊，鲍永恩，1990. 大连湾沉积化学要素分布规律及变化特征[J]. 环境化学，9(5)：34-40.
马嘉蕊，邵秘华，1994. 锦州湾沉积物芯样中重金属污染及变化动态[J]. 中国环境科学，14(1)：22-29.
马嘉蕊，章斐然，马德毅，等，1989. 锦州湾沉积物中重金属化学形态的分布特征[J]. 辽宁师范大学学报（自然科学版），(1)：48-57.
米兰诺夫斯基，2010. 俄罗斯及其毗邻地区地质[M]. 陈正，译. 北京：地质出版社.
莫杰，李绍全，2007. 地球科学探索[M]. 北京：海洋出版社.

南京大学地质学系，1979. 地球化学（修订本）[M]. 北京：科学出版社.
宁征，孙秉一，史致丽，等，1990. 铜、锌、铅、镉对海洋浮游植物的毒性效应[J]. 青岛海洋大学学报，20(4)：50-58.
邵秘华，王正方，1991a. 长江口海域悬浮颗粒物中钴、镍、铁、锰的化学形态及分布特征研究[J]. 环境科学学报，11(4)：432-438.
邵秘华，高炳森，1991b. 辽宁省海岸带水域化学要素分布规律及变化特征[J]. 环境化学，10(2)：55-61.
邵秘华，张海云，1991c. 普兰店湾水中化学要素分布及环境现状初步研究[J]. 海洋环境科学，10(3)：27-32.
邵秘华，张碧珍，1991d. 海洋——江河悬浮颗粒物中 Cu、Pb、Cd 的化学形态原子吸收分光光度法的测定[J]. 中国环境监测，7(6)：24-28.
邵秘华，王正方，1992. 长江口海域悬浮颗粒物中铜、铅、镉的化学形态及分布特征研究[J]. 海洋与湖沼，23(2)：144-149.
邵秘华，吴之庆，姜国范，等，1993. 锦州湾水体中锌、铅、隔存在形式及分布规律的研究[J]. 环境保护科学，19(2)：40-46.
邵秘华，贺广凯，马嘉蕊，等，1994. 大窑湾表层沉积物地球化学特征的研究[J]. 海洋环境科学，13(4)：12-18.
邵秘华，王正方，1995a. 长江口水体中重金属形态交换过程的研究[J]. 环境科学，16(6)：69-72，96.
邵秘华，马嘉蕊，王家骥，等，1995b. 颗粒物质金属形态逐级提取技术问题的探讨[J]. 环境保护科学，21(1)：6-10.
邵秘华，李炎，王正方，等，1996. 长江口海域悬浮物的分布时空变化特征[J]. 海洋环境科学，15(3)：36-40.
邵秘华，周立新，2009. 环境化学[M]. 大连：大连海事大学出版社.
邵秘华，陶平，孟德新，等，2012. 辽宁省海洋生态功能区划研究[M]. 北京：海洋出版社.
沈锡昌，石岩，1992. 一种新的世界海岸分类——动力成因分类[J]. 地质科技情报，11(3)：35-36.
宋金明，李延，朱仲斌，等，1990. Eh 和海洋沉积物氧化还原环境的关系[J]. 海洋通报，9(4)：33-39.
陶平，邵秘华，2016. 化学海洋学[M]. 大连：大连海事大学出版社.
陶平，邵秘华，丁永生，等，2005. 辽东大、小窑湾营养盐和铅、锌的时空变化新探[J]. 海洋通报，24(3)：22-28.
陶平，邵秘华，汤立君，2019. 辽东湾近岸海域主要污染物环境容量及总量控制研究[M]：北京：科学出版社.
唐俊逸，邵秘华，陶平，等，2016. 普兰店湾海水交换和污染物 COD 扩散能力的再探[J]. 海洋湖沼通报(1)：37-44.
涂光炽，1984. 地球化学[M]. 上海：上海科学技术出版社.
王文建，史锋，文兴，1992. 铀的资源与开发[J]. 世界采矿快报(20)：3-6.
王永吉，1986. 中太平洋北部锰结核调查综合研究报告[M]. 北京：海洋出版社.
魏立娥，邵秘华，张晶，等，2016. 双台子河口水体全氟化合物的污染水平分析[J]. 环境科学学报，36(5)：1723-1729.
吴景阳，1983. 用镍的含量来检验海洋沉积物中某些重金属的背景值[J]. 科学通报(11)：686-688.
吴景阳，李云飞，1985. 渤海湾沉积物中若干重金属的环境地球化学——I. 沉积物中重金属的分布模式及其背景值[J]. 海洋与湖沼，16(2)：92-101.
吴景阳，李健博，李云飞，等，1987. 海河口区阴离子表面活性剂的地球化学及环境信息[J]. 科学通报(10)：768-772.
吴景阳，1993. V.2 海洋环境地球化学研究[C]. 中国海洋科学研究及开发文集. 青岛：青岛出版社.
吴瑜端，陈慈美，王隆发，1986. 厦门港湾重金属污染与海域生产力关系.海洋与湖沼，17(3)：173-184.
武汉地质学院地球化学教研室，1979. 地球化学[M]. 北京：地质出版社.
小林和男，孙永华，1980. 西太平洋洋底的活动和构造[J]. 地震地质译丛(2)：7-9.
许昆灿，吴丽卿，郑长春，等，1986. 海洋环境中浮游植物对汞的摄取规律研究[J]. 海洋学报，8(1)：61-65.
杨光庆，石青云，于百川，1994. 中国航空物探的现状和发展[J]. 地球物理学报，37(1)：367-377.
张本，潘建刚，1997. 将海南建成我国南海油气开发基地的思考[J]. 海南大学学报(社会科学版)，15(2)：7-11.
张本仁，傅家谟，2005. 地球化学进展[M]. 北京：化学工业出版社.
张宽，胡根成，吴克强，等，2007. 中国近海主要含油气盆地新一轮油气资源评价[J]. 中国海上油气，19(5)：289-298.
张添佛，古堂秀，徐贤义，等，1982a. 测定文蛤中 666 和 DDT 残留量的快速、简易方法[J]. 海洋与湖沼，13(6)：510-513.
张添佛，徐贤义，古堂秀，等，1982b. 海水中氯化烃农药的测定[J]. 海洋与湖沼，13(2)：124-128.
张添佛，古堂秀，徐贤义，等，1983. 海水中多氯联苯的测定[J]. 海洋与湖沼，14(4)：353-356.

张添佛，徐贤义，古堂秀，1984a. 用气相色谱法同时测定海洋沉积物中 666,DDT 和多氯联苯[J]. 海洋与湖沼，15(4): 360-364.
张添佛，古堂秀，徐贤义，等，1984b. 海洋沉积物中多氯联苯的测定[J]. 海洋科学(1)：19-20.
张湘君，李云飞，1979. 海洋底质中汞的测定[J]. 海洋科学(3)：30-34.
赵其渊，1989. 海洋地球化学[M]. 北京：地质出版社.
赵一阳，何丽娟，陈毓蔚，等，1989. 论黄海沉积物元素区域分布格局[J]. 海洋科学(1)：1-5.
赵一阳，鄢明才，1992. 黄河、长江、中国浅海沉积物化学元素丰度比较[J]. 科学通报(13)：1202-1204.
赵一阳，鄢明才，1993. 中国浅海沉积物化学元素丰度[J]. 中国科学（B 辑 化学 生命科学 地学），23(10)：1084-1090.
郑金树，奎恩，1989. 海洋有机污染物的分类法及其在环境质量评价中的作用[J]. 海洋环境科学(2)：19-23.
郑永飞，1999. 化学地球动力学[M]. 北京：科学出版社.
郑永飞，陈江峰，2000. 稳定同位素地球化学[M]. 北京：科学出版社.
中国海湾志编纂委员会，1987. 中国海湾志第二分册（辽东半岛西部和辽宁省西部）[M]. 北京：海洋出版社.
中国科学院地球化学研究所，1988. 高等地球化学[M]. 北京：科学出版社.
中国科学院贵阳地球化学研究所 C^{14} 实验室，1977. C^{14} 年龄测定方法及其应用[M]. 北京：科学出版社.
中国科学院贵阳地球化学研究所，1977. 简明地球化学手册[M]. 北京：科学出版社.
Avoine J，沈锡昌，1988. 塞纳河河口湾与其毗邻大陆架之间的沉积物交换[J]. 地质科学译丛(1)：85-93.
Верна́дский В И，1962. 地球化学概论[M]. 杨辛，译. 北京：科学出版社.
Brownlow A H，1982. 地球化学[M]. 北京：地质出版社.
Goldschmidt V M，1954. 地球化学[M]. 沈水直，郑康乐，译. 北京：科学出版社.
Shepard F P，1979. 海底地质学[M]. 梁元博，于联生，译. 北京：科学出版社.
Anderson A T, Clayton R N, Mayeda T K, et al., 1971. Isotope geothermometry of mafic igneous rocks[J]. Geology, 79: 715-729.
Andrushchenko P F, Skorhyakova N S, 1969. The textures and mineral composition of iron-maganese concretions from the southern part of the Pacific Ocean[J]. Oceanology, 9: 229-242.
Angino E E, 1966. Geochemistry of Antarctic pelagic sediments[J]. Geochimica et Cosmochimica Acta, 30(9): 939-961.
Angino E E, Andrews R S, 1968. Trace element chemistry, heavy minerals, and sediment statisyic of Weddell Sea sediments[J]. Journal of Sedimentary Petrology, 38(2): 634-642.
Anikouchine W A, Sternberg R W, 1973. The world ocean[M]. Englewood Cliffs, New Jersey: Prentice Hall Inc.
Arrhenius G O S, 1953. Sediment cores from the East Pacific[J]. Geologiska Föreningen I Stockholm Förhandlingar, 75(1): 115-118.
Aston S R, Duursma E K, 1973. Concentration effects on ^{137}Cs, ^{65}Zn, ^{60}Co, and ^{106}Ru sorption by marine sediments, with geochemical implication[J]. Netherlands Journal of Sea Research, 6: 225-240.
Bada J L, Hoopes E, Darling D, et al., 1979. Amino acid racemization dating of fossil bones, I. inter-laboratory comparison of racemization measurements[J]. Earth and Planetary Science Letters, 43 (2): 265-268.
Bada J L, Protsch R, Schroeder R A, et al., 1973. The racemization reaction of isoleucine ued as a palaeotemperatue indicator[J]. Nature, 241: 394-395.
Bada J L, Man E H, 1980 Amino acid diagenesis in deep sea drilling project cores:kinetics and mechanisms of some reactions and their applications in geochronology and in paleotemperature and heat flow determinations[J]. Earth Science Reviews, 16: 21-55.
Bainbridge A E, Biscaye P E, Broecker W S, et al., 1976. GEOSECS Atlantic bottom hydrography, radon, and suspended particulateatlas[C]. GEOSECS Operation Group, Scripps Institution of Oceanography Internal Report.
Bender M, Broecker W, Gornitz V, et al., 1971. Geochemistry of three cores from the East Pacific Rise[J]. Earth and Planet Science Letters, 12: 425-433.
Berger W H, 1976. Biogenous deep sea sediments: Production, preservation and interpretation[J]. Chemical Oceanography, 5: 266-388.
Boger P D, Faure G, 1974. Strontium-isotope stratigraphy of a Red Sea core[J]. Geology, 2(4): 181-183.

Boström K, Peterson M. 1969. The origin of aluminum-poor ferromanganoan sediments in areas of high heat flow on the East Pacific Rise [J]. Marine Geology, 7(5): 427-447.

Boström K, 1973. The origin and fate of ferromanganoan active ridge sediments[J]. Stock Contribut Geology, 27: 149-243.

Bottinga Y, Javoy M, 1973. Comments on oxygen isotope geothermometry[J]. Earth and Planetary Science Letters, 20(2): 250-265.

Brassell S C, Brereton R G, Eglinton G, et al., 1986. Paleoclimatic signals recognized by chemometric treatment of molecular stratigraphic data[J]. Organic Geochemistry, 10: 649-660.

Broecker W, Thurber D L, Goddard J, et al., 1968. Milankovitch hypothesis supported by precise dating of coral reefs and deep-sea sediments[J]. Science, 159(3812): 297-300.

Broecker W S, 1971. A kinetic model for the chemical composition of sea water[J]. Quaternary Research, 2(1):188-207.

Broecker W S, Takahashi, 1978. Relationship between lysocline depth and in situ carbonate ion concentration[J]. Deep Sea Research, 25(1): 65-95.

Broecker W S, 1982a. Glacial to interglacial changes in ocean chemistry[J]. Progress in Oceanography, 11(2): 151-197.

Broecker W S, 1982b. Ocean chemistry during glacial time[J]. Geochimica et Cosmochimica Acta, 46(10): 1689-1705.

Burns N C, 1971. Soil pH effects on nematode populations associated with soybeans[J]. Journal of Nematology, 3(3): 237-245.

Chester R, 1965. Geochemical criteria for differentiating reef and non reef facies in carbonate rocks[J]. Bull Am Assoc Petrol Geologists, 49: 258-276.

Chester R, Messiha-Hanna R, 1970. Trace-element partition patterns in North Atlantic deep sea sediments[J]. Geochimica et Cosmochimica Acta, 34: 1121-1128.

Chester R, Stoner J H, 1973. The distribution of zinc, nickel, manganese, cadmium, copper and iron in some surface waters from the world ocean[J]. Marine Chemistry, 2: 17-32.

Clarke F W, Washington H S, 1924. The composition of the earth's crust[C]. USGS Professional Paper, 127: 117.

Clayton R N, O' Neil J R, Mayeda T K, et al., 1972. Oxygen isotope exchange between quartz and water[J]. Journal of Geophysical Research, 77: 3057-3067.

Corliss J B, Dymond J, Gordon L I, et al., 1979. Submarine thermal springs on the Galapagos Rift[J]. Science, 203: 1073-1083.

Cronan D S, Tooms J S, 1969. The geochemistry of Mn-nodules and associated pelagic deposits from the Pacific and Indian Oceans[J]. Deep Sea Research, 16: 335-359.

Cronan D S, 1976. Manganese nodules and other ferromanganese oxide deposits[M]. New York: American Academic.

Didyk B M, Simoneit B R T, Brassell S C, et al., 1978. Organic geochemical indicators of palaeoenvironmental conditions of sedimentation[J]. Nature, 272: 216-222.

Edmond J M, Measures C I, McDuff R E, et al., 1979. Ridge-crest hydrothermal activity and the balances of the major and minor elements in the ocean: the Galapagos data[J]. Earth and Planetary Science Letters, 46: 1-18.

Elderfield H, Gieskes J M, 1982. Sr isotopes in interstitial waters of marine sediments from Deep Sea Drilling Project cores[J]. Nature, 300: 493-497.

El-Wakeel S K, Riley J P, 1961. Chemical and mineralogical studies of deep-sea sediments[J]. Geochimica et Cosmochimica Acta, 25(2): 110-146.

Emerson S, Jahnke R, Heggie D, 1984. Sediment-water exchange in shallow water estuarine sediments[J]. Journal of Marine Research, 42: 709-730.

Epstein S, Buchsbaum R, Lowenstam H A, et al., 1953. Revised carbonate-water isotopic temperature scale[J]. Geological Society of America Bulletin, 64: 1315-1326.

Garrels R M, Mackenzie F T, 1971. Evolution of sedimentary rocks[M]. New York:Norton.

Gibbs R J, 1972. Water chemistry of the Amazon River[J]. Geochimica et Cosmochimica Acta, 36: 1061-1066.

Goldberg E G, 1957. Biogeochemistry of trace metals[J]. Geological Society of America Memoir, 67: 345-357.

Goldberg E D, Arrhenius G O S, 1958. Chemistry of Pacific pelagic sediments[J]. Geochimica et Cosmochimica Acta, 13: 153-212.

Goldberg E D, Koide M, 1963. Rates of sediment accumulation in the Indian Ocean[J]. Earth Science and Meteoritics(1): 90-102.

Goodfriend G A, Mitterer R M, 1988. Late quaternary land snails from the north coast of Jamaica:local extinctions and climatic change[J]. Palaeogeography, Palaeoclimatology, Palaeoecology, 63(4): 293-311.

Griffin J J, Windom H, Goldberg E D, et al., 1968. The distribution of clay minerals in the world oceans[J]. Deep-Sea Research, 15: 433-459.

Hare P E, Abelson P H, 1968. Racemization of amino acids in fossil shells[J]. Yearbook of the Carnegie Institution of Washington, 66: 526-528.

Harland W B, Smith A G, Wilcook B, et al., 1964. The phanerozoic time-scale: a symposium[J]. Geological Society of London Special Publications, 1(1):221.

Hart R A, 1973. A model for chemical exchange in the basalt-seawater systems of oceanic layer II[J]. Journal of Earth Science, 10(6): 799.

Heath G R, 1974. Dissolved silica in deep-sea sediments[M]. Tulsa: SEPM Special Publication.

Heezen B C, Tharp M, Ewing M, et al., 1959. The floor of the oceans:the North Atlantic[J]. Geological Society of America Special Paper, 65: 122.

Heezen B C, 1962. The deep-sea floor[M]. New York: Academic Press.

Hirst D M. 1962. The geochemistry of modern sediments from the Gulf of Paria-II. The location and distribution of trace elements[J]. Geochimica et Cosmochimica Acta, 26: 1147-1187.

Honjo S, 1976. Coccoliths: production, transportation, and sedimentation[J]. Marine Micropaleontology, 1: 65-79.

Horibe Y, Oba T, 1972. Temperature scales of aragonite-water and calcite-water systems[J]. Fossils, 23(24): 69-79.

Horn D R, Horn B M, Delach M N, et al., 1973. Copper and nickel content of ocean ferromanganese deposits and their relation to properties of the substrate[J]. The Origin and Distribution of Manganese Nodules in the Pacific and Prospects for Exploration: 77-83.

Horst D S, Mattias Z, 2006. Marine geochemistry[M]. Berlin: Springer.

Javoy M, 1977. Stable isotope and geothermometry[J]. Journal of the Geological Society, 133: 609-636.

Karig D E, 1971. Origin and development of marginal basins in the western Pacific[J]. Journal of Geophysical Research, 76 (11): 2542-2561.

Kaufman A, Broecker W S, 1965. Comparison of Th^{230} and C^{14} ages for carbonate materials from lakes Lahontan and Bonneville[J]. Journal of Geophysical Research, 70: 4039-4054.

Kaufman A, 1986. The distribution of $^{230}Th/^{234}U$ ages in corals and the number of last interglacial high-sea stands[J]. Quaternary Research, 25(1): 55-62.

Keith M H, Weber J N, 1964. Isotopic composition and environmental classification of selected limestones and fossils[J]. Geochimica et Cosmochimica Acta, 28: 45-56.

Krauskopf K B, Bired D K, 1995. Introduction to geochemistry[M]. New York: McGraw-Hill.

Kroopnick P, Deuser W G, Craig H, et al., 1970. Carbon 13 measurements on dissolved inorganic carbon at the North Pacific (1969) Geosecs station[J]. Journal of Geophysical Research, 75(36): 7668-7671.

Ku T, Broecker W S, Neil Opdyke, et al., 1968. Comparison of sedimentation rates measured by paleomagnetic and the ionium methods of age determination[J]. Earth and Planetary Science Letters, 4(1): 1-16.

Landergren S, 1964. On the geochemistry of deep-sea sediments[R]. X, Spec. Invest., 5: 1-154.

Li C, Song C, Yin Y, et al., 2015. Spatial distribution and risk assessment of heavy metals in sediments of Shuangtaizi estuary, China[J]. Marine Pollution Bulletin, 98(1-2): 358-364.

Faure G, 1988. Principles and applications of geochemistry[M]. New Jersey: Prentice Hall.

Liss P S, 1976. Conservative and non-conservative behavior of dissolved constituents during estuarine mixing[M]. London: Academic Press: 99-130.

Livingstone D A, 1963. Chemical composition of rivers and lakes[J]. U.S. Geological Survey Professional Paper, 440: 6.

Longinelli A, Nuti S, 1973. Revised phosphate-water isotopic temperature scale[J]. Earth and Planet Science Letters, 19: 373-376.

Mason B, Moore C B, 1982. Principles of geochemistry(4th ed.)[M]. New York: John Wiley & Sons.

Matsuhisa Y, Goldsmith J R, Clayton R N, et al., 1979. Oxygen isotopic fractionation in the system quartz-albite-anorthite-water[J]. Geochimica et Cosmochimica Acta, 43: 1131-1140.

Milliman J D, Meade R H, 1983. World-wide delivery of river sediment to the oceans[J]. Journal of Geology, 91: 1-21.

Muramatsu Y, Wedepohl K H, 1985. REE and selected trace elements in kimberlites from the Kimberley area (South Africa)[J]. Chemical Geology, 51: 289-301.

O'Neil J R, Clayton R N, Mayeda T K, et al., 1969. Oxygen isotope fractionation in divalent metal carbonates[J]. Chemical Physics, 51: 5547-5558.

Ohmoto H, Rye R O, 1979. Isotope of sulfur and carbon[J]. Geochemistry of Hydrothermal Ore Deposits,2: 509-567.

Passega R, 1957. Texture as characteristic of clastic deposition[D]. Cambridge: University of Cambridge.

Passega R, 1964. Grain size representation by CM patterns as a geologic tool[J]. Journal of Sedimentary Research, 34(4): 830-847.

Peterman A E, Doe B R, Prostka H J, et al., 1970. Lead and strontium isotopes in rocks of the Absaroka volcanic field, Wyoming[J]. Contributions to Mineralogy and Petrology, 27: 121-130.

Peterson M N A, 1966. Calcite:rates of dissolution in a vertical profile in the central Pacific[J]. Science, 154: 1542-1544.

Pickard G L, 1975. Annual and longer term variations of the deep-water properties in the coastal waters of southern British Columbia[J]. Journal of the Fisheries Research Board of Canada, 32: 1561-1587.

Pytkowicz R M, Kester D R, 1971. The physical chemistry of sea water[J]. Journal of Marine Biology & Oceanography, 9: 11-60.

Pytkowicz R M, Hawley J E, 1974. Bicarbonate and carbonate ion-pairs and a model sea water at 25℃[J]. Limnology and Oceanography, 19: 223-234.

Qian W Y, Wang Z F, Zhang B Z, et al., 1988. Speciation and distribution characteristics of trace elements in suspended particles of surface water of the Changjiang Estuary and its Adjacent Area[C]. Proceedings of the International Symposium on Biogeochemical Study of the Changjiang Estuary and Its Adjacent Coastal Waters of the East China Sea.

Renfro A R, 1974. Genesis of evaporate associated stratiform metalliferous deposites[J]. Economic Geology, 69: 33-45.

Ringwood A E, 1982. Phase transformations and differentiation in subducted lithosphere: implications for mantle dynamics, basalt petrogenesis, and crustal evolution[J]. Journal of Geology, 90(6): 611-643.

Sayles F L, Wilson T R S, Hume D N, et al., 1973. In situ samples for marine sedimentary pore waters: evidence for potassium depletion and calcium enrichment[J]. Science, 181: 154-156.

Sayles F L, 1980. The solubility of $CaCO_3$ in seawater at 2℃ based upon in situ sampled pore water composition[J]. Marine Chemistry, 9: 223-235.

Schmidt W J, Keil A, 1971. Polarizing microscopy of dental tissues[M]. Oxford: Pergamon Press.

Shackleton N J, Opdyke N D, 1973. Oxygen isotope and paleomagnetic stratigraphy of Equatorial Pacific core V28-238. Oxygen isotope temperatures and ice volumes on a 10^5 year and 10^6 year scale[J]. Quaternary Research, 3(1): 39-55.

Shackleton N J, 1977. ^{13}C in Uvigerina: Tropical rainforest history and the equatorial Pacific carbonate dissolution cycles. Fate of Fossil Fuel CO_2 in the Oceans[M]. New York: Plenum.

Shackleton N J, Opdyke N D, 1977. Oxygen isotope and palaeomagnetic evidence for early Northern Hemisphere glaciation[J].Nature, 270: 216-219.

Shao M H, Ding G, Zhang J, et al., 2016. Occurrence and distribution of perfluoroalkyl substances (PFASs) in surface water and bottom water of the Shuangtaizi Estuary[J]. China. Environmental Pollution, 216: 675-681.

Skornyakova N S, Andrushchenko P F, 1974. Iron-manganese concretions in the Pacific Ocean[J]. International Geology Review, 16(8): 863-919.

Smith J W, Doolan S, McFarlances E F, et al., 1977. A sulfur isotope geothermometer for the trisulfide system galena-sphalerite-pyrite[J]. Chemical Geology, 19(1/4): 83-90.

Spiess F N, Macdonald K C, Atwater T, et al., 1980. East Pacific Rise: hot springs and geophysical experiments[J]. Science, 207: 1421-1433.

Stumm W, Morgan J J, 1981. Aquatic chemistry(2nd ed.)[M]. New York: Wiley.

Stumn W, Morgan J J, 1996. Aquatic chemistry(3rd ed.)[M]. New Jersey, Hoboken: John Wiley.

Sverjensky D A, 1994, Zero-point-of-charge prediction from crystal chemistry and solvation theory[J]. Geochimica et Cosmochimica Acta, 58: 3123-3129.

Tao P, Xu S,Wei Y, et al.,2020.The Interannual evolution of PAHs in columnar sediments in offshore area of Changxing Island industrial zone, China[J]. Journal of AOAC International, 103.

Tchernia P, 1980. Descriptive physical oceanography[M]. Oxford: Pergamon Press: 253.

Tessier A, Campbell P G C, Bisson M, 1979. Sequential extraction procedure for the speciation of particulate trace metals[J]. Analytical Chemistry, 51(7): 844-851.

Thompson G, 1983. Basalt—seawater interaction[C]//Rona P A，Boström K，Laubier L，et al.Hydrothermal processes at seafloor spreading centers. NATO Conference Series (IV Marine Sciences). Boston:Springe.

Tissot B P, Welte D H, 1984. Petroleum formation and occurrence[M]. Berlin. Springer-Verlag.

Trask P D, 1932. Origin and environment of source sediments of petroleum[M]. Houston, Texas: Gulf Publishing Company.

Turekian K K, Imbrie J, 1966.The distribution of trace elements in deep-sea sediments of the Atlantic Ocean[J]. Earth and Planet Science Letters, 1: 161-168.

Turekian K K, Wedepohl K H, 1961.Distribution of the elements in some major units of the earth's crust[J]. Geological Society of America Bulletin, 72: 175-192.

Vershinin A V, Rozanov A G, 1983. The platinum electrode as an indicator of redox environment in marine sediment[J]. Marine Chemistry, 14: 1-15.

Warren J T, Pcacock M L, Rodoriguez L C, et al., 1993. An Mspi polymorphism in the human serotonin receptor gene(HTR2):detection by DGE and RFLP analysis[J]. Human Molecular Genetics, 2(3): 338.

Wedepohl K H, 1960. Spurenanalytische Untersuchungen an Tiefseetonen aus dem Atlantic[J]. Geochimica et Cosmochimica Acta, 18(3-4): 200-231.

Wedepohl K H, 1985. Origin of the Tertiary basaltic volcanism in the northern Hessian Depression[J]. Contributions to Mineralogy and Petrology, 89: 122-143.

Wolery T J, Sleep N H, 1976. Hydrothermal circulation and geochemical flux at mid-ocean ridges[J]. Journal of Geology, 84: 249-275.

Zhao Y Y, He L J, Zhang X L, et al., 1986. Basic geochemical characteristics of sediments in the Okinawa Trough[J]. Chinese Journal of Oceanology and Limnology, 4(3): 278-285.

Zhou J Y, Qian W Y, Wang Z F, et al., 1988. Role of suspended particulate matter in transfer of trace metals in the Changjiang estuarine area[C]. Proceedings of the International Symposium on Biogeochemical Study of the Changjiang Estuary and Its Adjacent Coastal Waters of the East China Sea.